天下文化
BELIEVE IN READING

財經企管 BCB575

司徒達賢
談個案教學
聽說讀想的修鍊

司徒達賢——著

目錄 CONTENTS

內篇

自序

　　從國家建設到個別組織的競爭力，其成敗關鍵，歸根究柢就在於「人」。所謂「人」，除了品德操守之外，應該指的是領導者與各級人員在專業、思維、溝通、解決問題等方面的能力，以及在工作中可以持續自我成長的習慣與潛能。這些關鍵知能的提升，當然要靠教育，而教育的核心，照理說應是各級學校中，每位教師每天負責進行的「教學」。

　　由此可見，國家與企業的競爭力都深受教學內容與品質的影響。然而我們當前的學校教育，包括管理教育甚至全部大學教育，教師在教學過程中，對學生這些關鍵能力的提升，究竟採取了哪些有效的具體做法，是值得檢視的。本書內容聚焦於個案教學，是希望此一教學方法的普及運用，對國家社會整體能產生正面的作用。

寫作緣起

　　四十幾年前，我就讀政治大學企業管理系時，就接觸過個案教學。後來在美國伊利諾大學讀MBA，大部分上課方式是研討，而其中又有大部分是個案研討，甚至包括「作業研究」及「資訊

管理系統」的課程也都全部是個案研討。在西北大學攻讀企管博士時，為了興趣，也選修了幾門MBA的課，也都有相當高比重是個案討論。在我主修的「企業政策」（後來改稱策略管理）領域中，由於決策考慮因素複雜多元，因此這門課在MBA或高階在職教育中，傳統上都是百分之百使用個案討論。當時對個案教學方法感到十分好奇而嚮往，因此在西北大學時也曾徵得幾位老師的首肯，長期旁聽他們主持的個案討論，試圖經由觀察來理解同一個案在不同教學風格下所展現的討論過程。

　　1976年畢業，回國任教於政治大學企管研究所，負責課程包括研究所的組織理論與管理、企業政策，以及企管系大四的企業政策，全都屬於必修課。從第一年開始，我就全部以個案教學的方式來上課，並投入大量時間來主持或編輯個案翻譯與本土個案撰寫。除了這些課程之外，校內外的各種在職班次、企業中的教育訓練等，我都是以個案教學為主。保守估計，主持個案教學的時數應遠超過一萬小時以上，上過我個案討論課程者，至少有三千人。幾年前擔任財團法人商業發展研究院董事長期間，開始較有系統地進行「個案教學師資培訓」並主持「商業服務業」的個案訪問與撰寫，其後在政大企研所博士班、企業家班，以及EMBA也開設類似的課程，在教學、互動與訪談個案的過程中，自己對個案教學的體會也日益深刻。

　　許多年輕的教師，包括我自己過去博士班的學生、參加商研院課程的各校教師、「個案教學法」課程中的各種學生或學員，以及參加各次「個案教學法研討會」的與會人員，都曾經向我提出許多關於個案教學法的疑問，我在努力回答時，也開始整理自己對個案教學的經驗與想法。易言之，「被問」的頻率愈多，自己的「答案」就愈豐富，並逐漸試著將這些做法與想法有系統地

10

整理出來。

　　在這四十年充實又忙碌的教學生涯中，其實並沒有人「教」我如何去主持個案討論，國外文獻中對個案教學方法的介紹雖然極有參考價值，但對已有數千小時以上個案教學經驗的人，還是感到在這些文獻所討論的內容之外，個案教學的具體做法與道理仍有許多值得深入分析思考的空間。換言之，我的個案教學做法與想法，大部分是幾十年來，隨時針對自己的教學方法，運用過去所學的各種行為科學知識，不斷反省檢討而獲得，因此都是基於對我自己「實務經驗」的反思。讀者在閱讀本書時，應可感覺到這種基於自身實際操作經驗而來的「原創」風格。

提升思考能力的具體做法

　　近年來各方指出，我們教育對學生「思想能力」與「做事能力」的重視程度顯然不足。中學教學重心放在升學；大學教師的時間、精神則愈來愈將重心轉移到學術研究與發表，也不會高度重視學生思想能力以及其他關鍵知能的啟發。

　　商管學院許多教師發現大部分學理若非太艱深就是太接近常識，不易引起學生的學習興趣，對學生未來職涯發展也作用不大，因此開始大量增加國內外參訪與企業實習的比重。參訪與實習的確有其價值，然而在過程中，教師的學理素養以及基於學理素養所創造的「附加價值」應如何導入以提升參訪與實習的效果，進而提升這些關鍵知能，大家似乎也尚無共識。

　　有些商管學院與某些專業學院，感知實務的相對重要性，因此主張將學生的部分課程（甚至整學期）交由企業去教導。企業界可以指導學生與該企業有關的基本實務做法，但包括思考力以

及解決問題的能力在內的各種關鍵能力，若也委由企業界來教，似乎也說不過去。再者大部分企業對內部人員的培訓並無一套完整的經驗傳承辦法，面對這些來來去去的「實習生」或產學合作計畫中的學生，應如何去教導才能有效將實務上的寶貴經驗傳承給他們，既不必像「師徒制」一樣投入太多時間，又不會洩漏太多內部的機密，也需要煞費心思。

許多中小學甚至部分大學，近年來也發現單向式講授方式之不足，開始提倡「翻轉教室」。希望學生課前在家中藉由網路或閱讀先行預習，到了教室後則在教師引導下進行習題或專案活動的討論或實作，目的也在提升學生活學活用的思考力、培養溝通與合作的能力與習慣，以及結合知識與實作的能力。然而長期以來，教師們已習於單向講課，在課堂上應如何調整其角色，成為「以學生為中心的學習」之討論主持人或引導者，並經由提問、啟發來協助學生內化知識，進而提升思考能力，也是大家正在努力的方向。

針對以上議題，有效的解決方法可能很多，但本書所提的「互動式個案教學」應是效果已經長期驗證的解決方法之一，而本書中對個案教學背後理念及許多細緻做法的說明，也應對所有主張「以學生為中心的學習」的教學方法，有一定程度的參考價值。而個案教學對學生溝通能力、開放心態，以及終身學習的能力也有極大的幫助。

個案教學

簡言之，個案教學就是在教師引導下，針對某些過去發生過的實際問題來進行分析、討論，或構思決策。大部分個案，尤

其在企業管理方面，這些問題的呈現方式大部分是以文字來說明問題或決策相關的現象與背景資訊，少部分也可能是透過影片。在其他學科則可能是數學或會計的「習題」，也可能是工程設計的客戶要求規格或實體成果，甚至是醫學檢測的報告等，都可以做為上課討論的基礎。經由討論，學生可以內化理論與實務的關連，可以培養「想」與解決問題的能力，也可以在不斷的互動與討論中，強化各種溝通能力（例如聆聽、表達、快速掌握書面資料中的重點），以及願意接納異議又樂於分享的開放心態。

世界一流商管學院普遍採用個案教學或針對文章進行互動式的討論，至少有六、七十年以上的歷史與經驗。這些一流商管學院中大師雖多，但基於智財權的顧慮，他們提出創新而獨到的見解通常都先正式發表文章，之後才進行公開演講，在上課時則以討論為主，包括觀念性的文章或個案，很少針對書中的章節來「講課」。

個案的主題，未必只限於高階管理階層所關心的策略、組織或財務、行銷而已。幾乎各階層需要用到分析與決策的議題，都可以撰寫成個案的教材做為上課討論之用。例如「餐廳外包決策」、「會議場地安排」、「基層主管對同仁間衝突之解決」，乃至於如何簽公文、如何設計表單、如何選擇店址等，都可以寫成個案來討論。

對高階層主管而言，個案教學可以協助他們整理其思想架構，深入交流經驗；對年輕學生，則在討論過大量個案後體會到理論應用在實務上的價值與限制，而且日後進入職場，也不至於對真實世界完全隔閡，因而可以很快做出貢獻。

社會上許多人士大聲呼籲大家應努力培養「解決問題的能力」，但很少有人提出培養解決問題能力的具體方法，或在學校

中應如何來培養這種能力。然而本書所詳細介紹的「互動式個案教學」其實就是培養解決問題能力的最佳方法，相較於工作崗位上一對一的「師徒制」，在成本效益上更有優勢。

個案教學的信念之一是「多用腦筋解決問題就會進步」，在MBA的兩年教育中，如果每週可以在不同的課程裡，深入準備並討論三篇個案，則兩年裡至少可以討論並試圖解決不同產業中，各種管理角色所面對的幾百個性質不同的問題。這對解決問題能力的培養以及思考能力的訓練，肯定比坐在教室裡聽講兩年有效得多。

為誰而寫

本書寫作時，心中的目標讀者大約包括以下幾種：

第一是已有經驗的個案教師，或對「思想能力訓練」以及對「解決問題能力培養」有具體經驗的人士。因為本書內容大部分係歸納自作者本身經驗，所建議的做法絕非個案教學的「標準」，各種做法的理由亦未經過科學驗證，因此很希望對此一相關主題有研究或有成功經驗的人士提出指教，並希望他們能分享實際的經驗與相關的理念。這樣可以讓讀者對此主題有更多角度的思維，或至少可以對我自己的教學品質有所增益。

其次是對個案教學已有若干經驗或感興趣的年輕教師或博士班學生。由於目前針對個案教學方法進行全面而深入討論的文章或書籍不多，我相信本書內容對他們肯定有一些參考價值。他們如果有心投入個案教學，建議可以在從事教學每隔一段時間後，將本書再翻閱一次，進行自我檢視，應有相當好的效果。

第三是華文世界中各校目前、過去甚至未來的EMBA學員或

MBA學生。如果他們能深入了解本書中所詳細說明的「內隱心智流程」，就更容易反思自己在個案討論中，如何思考、如何經由互動來學習、如何在「聽說讀想」方面獲得成長，以及教師種種做法在追求教學效果上的用意。這種對自己學習時心智流程的反思，對學習可以產生極大的正面作用。

第四是本書中所推薦的「企業內部個案教學」之內部教師。將自己部門的決策經驗寫成個案，再由主管來主持本部門或跨部門同仁的個案討論，是比一對一「師徒制」效果更好的人員培訓方法。對同仁而言，除了在「聽說讀想」各方面的成長之外，還可以增加對本身企業營運與過去成長歷程的了解、提升跨部門間同仁的同理心與感情；對主持個案討論的各級主管的「聽說讀想」也是極佳的成長機會。這些主管對個案內容已深入了解，本身實務經驗也十分豐富，如果熟悉了個案教學的方法，一定可以在內部培訓做出極佳的貢獻。

第五是企業管理領域之外的教師，以及開始運用「翻轉教室」的各級學校教師。因為本書中的做法與原理雖然植基於企管教育，但「互動式討論」或運用個案這種以實際問題為基礎的教學方法，也值得其他領域中的教師參考，以達到該領域中理論與實務結合，以及提升學生思考能力及解決問題能力的教學目標。

第六是在職場上力求進步的各級人員。本書重點雖然是個案教學，但在書中也深入介紹了面對問題時的思想方法以及從「做中學」裡建構知識或自我成長的心智流程。這對工作上十分用心投入，又希望從工作中不斷追求進步的人，也應有相當價值。而本書的提問技巧與原則，以及對教師角色與心態的提醒，也可供各級主管在主持會議風格上的參考。

結語

　　個案教學是「聽說讀想」的修鍊，「寫」並不在其中。但寫作絕對是對作者的修鍊。為了寫這本書，迫使我將自己現階段的做法和想法進行了系統化地總整理，因此也可以視為我教學四十年的一項里程碑或紀念。寫作過程中，我自己感到成長很多，也對自己的教學方式產生許多反省。

　　希望不久的將來，社會將轉變為更重視教學、更重視思想能力的培養、更重視理論與實務的結合。當大家更感受到互聯網對教師傳統教學角色的擠壓，為了維持教師的附加價值而在教學方法上必須有所調整時，本書一定能為更多人提供參考，發揮更大的作用。

導讀

「互動式個案教學」是世界一流商管學院長期以來主要的教學方式,此一教學方式對學生產生的教育效果早已有目共睹。本書試圖完整而詳細地介紹互動式個案教學的教學方法,以及其中許多細緻做法背後的道理。

這些一流商管學院的個案教學方式在表面上其實相當一致或至少相去不遠,但本書針對這些細緻做法所進行的分析以及所提出的道理,大部分是基於作者本人從事個案教學四十年來的實際經驗,以及自己不斷反省檢討所獲致的心得。

互動式個案教學的基本主張

管理教育中的互動式個案教學有幾項基本主張:

第一,靈活運用知識以及建構知識這兩種能力,其重要性不亞於對知識的擁有,而互動式個案教學是強化學生這兩種能力最有效的途徑。

第二,知識與學理的學習與吸收對學生十分重要,但主要應該經由閱讀,而非經由「聽講」,寶貴的上課時間應該用來進行師生的問答與互動。理由之一是,如果文字說明夠清楚,專心閱

讀比聽講在吸收知識上更有效率；理由之二是，學生在校期間所培養的自行閱讀能力與習慣，對其畢業後的終身學習影響深遠，如果在校時未被要求深入閱讀，畢業後不易經由閱讀來快速吸收不斷出現的新知識；理由之三是，如果非要口頭解說不可，則在互聯網時代，少數口才出眾的講者可以透過網路扮演知識講解與傳播的角色，加上網路上充斥的資訊，使教師在課堂上單向講課的必要性日益降低。

第三，個案教學的目的不在解說或舉例說明學理，而在強化學生「聽說讀想」的能力。易言之，深入理解別人發言、精準而有系統地表達意見、經由閱讀掌握關鍵資訊，以及包括活用知識、整合知識、建構知識等的「思辨能力」，才是個案教學希望學生獲得成長的方向。這些能力在實務上非常重要，僅憑讀書或聽講不易提升，似乎唯有經由正確的個案教學才能讓學生獲得鍛鍊的機會。

第四，對許多專業（例如企業管理）而言，「做中學」是知能成長的主要途徑。而在教師指導下的個案討論，是「從實際決策中學習」的最佳替代方案，而且成本低廉得多。此外，個案主題涵蓋面廣，個案中的決策角色與立場十分多元，學習效果應比讓年輕人僅在少數幾個職位上從事「做中學」更佳。

第五，在個案討論的過程中，教師角色十分關鍵。個案的選擇、「論述路徑」的設計，以及上課時持續進行的提問、啟發、摘要、小結等，在根本上決定了討論品質與學習效果的水準。至於課堂上開放氣氛的創造、同學間互信文化的建立，更是教師責無旁貸的工作。

第六，在問答過程中，教師除了專心聆聽、明確摘要之外，還必須針對每位學生各自不同的知識架構或「知識前緣」來進行

啟發性的提問與互動，以協助學生想得更廣更深。這些都必須以教師的學術素養為基礎，不斷引導學生去思考，而非將自己的學識直接灌輸給學生。在互動中隨時提問來啟發學生的思考，是教師在主持討論時，最重要「附加價值」之所在，基於此一認識，可知分組報告、分組辯論、實務資訊交流等個案教學方式，不容易讓教師發揮其應有的附加價值或貢獻。

〈外篇〉與〈內篇〉的分別

　　本書分為〈外篇〉與〈內篇〉兩部分。〈外篇〉是以平直的方式介紹個案教學進行的過程、師生雙方的角色與做法、這些進行過程與做法背後的理由，以及個案教學為學生知能、心態、職涯等方面所帶來的正面作用。

　　此外，由於互動式討論或個案教學法可以運用在企業內部培訓，例如由中高階主管來主持企業本身個案的討論；也可以應用（或已經應用）在其他許多學科領域，因此在〈外篇〉中也針對這些做法與潛在價值進行了介紹。

　　個案寫作以及如何提升個案教學的能力，也是很多人十分關心的，在〈外篇〉中也針對這些議題分享我自己的經驗。

　　至於〈內篇〉，則需要稍作解釋。

　　本書〈外篇〉的內容對「如何進行個案教學」其實已提供了相當完整而實用的建議，各種做法的理由也在各章節中有所說明。然而對已經擁有個案教學經驗的教師，肯定會對個案教學的這些做法與理由背後更深層的道理感興趣，甚至也曾思考過這方面的議題。因此在〈內篇〉中我試圖將自己這方面的想法與心得整理出來，供大家參考指教，並希望經由對這些道理的說明，更

19

進一步解釋個案教學各項細緻做法背後的理由。

　　由於「聽說讀想」中最核心的部分是「想」，因此〈內篇〉的主軸就環繞著「想」這一主題，包括何謂「想」，「想」的能力如何展現，以及在個案討論過程中，學生如何在「想」、教師聆聽和提問時如何在「想」、教師如何運用持續提問來啟發學生的「想」。這些「想」或「思辨」的過程，如果不刻意留心，外人無法得知它們的存在，甚至「想」的主體（包括師生雙方）也未必能清楚觀照到自己是怎麼在「想」的，因此在本書中稱之為「內隱心智流程」。

　　「想」的過程中，主要依賴的是「知識」，所希望建構或創造的也是「知識」，因此討論「想」之前就不得不先談一下何謂「知識」。了解這些以後，才可能進一步理解「想」和「知識存量」之間的互動關係，以及在個案教學中應如何運用各種方法與技巧來鍛鍊學生「想的能力」或「思辨能力」。

　　此外，教師最重要的責任是「提問」，提問的背後當然也需要教師的「想」與「知識存量」的支持，也有其「內隱心智流程」。易言之，教師的學理素養、「想」的能力等所形成的「內隱心智流程」經由提問（以及摘要重點的選擇）引導了上課時每一次師生討論的方向與內容。而我相信，如果教師對自己「內隱心智流程」更能理解、掌握，甚至「觀照」，則其提問水準與主持討論的品質，一定可以在個案教學進行的過程中，隨時自我檢視與反省而快速進步。這當然也是撰寫本書的主要目的之一。

　　〈內篇〉所介紹的道理是〈外篇〉的基礎，似乎在邏輯上應編排在「外篇」之前。但「內篇」的論述比較原創，也比較不易輕鬆閱讀，因此對剛開始運用個案教學的教師，參考「外篇」即已足夠，累積了一些經驗並對個案教學背後道理產生好奇與興趣

以後，再來閱讀〈內篇〉，感受才會更深刻。

〈外篇〉各章內容提要

　　第一章是緒論，指出在教學科技快速進步以及互聯網普及的時代，互動式個案教學是教師可以持續發揮貢獻的方式。進而簡單描述個案教學上課時的場景，並解釋何以有些運用個案來教學的方式，其實並非正統的互動式個案教學，而且也未能發揮教師的附加價值。

　　第二章介紹互動式個案教學上課過程中，可以從外部或學生角度觀察到的許多步驟或做法，以及這些做法的理由。從這十幾項做法中，已可展現個案教學的複雜性，以及教師在主持時各項作為與用意的考慮深度。互動式教學需要學生擁有高度的學習動機及參與意願，因此本章亦針對學生的角色，或對學生在學習過程中的要求，詳細列出並說明這些要求的必要性。

　　第三章介紹個案教學的核心「聽說讀想」。本章分節說明「聽說讀想」的意義與重要性、哪些原因造成「聽說讀想」能力的不足或下降、改善「聽說讀想」的方法，以及何以見得個案教學可以有效強化學生這些方面的能力。

　　此外，聽不懂就應該提問，因此「問」也是「聆聽」的輔助動作。本章對「問」以及我們文化中不願提問又不願被問的特性進行分析，也指出個案教學有助提升「提問」的意願與能力。

　　第四章詳細說明除了「聽說讀想」之外，個案教學對學生各方面所產生的正面作用。例如經由個案教學可以提升學生對學理的理解與內化；可以以低成本的方式取代一部分「做中學」的功能。對經驗已十分豐富的高階人員，個案教學可以協助整理他們

的思想體系、恢復他們由於地位崇高而日漸弱化的「聽」、「說」能力，因此可能比聽演講更有實際的幫助。

個案教學對學生的心態也能發揮極佳的正面效果，包括自信、包容、抗壓、務實等。而「做中學」以及團隊合作的能力與習慣、決策膽識、獨立思考，以及從個案教材中所獲得的大量企業實務常識，都是從一般講課或僅經由讀書所無法獲致的。

中基層人員能否獲得良好的在職培訓，與企業未來競爭力息息相關。然而純粹的「做中學」或「師徒制」之成本效益其實遠不如「企業內部個案教學」。本章對「企業內部個案教學」的方法及對同仁及企業多種具體成效，進行詳細的說明與介紹，希望企業界能更普遍採用此一方式培訓管理幹部，除了提升同仁知能，內部個案教學對人才的選拔、部門間的溝通與相互體諒，甚至各級主管主持會議的風格，都會創造意想不到的正面作用。

事實上，互動式討論甚至個案研討的適用範圍，絕對不僅限於企業管理。大部分學科，只要期望運用實用知識來進行實際問題的分析、解決或決策，都可以採用類似的教學方法。本章列出若干實例供大家參考。

第五章詳細介紹個案教師的角色、技巧、注意事項以及心態。這些包括了課前與課後的工作、啟發與提問的原則、深化學習效果的方法、個案的選擇、場地的要求，以及針對不同特性的學生以及規模大小不同的各種班級，所應注意的事項。

最後幾節聚焦於教師本身，包括學理素養的要求、虛心開放並與學生共同成長的心態，以及從個案教學的過程中，教師所獲得的成長，例如對學理的內化、對實務界思維方式的理解等。

從本章的解說中，更能讓大家體會，個案教學中的教師角色比起單向講授，不僅複雜得多，而且也需要投入更多心力。然而

從互動式教學中教師所得到的樂趣與成長，也是其他教學方式難以比擬的。

第六章介紹個案寫作的方法，以及如何培訓個案教學的師資。這些大部分都是基於我個人的經驗，雖然不是世界上普遍的做法，但在創意及實施效率上或許有其值得參考之處。

個案教學、個案寫作及質性研究三者之間關連密切。曾在個案教學中有當學生的經驗，對主持個案教學肯定有幫助；累積了相當的個案教學經驗，才容易掌握個案寫作的方法；質性研究的訓練或經驗也可以為個案教學與個案寫作奠定良好的思辨基礎。

〈內篇〉各章內容提要

第七章介紹我所理解的「知識」與「知能」。為了更深入理解個案教學的道理，〈內篇〉一開始即在本章介紹知識的意義。由於學術上對「知識」的定義十分廣博或不易在實際上操作，因此本書特別強調在此所謂知識僅限於對實際問題的解決與決策有幫助的「實用知識」。從我的個案教學經驗中，又將這些實用知識再分為狹義知識以及廣義知識兩大類，雖然狹義知識也是廣義知識的一部分。

狹義知識共分為三種類型。其中之一是「結構性知識」，簡言之，即是各種變項間的「因果關係」以及這些因果關係背後的理由、影響因果的因素等。大部分的學理都可以用類似這種因果關係的方式來表達。其中之二是「行動的程序性知能」，亦即是採取行動或制定決策原則的知識與能力，包括研判下一步應採取何種行動的知能。其中之三是「診斷的程序性知能」，是指針對現象找出原因的知能。此三者相輔相成，而且我們所學的許多知

識，包括學理上的知識與做人做事的方法，都是以這三種方式儲存在腦中。

　　廣義的知識包羅甚廣。其中除了上述狹義知識之外，還包括了資訊、價值觀、各種解決方案，以及存取知識的「編碼系統」在內。這些廣義的知識，構成了我們腦中的「知識庫」，讀書、聽講、工作經驗、生活中的見聞等，都儲存在知識庫中，再經由編碼系統來進行存取的工作。一般而言，知識庫的內容愈豐富、編碼系統愈合理有效，又有機會經常「存取」與使用，就愈能靈活運用知識。

　　簡言之，讀書、聽講及工作經驗等可以增加知識的存量，而工作歷練或可以部分取代工作歷練的個案教學，由於會讓我們「傷腦筋」，因而可以達到練習存取與模擬使用知識的效果。經典好書的精讀、自省的習慣、師生間的互動答問，以及天生的邏輯，對「編碼系統」的形成與進步都有幫助。

　　第八章介紹「想」，本書依流程特性之不同，將「想」分為「第一類的想」與「第二類的想」兩種。「第一類的想」核心是「搜尋」與「擷取」，也就是針對問題，設法從自己知識庫中去找出相關的觀念或內容，再加以組合，用來解讀問題或設計決策方案；「第二類的想」核心是「比對」與「整合」，亦即是從不同的論述中找出差異，並設法在整合這些差異的過程中產生層次更高、更有解釋力的觀念或論述。

　　更進一步看，這些論述內容往往是以許多「結構性知識」或許多「行動的程序性知能」與「診斷的程序性知能」為基礎。善用「第一類的想」可以使論述更豐富，產生累加的效果；「第二類的想」則希望在整合矛盾的過程中產生或「建構」出層次更高、更兼容並蓄，或具有創新性的論述。在解決問題、決策或討

論個案時，這兩種「想」是相輔相成且交互進行的。

　　當教師深入了解這些「想」的方式以後，就比較容易辨識出學生論述或思想中的缺漏或不足，再設法運用提問等技巧來引導學生，協助學生「自行」補足或修正這些缺漏。

　　第九章介紹「思辨能力」，亦即是「想的能力」之表現方式，或「有能力去想」的人如何表現出他們的這些能力。這些能力中，有些與「第一類的想」有關，例如「綜合與重組」、在原因之前找出更多原因、在後果之後想到更多後果、針對別人的論述，推斷出其隱含的前提等。與「第二類的想」有關的思辨能力包括針對論述或觀念之間的矛盾，整合出能解釋出現這些矛盾的道理、從驗證矛盾的資訊中推導出事實的真相等。

　　至於形成並論述更完整方案、學習與創造知識等更進階的能力，當然也是思辨能力的一環，也是我們終身學習過程中，應該努力追求自我成長的方向。

　　個案教學中教師的提問，主要目的即是藉著持續的問答互動，鍛鍊並強化學生的這些思辨能力，使「聽」、「說」、「讀」這些能力可以隨著「想」的能力進步而不斷提升。

　　第十章說明當我們詳細分析並明白了上述這些「內隱心智流程」之後，如何更深入理解〈外篇〉中所主張或建議的各種做法背後的道理。本章利用〈內篇〉各章所提出的做法及觀念，針對學習與讀書、管理教育、個案教學、「聽說讀想」等，再次提出分析與建議。

　　本書的重點是個案教學中各種細緻的做法以及教師的角色。這些細緻做法，例如強調聆聽、分組討論、要求複述、提問後再隨機抽卡請學生發言、適度創造壓力、掌握並推展學生「知識前緣」，以及選擇個案的原則等，都可以在理解「內隱心智流程」

後，得到更完整而具有說服力的理由。同時也可以了解教師角色中的各種做法，其實都在針對學生的「內隱心智流程」進行啟發與強化。

第十一章討論教師的提問。其實所謂「想」的表現方式之一即是「自己問自己」，教師「步步進逼」的持續提問，也在協助學生進行「自己問自己」的過程。因此教師的提問作用主要在活化學生的知識，並啟發學生進行有方向性的「想」。

在個案教學中，教師的提問扮演著極為關鍵的角色，不僅關係著討論的品質與教學效果，也是新進教師感到最具挑戰性的部分，因此值得以專章來解說。本章具體列出教師提問的作用、注意事項，以及提問時的原則與技巧。本章第四節提出「論述路徑」與「轉折點」的觀念，嘗試將教師備課與提問時的「內隱心智流程」外顯化，進行深入的剖析，並舉出實例來說明在討論前及討論過程中，教師應如何計劃其討論的方向、如何隨學生的回應並進行彈性的調整，以及在尊重學生意見的前提下，如何達到「掌握方向」與「隨機應變」的平衡。

而教師隨時將學生有道理的意見或答案，經由摘要，納入討論的主流，既能豐富討論的內容，又能對學生產生激勵的作用，因此也是不可忽略的做法。

教師提問與回應的方式變化萬千，不可能照表操課，本章只能提出一些原則性建議，有志從事個案教學的教師，必須不斷從「做中學」才能逐漸體會到這些提問的藝術。

第十二章的重點是說明教師從個案教學中可能得到的自我成長。教師應利用主持個案教學的機會，努力追求專業、心智以及心態等各方面的自我成長。因為從「教師角色」或「教師提問方法」來分析，可以發現在主持討論的過程中，教師其實一直在全

心全力地運用著「聽說讀想」，而其「第一類的想」、「第二類的想」，以及各種「思辨能力」也都始終維持在高速運轉的「開機」狀態。簡言之，教師是運用自己的「內隱心智流程」，在聽到學生發言以後，經由「想」的過程形成一些有道理的觀念，再以這些觀念為基礎，設計提問與摘要的方向與內容，進而啟發學生的「內隱心智流程」。如果教師的這些心智流程水準夠高，就能輕鬆帶領討論的進行，而且在每次回應中所表現出來的邏輯能力、對內化後學理的靈活運用、聆聽與歸納的精準程度，都可以使學生感到收穫豐富。有些教師擔心無法做到這些，而對採用互動式教學持保留的態度。殊不知主持互動式個案討論正是教師鍛鍊自己「聽說讀想」以及各種「思辨能力」的最佳機會，只要經常努力去做，必然日益精進。而且透過主持討論而產生對學理的內化、對實務的了解，甚至對實務界人士思維方式的體會，都是其他教學方式不易做到的。

撰寫本書的主要目的之一，即是希望更多教師投入個案教學，不僅能夠從教學中感受到許多因挑戰與變化而帶來的樂趣，再加上所獲得的自我成長，使教學工作永遠不會令人感到倦怠。

第十三章是本書的結語。本章除了再度重申個案教學法的基本主張之外，也基於書中各章所談的各種做法與道理，提出互動式個案教學的若干信念以及先決條件。從本書對互動式個案教學的說明與解析，也可讓對個案教學尚未充分了解的人士知道，主持個案討論的教師為教學所投入的心力、上課時的專注程度，以及所需要的學理素養，比起其他教學方式應有過之而無不及。

我們期待更多教師投入互動式個案教學，希望藉此普遍提升學生的思辨能力，進而對企業與國家的整體的競爭力以及社會的理性程度有所貢獻。

外篇

緒論

本書的〈外篇〉共六章，希望以平實易懂的方式，說明互動式個
案教學的各種具體做法、做法背後的理由，以及師生雙方的角色。
個案教學在管理能力、思考能力，以及心態與學習習慣的養成方
面，都有極宏大的正面效果。為了鼓勵大家投入更多心力從事互
動式個案教學，在此部分也對這些效果與價值進行了深入的介紹。

第 **1** 章

緒論

教學科技的改變，使單向式講課的功能與作用日益降低，而
教師的角色也因此必須調整。本章介紹互動式個案教學從外在可
以觀察到的進行方式，並試著從我個人觀點指出，有些使用個案
來教學的方法，在進行時，其教師角色與附加價值何以與本書所
擬介紹的互動式教學理念完全不同。

目前世界上最常使用個案教學的教育機構是商管學院，尤其
是 MBA 與 EMBA。而本書作者的專業背景也是企業管理，因此本
書中所談的觀念、做法，甚至為何要採用個案教學的道理，大部
分都是環繞著企業管理，尤其是高階管理、一般管理的教學與學
習。然而個案教學的理念與實施方法，其實應該也可以用在其他
與「實用知識」有關的學科領域，值得這些領域中的教師或學生
參考。

在本書中，「學生」包括了在職教育或 EMBA 中的中高階人
員與年輕的一般生（包括研究生與大學部學生），但有時說明上
為了區別，會將前者稱為「學員」。

第一節　教師角色因教學科技而改變

多媒體、網路科技，以及遠距教學的發展，對傳統教學方式將會產生極為深遠的影響，甚至使「教師」的角色與工作內容都勢必重新定義。

其實這背後的道理，與過去數百年來，產業進化的軌跡相當接近。通常當科技出現創新突破後，相關產業會走向自動化大規模生產，在廣大市場的支持下，新的生產方式逐漸取代了勞工或工匠。而每一波的「自動化革命」後，雖然大部分勞工的工作被取代，但總有人能運用一些自動化所不能取代的方式，創造價值以存活或發展。

現代的「教育產業」，在面對教學科技的突破時，情況也極為類似。

直至目前，許多人依然認為高水準的上課，就是單向式的講授。學生心目中的好老師，應該能夠條理分明、口齒清晰的解釋書中道理、能舉出貼切的實例，又能善用語調、手勢強化重點，最好還能夠以風趣的言談維持現場學習的氣氛。這種教學方法在本質上是教師先充分理解書中內容，理解內化後再以易於吸收理解的方式轉述給學生。

事實上，教師在課堂上所講授的知識大部分都記載於書本或文章中，由於學生不習慣自行閱讀或整理，或懶得閱讀，才需要教師來轉述。易言之，教師的附加價值是基於學生自行閱讀能力不足，甚至無法集中專注力從相對靜態的文字中吸取知識。有深度閱讀經驗的人都知道，在吸收知識方面，其實閱讀的效率遠高於聽講。如果為數眾多的學生（包括在職進修的學員）必須依賴教師以活潑生動的講授來吸收知識，在知識經濟時代應被視為一

項警訊。

再者，如果非要有教師來講課不可，則在互聯網時代，一個科目只需要少數幾位準備周詳、口才出眾的教師來負責遠距授課即可，勢必造成大部分教師的「講課」角色都被取代。因此，講台上單向式的講解，被大規模製作的互動式多媒體或遠距教學所替代的可能性極高。

從前需要老師在台上詳細解說，主要是因為學生看不懂英文課本，或課本語焉不詳。現在譯本或中文著述愈來愈多，用功、優秀的學生也更有能力直接閱讀原文教材，或上網搜尋，因而對聽課的依賴度日益降低。再者，外文課本由於市場規模大，有其編寫及出版上的規模經濟，因此每兩、三年即可修訂再版，不僅解說愈來愈明白，所舉實例也隨時更新，若加上利用多媒體等教學科技的強烈表達方式做為輔助（例如影音動畫），個別教師的講解效果很難超越。

然而除了聽講、閱讀或上網搜尋等方式可以獲得的靜態知識與資訊之外，在職場甚至人生中所需要的學習、整合、靈活應用知識，以及修正本身知識體系與創造知識之能力，卻很少在正式教育體系中得到訓練。而這些正是教師們可以充分發揮以確保教學工作「存在價值」的機會。

基於以上的分析可知，我們應該將教學活動中，可以經由文字閱讀、聽講、圖解、示範來傳達的部分，交由大型機構運用新的教學科技來負責，而教師則負責師生互動、實作指導、個案研究，這些近於「客製化指導」的教學工作。

這是我認為當前大部分教師都應善用互動式個案教學或互動式討論的最主要原因。

第二節　互動式個案教學的場景

　　從教室外經過，或短時間旁聽互動式的個案教學，大致會看到以下場景，這些場景與傳統單向講課完全不同。

氣氛熱烈又緊張有趣

　　「緊張、專注、忙碌、熱烈」是對個案教學場景的第一印象。教師不從事冗長的講解，也不用投影片，似乎主要只是在不斷地向學生提問並決定由誰作答。學生中有人深思，有人舉手，有人急著翻閱個案資訊，同學間偶爾交頭接耳地交換意見。教室中有時會出現一片沉寂，顯然大家都在專心構思答案；過了一陣以後，學生陸續提出自己的想法，由於想法不同，於是大家爭相發言，教室裡又變得熱鬧非凡。同學的發言常常會引起哄堂大笑，這其實也在抒解上課時得隨時做好發言準備所帶來的心理壓力。而每隔一段時間所發出的爆笑聲，甚至影響了隔壁教室上課的安寧。

　　偶爾學生因為對討論過於投入，把舉手發言的規矩拋到腦後，忘我地進行「多方交鋒」，後排學生為了提高能見度，甚至紛紛站起來搶著發言。其他學生聽到以後，可能有十幾人同時舉手想表示意見，教師一時也不知該請誰來發表。

　　當全班吵得不可開交時，教師可能要求大家暫停，接著再「扔」出一個問題，於是全班又迅速回復安靜，開始下一階段的循環。

　　有時下課時間已到，大家依然談興正濃，甚至可能要求教師不要下課，讓大家繼續討論。

　　在「緊張、專注、忙碌、熱烈」並存的情況下進行師生間或

33

同學間深度的知性交流，是互動式個案教學可能做到的境界。學生上課時打瞌睡、玩手機，透過這種上課方式不可能發生。

課前腦力激盪，課後熱情不減

學生被要求在課前熟讀個案，並分組討論。進教室時，因為不知分組討論中或自己想到的觀點能否能夠說服大家或教師，所以普遍會表露出「既期待又怕受傷害」的心情。對「期待」比較高的會選擇坐在前面，比較擔心「受傷害」的則趕緊坐在後排。

下課後，在走廊上、電梯裡、校園中，甚至回家的路上，大家仍然繼續剛才的討論。上課時沒完全想清楚的，下課後想得更明白了，想找人說一說；上課時「懷才不遇」，沒有發言機會的，更要趁機發表一下。這些都使上課的熱情在課後持續延燒，甚至引起身邊其他院系學生的側目。

更進一步觀察教學現場

以上是十分外顯的現象與場景。再更進一步觀察分析，可以對互動式個案教學有更深一點的了解。

教師並不講課，其主要的工作是提問，以及為學生的發言進行摘要。在提問方面，可以針對剛才發言的同學，也可以對其他同學提問；如果不是針對發言同學提問，則其他同學可以自行舉手回答，或由教師指定，或抽選學生回答。

教師和學生發言的時間，大致是各占一半，視不同任課教師的風格或學生平均水準而定，但通常學生發言時間應不少於40%。

學生的發言，通常呈現的是一段相對完整的論述，而非簡單的「是否」或「同意或不同意」。換言之，他們通常被要求講出

較完整的論述，以及論述或各種主張背後的理由。

　　學生之間也會互相討論及對話，但討論的主軸與方向還是在教師的掌控之中。

　　課程結束後，或某一階段的討論結束後，可能產生明確的答案或具體的方案，但有時也未必會有；到了另一個班上，同樣的個案，學生的答案甚至討論的方向可能相同，也可能不同。

　　討論告一段落，或整個討論完畢後，教師可能引用一些適切的學理來進一步說明剛才討論的內容，但不一定每次都這樣做。

　　下課前，教師可能會將本次上課相關的幾個重點觀念為學生進行摘要，有時也沒有這樣做。

　　以上是教學現場可能看到的場景，而學生在課前投入大量時間進行個案的閱讀、分析與準備，以及分組討論，則不是在現場能看到的。

個案教材應具備的條件

　　個案討論是基於大家課前都仔細研讀過的個案教材來進行的。絕大部分個案是以書面文字來呈現。個案中是真實或接近真實的企業資料與議題，其中有些需要大家去決定明確的決策，有些則需要大家去診斷問題究竟何在，應如何解決。有些個案報導了某一企業過去的種種做法，希望大家來分析這些做法背後的理由以及這些做法的得失。

　　個案有些長、有些短；有些新、有些舊；有些包括了豐富的財務數字或產業指標，有些則完全以文字表達。但無論如何，都應該有足夠的資訊讓大家來進行分析、診斷與決策。

　　內容方面，從策略的制定、行銷通路的選擇、組織結構的設計、人事衝突的解決，直到財務報表分析、物流車輛的路線配置

等，只要與決策有關、與具體做法有關，或存在著值得診斷的問題者，都可以做為個案的主題。

有些個案篇幅很長，不僅可以從中找到對診斷與決策都十分有價值的資訊，而且在熟讀個案教材以後，也可以讓讀者了解此一產業的特性、運作方式，以及企業實務上的種種做法。有些個案篇幅雖短，但針對有限的資訊，經過不斷推理，也能產生大量有用的訊息。而「從有限資訊中進行推理」也是個案教學希望達到的目的之一。

第三節　對互動式個案教學的誤解

個案教學雖然在幾十年前就引進台灣，但許多人對個案教學究竟應如何進行，還存有相當不同的認知甚至誤解。雖然由學生輪流上台報告、以個案做為說明學理的實例，甚至班際、校際的個案比賽，都有其學習效果，但這些個案的使用方式都不容易讓教師發揮其「附加價值」與貢獻。換言之，唯有師生問答的互動式個案教學，不僅最能發揮啟發學生心智的作用，而且教師的學識、邏輯及整合能力，也唯有在這種方式下才能隨時為學生的思考與發言產生提高品質、引領方向的作用。世界名校的MBA學程，其個案教學的進行方式大致上是與本書所介紹的極為類似。

近來商管教育大力推動「以學生為中心的學習」（participant-centered learning），然而以學生為中心的學習，並非「放牛吃草」。因為在個案教學中，學生的參與程度固然大幅提高，但教師在心智（包括聆聽、摘要與提問）與專注力方面投入的水準也必須大幅提高。

除了互動式的討論之外，其他的個案教學方式固然可以穿插

使用，但不宜視為主要的授課方式。而有些方式，可能還會對學生的學習心態及學習習慣產生負面的作用。

個案教學不是學生各抒己見後再聽教師的標準答案

個案教學主要是為了訓練思考，而非為學生提供標準答案。如果未能針對學生意見適當回應，僅在學生發言與討論後，逐條說明教師對個案的想法，甚至提供「教學手冊」中的參考答案，個案教學將淪為「舉例說明」，效果雖然比單向講授稍佳，但因為未針對學生的想法做出具體回應與啟發引導，長此以往，肯定會澆熄學生事先準備與參與的熱情，逐漸變成只想被動地等待教師所提供的答案而已。

課堂中的活動重點不應是學生分組報告

一學期中偶爾有一、兩次分組報告，當然有助學生針對其被分配到的個案（或個案中的某一議題）進行十分深入的分析，也有助於訓練簡報技巧。但如果分組報告太多，一則其他同學不需課前詳細研讀個案，在同學報告時也不必專注聆聽，因而降低了參與感；再則教師通常只能在學生簡報完畢後大致提出簡短的回饋意見，無法對學生的思路與邏輯進行細緻的檢視與詢問，使教師的附加價值甚至遠低於單向式的講課。

個案教學不是分組辯論

在企業界，異中求同或「整合並吸收各方意見以形成共識」才是重點。分組辯論讓學生養成「堅持己見」、「攻擊別人」與「擴大歧見」甚至針對細節去「雞蛋裡挑骨頭」的習慣，與企業實務上所期望的心態與行為模式正好相反。

如果同學感情好，事先商量好提問的方向與內容，然後每週在課堂上輪流演一齣戲給教師看，負面效果就更嚴重了。

個案教學不是讓學生聊天練口才

如果教師不參與互動，不隨時提出有啟發性的問題來引導學生朝更深入的方向去思考，而只是以鼓勵甚至放任的態度讓學生自由發言，結果可能只是創造了和諧融洽的氛圍，讓學生無拘無束地交流個人經驗與想法。這種上課方式（不能稱之為教學方式，因為教師沒有盡到教學的責任），學生會感到十分愉快，口才進步，自信提高，但實質上卻沒有從討論中學到東西。其負面作用之一是，經常如此，學生或學員會漸漸降低對學理、知識、學校，乃至於教師的尊重程度，這對他們未來的學習心態是不好的影響。

個案教學重點不在比賽創意

在企業經營上，創意當然重要，但在學期間，學生更需要學習系統化的思考、吸收社會過去所累積的智慧，以及如何運用學理架構與邏輯方法，以個案中大家共同掌握的具體資訊為基礎，進行問題分析與決策方案的選擇。如果學生在討論個案前，並未仔細研讀個案資料，也不試著分析數據，只是天馬行空地提出一些創意方案，這些方案之可行性既無從驗證，也未必與個案中的情境有關係，這就失去了個案教學的原意。

個案教學不是了解最新的產業實務或業界秘辛

個案教學希望藉著個案素材來訓練分析與思考，在過程中當然也會順便接觸到各個產業的實際情況。然而若將重點放在事實

資料的認識與了解，了解之後並未進一步分析其背後的道理，或思考這些產業特性與趨勢對眼前決策的涵意，則將使學習活動僅停留在閱讀產業分析報告或媒體上企業報導的層次。很多人高度期望個案教材一定要新穎，而且必須是知名度高，又以真名報導的大企業，其背後的動機或理由主要即是以「讀故事」的態度來學習個案。

有些學生或學員對正規的個案教學不了解，誤以為教師在課堂上介紹或分析各大企業的經營策略或管理實務即是「個案教學」。教師此一做法的確比純粹講授學理更有趣而且印象深刻，但並非「個案教學」。在此一方式下，即使學員提問，或發言提供更多的「秘辛」，使教室中的交流氣氛十分熱烈，但也無法達到個案教學中提升大家「聽說讀想」能力的作用。

個案教學不是企業界學員交換實務經驗的平台

在討論個案的過程中，難免會讓具有實務經驗的學員聯想到自己過去有趣的或痛苦的經驗。適度分享當然很好，但如果大家經常在上課時藉題發揮，放下個案不談，轉而分享各人的相關經驗，固然能引起大家興趣，教師也可藉機吸收寶貴的實務常識，但這卻不是「教學」，而只是「交流」，因為教師在過程中並未憑著學理對學生的學習做出貢獻或憑其學識素養為討論創造附加價值。

教師應要求學員將其經驗轉換成可以用在當前個案中的道理或想法，並以個案中的議題為主軸來發表意見。否則肯定會投入太多時間在介紹其產業的特色與自己企業的某些做法，使得大家失去針對當前個案深入討論的機會。

個案教學不是個案比賽

為了提升EMBA學員的學習興趣，並促進校際交流，於是出現校際EMBA的個案比賽。由於「競爭」及「一較高下」的氣氛愈來愈濃，某些學校即以十分嚴肅的態度來準備應戰，並且相當用心地選拔與訓練學員，以期在「獲勝」之後，可以經由媒體的報導來提升校譽。

我對團隊的學習與校際交流，一向抱持著樂觀其成的態度。然而參賽的學員、報導的媒體，以及一般社會大眾，可能將「個案比賽」與「個案教學」混為一談，因此不得不針對此二者的進行方式及學習效果稍做解釋。

首先談個案教學。個案教學是為了訓練學生「聽說讀想」的能力，包括分析資料、整合意見等，「形成方案」固然有其必要性，卻不必有全體一致的結論。而且在討論與分享時，學員們推理過程及方案創意各有千秋，因而有機會在教師指導下，驗證自己的前提假設與思考邏輯。此一心智成長的歷程，是個案教學最有價值的部分。

個案比賽與個案教學相比，雖然都有「個案」兩個字，而且兩者都以書面的個案教材為基礎，但在本質上卻是完全不同的兩件事。

個案比賽的致勝關鍵，在於迅速掌握書面個案的重點，並在極短的時間內，快速形成小組共識，快速做出漂亮的投影片。然後在短短的十幾分鐘內，向評審提出條理分明、有高度說服力的簡報。

因為有形成小組共識的時間壓力，前述個案教學中的一些思考程序，例如各種方案的形成與比較、學員間推理過程的比對與前提驗證等，就勢必大幅省略，而且必須尊重小組中少數意見領

袖來主導結論之形成，以提升討論的效率。

　　個案比賽的評審委員角色也極為關鍵。因為若要了解參賽各組所提方案的邏輯與前提假設，每位評審委員事先必須對個案內容十分熟悉，或至少像個案教學的教師一樣，事先投入十小時以上的時間來研讀個案教材，看出個案撰寫者「隱藏」在字裡行間的訊息，甚至詳細分析個案中的報表與數字，才能知道參賽者的哪些推理是基於個案所提供的資料，哪些是對個案資料的錯誤解讀，哪些僅是無中生有的想像。評審委員若無法做到這些，則競賽的結果可能只與「簡報技巧」高度相關，卻未必反映參賽者真正的分析與決策能力。

　　而且評審委員必須了解，以有限的資料來進行分析，是沒有所謂「正確」答案的。如果評審以自己所認為的「正確答案」來檢驗參賽者的方案，其評審結果未必能反映出參賽者的分析水準，充其量只是與評審的想法相似度較高而已。

　　迅速掌握書面資料中呈現的問題，並在極短的時間內取得共識、做出高水準的書面與口頭簡報，當然有其價值。但如果將之視為個案教學的主要進行方式，則可能誤解了個案教學的真意。各校EMBA若為了取得比賽的好成績，長期以個案比賽的方式來上課，則更有因小失大的可能。

個案教學不是針對時事或媒體報導進行意見交流

　　有些教師看到媒體上對某些企業的某件報導，到了班上請大家針對此事發表意見。此一做法當然會引起學生或學員的興趣，討論過程中也可以出現各種有價值的觀點，但由於課前大家並未針對完整的事實背景從事準備，教師也未必對此事有何深入看法，因此對學生的思想啟發幫助有限。有些教師或學生由於對正

規的互動式教學並不了解，因此誤以為這就是「個案教學」。這也是應該提醒大家留意的。

以上這些「不是」，難免或多或少會出現在大家的個案教學過程中。但只要掌握「藉由互動來啟發思想」這一主軸，上課時偶爾穿插一下「舉例」、「分組簡報」、「比賽創意」、「交流經驗」，甚至「時事討論」等，也可以為個案教學增加更多趣味與變化。但倘若主軸消失而只留下這些表面的形式，就可能會出現差之毫釐，失之千里的結果。

第四節　本書試圖回答的問題

本書試圖回答以下幾項問題：

- 在實用知識的領域，例如企業管理，為什麼要採用個案教學？與其他教學方式相較，有何優、缺點及限制條件？
- 互動式個案教學的進行方式如何？
- 學生可以從互動式個案教學中，經由哪些過程，強化哪些能力？養成哪些習慣？
- 互動式個案教學中，教師的角色和教學技巧有哪些？
- 教師向學生提問時，應有哪些注意事項或原則？
- 教師的能力和心態應該如何？有哪些「內隱心智流程」？哪些專業領域適合用個案教學？學校要有什麼硬體設備來配合？
- 上課之前，教師應做什麼準備？學生又該如何準備？
- 個案教學應該如何結合學理與研究，以期達成互相增強的

效果？

● 在個案教學中，教師如何能夠獲得本身知能的成長？

　　除此之外，也針對個案教學中，教師常遇見的疑難雜症提出我個人的建議。例如，什麼是好個案？教師應如何設計課程？如何評估學生表現？……等等。

教學個案並無標準方式

　　本書的觀念與主張，主要是基於作者的個人經驗，並非絕對的答案。

　　世界上有許多針對「如何演講」、「如何談判」、「如何經營親子關係」的主張和論述，都有參考價值，但各家說法卻不盡相同，可見這些從實務經驗加上若干學理基礎所形成的「道理」或「主張」，並無絕對正確的「終極答案」。

　　同理，本書主張的個案教學進行方式（師生以持續問答來互動）和世界上一流商管學院十分接近，但做法上的許多細節以及背後理由，大部分是基於我個人教學四十年來的經驗，有我個人的實證基礎，應有一定的參考價值，但並未試圖對個案教學提供唯一的標準做法，也絕不是希望大家的個案教學方式都變成千篇一律。換言之，每個學科不同，每所學校的學生不同，每位教師的個性與教學風格也不一樣，就像「講課」一樣，每個人都應配合自己的條件和風格，來發展自己的教學特色。

43

第 **2** 章

互動式個案教學的
過程及其關鍵做法

　　本章以更近的距離來說明互動式個案教學的進行方式。這些進行方式雖然不是唯一標準，但的確是世界高水準商管學院MBA學程進行個案教學的主流。步驟很多，不可能也不必要全都實施，但本章盡量解說其中每一項步驟背後的道理。從這些做法和說明中，讀者應可體會到個案教學的價值，以及每一項做法或步驟所預期發揮的作用。

　　這一部分是學生在上課時可以觀察到的，其他更多更內隱的想法和做法，將在後續章節中再行介紹。

　　在單向式講授的課程中，學生的角色相對單純。在互動式個案教學中，學生是學習活動的主角，教學成敗與學生的學習態度與投入程度密切相關，因此對學生的各項要求也進行了說明。

第一節　基本流程

　　本章介紹個案教學的基本流程，大致上是依課前、課中及課後不同階段來說明。這些流程或做法都是比較「外顯」的部分，

亦即學生可以觀察到的。至於教師在教學上較為「內隱」的技巧，以及更為內隱的心智流程，將在後續章節中再行介紹。

這些流程其實並無普世標準。以下所介紹的，一部分是先進國家長期從事個案教學的商管學院之主要做法，一部分則是我個人教學四十年來的經驗，以及不斷修正改進而得的原則。

要求學生課前熟讀個案並進行分組討論

無論個案長短，為了達到良好的教學效果，學生在課前必須熟讀個案教材，自行進行初步分析後再參加分組討論。在分組討論前，每位學生應對個案中的討論問題及潛在議題、解決辦法等進行思考與分析，若有財務報表或相關數字，也應盡量掌握其對決策的涵意。

分組討論的作用一方面是讓同組的學生（每組人數最好在五至七人之間）有機會互相交流個別分析的結果，將各人意見去蕪存菁，避免在大班上課時出現對個案材料太離譜的解讀或十分不合理的想法；另一方面則是希望在分組討論時，學生可以模擬與練習大班上課時的「主持」、「聆聽」、「發言」、「整合」、「摘要」、「小結」等技巧。

分組討論可以針對個案所附之討論問題來進行，也可以針對各人對個案中所觀察到、值得討論的議題來討論。

如果是短期的課程，學生沒有課前分組討論的機會或習慣，則利用開始上課時的二、三十分鐘進行分組討論，也可以達到若干交流或「熱身」的效果。

上課規則與叮嚀

除了教學計畫、上課的方式與流程，以及評分標準等，必

須向學生說明介紹之外，為了配合個案教學的特色，剛開始上課前，教師應對學生強調一些上課的規則或「叮嚀」。以下是從我自己的經驗中歸納出應該在開學時就讓學生知道的事。這些都屬於「舉例說明」，並非必要的做法，舉例的範圍也未必周延。

- 課前必須熟讀個案，自行分析後再參加分組討論。
- 分組時盡量輪流擔任主席以獲得主持的經驗，也可達到互相觀摩的效果。
- 分組討論不必有共識，但一定要充分理解同組每位成員的想法。
- 上課時請節制發言次數，以便讓更多同學可以參與意見的表達。
- 每次發言時間不要太冗長，內容力求簡明扼要。
- 討論時不要提及太多自己過去的經驗或公司裡的事。
- 要仔細聆聽別人發言並準備摘要與回應。
- 發言時聲音要足以讓全體同學聽清楚，速度不疾不徐。
- 個案所附討論問題目的在協助大家思考，在課堂上未必要一一作答。
- 由誰來發言的原則：一部分由教師指定，也歡迎學生自由舉手發言。
- 無論分組討論或上課討論，所使用的資料都以個案所提供的為準。
- 對同學的發言有道理的部分要表示肯定，試著整合吸收並補充，不必批判。
- 跟著討論主流，針對教師的提問方向來作答或思考。
- 每週依課程計畫進行，個案即使未討論完畢，也不延長到

下一週。

　　如果學生已有若干次以互動式個案教學來進行的課程，且已養成良好的學習習慣，則除了第一門課之外，其他課程就不必再特別強調，只需稍作提醒即可。

暖場

　　在正式開始討論個案之前，有些教師認為需要有一小段時間來進行「暖場」，例如針對上一次課後學生的心得提出回應或摘要，或說明本次個案教學的預期結果或所欲獲致的結論在整體課程教學計畫中的角色。是否應這樣做，其實取決與教師個人的教學風格，以及教師與學生或學員的熟悉程度。在彼此不太熟悉或短期的班次，這類正式討論前的「前言」似乎重要性較高。換言之，除了讓氣氛輕鬆一點之外，在這種情境下，更需要在一開始就將此次個案研討在課程結構甚至學生的知識體系中的「定位」以及學習目標先行說明。

　　暖場的另一方式是請每個小組分別將課前討論的主要結論與建議，以口頭簡單說明。此一做法一方面是確保各小組課前都經過討論而獲致一些結論，另一方面則是設法了解此次上課是否可能出現有創意又有趣的議題，教師可以及早思考如何納入討論的流程。

請學生摘要個案內容

　　我個人很重視「摘要」，亦即請學生在三分鐘內扼要敘述個案的內容。此一做法有下列幾種目的：

　　第一，確保學生在課前對個案內容已有全盤了解。而且學生

若預期教師將要求摘要，便會事先準備，這對「摘要」的能力是有幫助的。易言之，要能在短短幾分鐘內將一篇個案的重點交代清楚，需要練習與準備，不可等閒視之。

第二，教師可以從學生的摘要中，大致了解學生們對此個案分析的深度與切入角度。不同的學生所摘要的結果通常不盡相同，原因之一是每個人在分析問題、找出原因的過程中，對個案內容都會有一些選擇性的認知。如果進行摘要的學生沒有將某些關鍵的事實資訊納入其摘要中，表示他並未針對此一方向進行較深入的分析。

在幾位學生分別摘要並互相補充之後，教師可以綜合補充並提醒大家某些重要資訊的潛在意義或修正學生對某些資料的判讀偏差。此一過程與教師以主動暖場的方式來為大家摘要個案重點頗為相近，但對學生的思想啟發及參與，應更有挑戰性並帶來更好的學習效果。

第三，理想上，所謂「摘要」並不等於是個案原文的「濃縮版」。例如個案中未必會對個案公司的策略定位、組織結構、決策流程、權力分配、人際關係、競爭情勢等進行完整而直接的說明，因此需要學生在問題描述、人員對話，以及事件發生過程中，推敲歸納出來。這種「推敲歸納」的能力，不僅需要訓練培養，而且在實務上能否從若干觀察到的現象就能進行許多推論，也十分有用。所謂「見微知著」、「聞一知十」、「察言觀色」等，都與此有關。

因此，要求學生摘要個案內容，不只是暖場的一種形式，也是一項重要的訓練課目。

當然，有時因為時間不夠，或學生能力不足以完整摘要，由教師自己來摘要也是可以的。

教師提問

在個案中，教師極為重要的核心工作就是提問。

提問可以從課前指定的討論問題開始，也可以從其他方向切入。然而即使是針對課前的討論問題，也不會在學生回答完畢後即結束了與這一題有關的提問。教師通常會從學生的回答中，找出更深入的問題，繼續追問同一學生，或請其他同學接續作答。

基本上的提問內容不外乎「你的決策方案是什麼？」例如：

「為什麼？」

「請問你根據什麼數據或事實資料得到此一推論？」

「你是否同意他的說法？若不盡同意，哪一部分不同意？」

「請問這兩位同學的意見有何異同？有哪些推理過程或資料引用的不同造成這些結論上的差異？」

「請簡單摘要一下剛才那位同學發言的重點。」

「這樣做有什麼道理？」

「這個現象背後的原因有哪些？」

「這個方案可能會產生哪些結果？能不能達到組織目標？可能付出哪些無形的代價？」

「你如何分析此一報表或數字？為何如此分析？分析結果對哪些決策有什麼涵意？」

如此提問以及針對其答案的持續提問，有幾項作用：

第一，培養學生深入思考的能力，或「追根究柢」的習慣。有些學生在開始接觸個案教學時，聽到「為什麼」三個字就無法回答，表示其意見背後的推理過程可能不完整或相當薄弱，等到後來個案討論經驗漸漸豐富，就可以層次分明地將獲致結論背後

的理由說明清楚。這表示他已學會在思考的過程中，不斷地問自己「為什麼」，這也反映了其思考能力的進步。

第二，協助學生強化其口頭表述的能力。有些學生不是沒有想法，但由於過去缺乏練習機會，因此不知道該怎麼將自己的意見以及推理過程交代清楚。在教師持續提問之下，學生們不僅在「想」的方面有所進步，而且會學著把意見和理由有系統地說清楚講明白。

第三，學生的口頭說明，可以做為其他學生練習聆聽、判斷與整合的現場素材。

要求學生針對發言內容複述與摘要

教師除了對發言學生持續提問，或轉而向其他學生提問之外，偶爾也會在學生發言或討論之後，請其他人摘要剛才討論或發言的重點，這可簡稱為「複述與摘要」。

在個案教學過程中，為了促使學生專心聆聽其他同學的發言，教師偶爾會要求其他學生重點整理並簡要敘述前一位同學（甚至前幾位）的發言重點，或討論的主要內容，這是提升學生「聽力」最簡單有效的方法。因為專心聆聽別人發言對討論的進行及品質十分重要，大家都專心聆聽，才能吸收發言者所傳達的訊息，才能進一步將這些訊息與自己的想法或各種互補知識與資訊有效結合並構思自己的想法。這對「學習新觀念」以及「形成自己的想法」都十分有價值。

事實上，唯有「複述」，或讓聽者心理上隨時有被要求「複述」或對所聽到的內容進行「摘要」的準備，才能確保他們用心聆聽；每個人都能用心聆聽，後續的討論才不會發散。在單向式講課或演講時，常有學生或聽眾習慣性地微笑、點頭，以表達對

教師言論的肯定。教師或演講者若問他們是否了解、是否同意，後者通常也以點頭或無異議來回應。這些訊息或肯定，往往讓教師或演講者誤以為聽眾已全然了解他所講述的內容。

事實上，如果教師要求聽眾複述或摘要一下剛才所講的內容，結果多半是得到「對不起，我沒聽清楚」或「不記得了」的回答。聽眾若無法當場記得或歸納整理兩、三分鐘前才聽到的一個觀念，表示根本沒聽清楚或未能理解此一觀念，遑論將這些內容內化成為自己知能的一部分。充其量只記得一些專有名詞或幾則故事而已。

用我所建議的個案教學方式（複述與摘要，以及下述的「抽卡回答」），能迅速提升大家專心的程度以及聆聽其他人意見的習慣。

教師進行小結與轉折

教師的功能不只是持續提問而已，適時進行摘要與小結，澄清內容、鼓勵學生，並順勢將討論主軸轉移至新的議題，也極為重要。

學生針對教師之提問來作答，以及對其他人的發言進行摘要與複述，固然極有教學的意義，但這些若全依賴學生，不僅品質不易控制，時間上也不允許。因此討論方向的掌握甚至重要觀念的歸納，主要還是得由教師來負責。

教師的摘要與小結，有幾項重要的作用：

第一，在大家發言過程中，時常會出現頗有道理的意見與想法。此時可能有部分學生其實未必有能力（或足夠的互補知識）聽出這些意見的價值，甚至發言者也未深入理解自己發言內容的潛在價值，因此主持討論的教師必須適時將剛才這一段討論中出

現的道理摘要出來。

　　第二，教師將每一回合討論中「有道理」的觀點摘要出來，就可以順勢將討論方向推向下一個階段。在此所說的「有道理」，可能是教師原有教學計畫中的內容，也可能是學生的創意，在內容上其實已超越了教學計畫中的想法，因此應該考慮納入討論的主軸。

　　第三，對學生有貢獻的發言進行摘要，是對學生表示肯定的最有效方法。有些學生在討論過程中，提出十分有意義、有價值的看法，此時教師不必說出任何肯定的話，只要能將他的發言內容，有系統地摘要出來，不僅讓全體同學更理解明白，也將之納入討論的主流內容以及小結之中，此一做法對發言者而言，已產生相當大的激勵作用。

　　第四，學生發言難免發散，教師的摘要小結可以讓學生知道這一階段的討論產生了哪些共識，然後聚焦於此一方向與基礎上再深入探討或轉換至另一議題。

　　第五，為了控制時間以進行更多議題討論，教師必須在摘要與小結之後，對大家議而未決的爭論，做一取捨。有些爭議本來即有見仁見智的性質，爭論下去未必有結果，個案中也未必有資料可以驗證，此時教師可以請大家暫時以某一結論為基礎去進行下一階段的討論。而此一結論方向，當然應盡量配合教師課前所訂的討論主軸。

　　第六，如上所述，學生會被要求摘要、整合與複述。教師的摘要與小結可以為學生提供鮮活且正確的示範，讓學生知道究竟應如何去做這些事。

課後總結

在一堂課結束後，教師雖然無法就所有討論過的議題再做總結，但可以針對若干特別重要的想法，再為學生進行結論。但應注意兩件事：

其一是應讓學生知道「總結」並非這次上課中唯一的重點，因為在過程中，每一段對話或討論都有其價值與意義，無法全都列入總結之中。

其二是「結論」應明確具體到什麼程度，必須視學生的水準而定。水準愈高的學生或學員，愈有自己的想法，也較有能力從上課過程中萃取自己所需要的知能，因此愈不需要教師來為他們選擇性地詮釋此次上課討論的重點。反之，如果學生程度較低，教師就必須講出一段聽來十分具體又「有學問」的道理，學生才會感到從這次上課得到了具體的收穫。

誰來回答？

班上學生很多，該由誰來做摘要、回答問題，或複述摘要、從事小結呢？

最簡單也最常見的方法是「誰先舉手，就請誰回答」，也有教師每次提問都由教師本人自行決定由哪一位學生來作答。而我的方法是「抽學生上課卡」，以隨機選人方式來決定由誰回答。

上課卡（class card）是學生在開學時填寫的資料卡，上有學生的姓名及基本資料等。隨機抽取的方式使人人都有同樣的機會被要求發言，這樣可以使全體學生從「聽到問題」到「完成抽卡」的幾十秒時間內，針對題目進行思考。時間很短，學生必須針對問題快速思考並全力構思可能的答案或至少可能的方向，使這段時間成為大家思考力運轉最高的時刻。由於全體都在思考，

即使未被抽中的學生也有靜下來想一想的機會。這對後續的參與及發言品質，都有相當大的正面作用。

如果不是用抽卡，而是由教師自行決定由誰來回答，可能造成學生產生「這題這麼難，老師為什麼要專門找我回答」的感覺，或教師在指定學生作答時，「機率」並不相同（有些人常被指定回答，有些人幾乎從來不被問到），這些都有可能影響師生關係。

黑板的運用

如果說教師口頭的摘要與小結是為學生示範如何做好這些動作，則教師將大家討論的內容摘要寫在黑板上，則是示範如何做書面紀錄或將片斷的發言整合成較為精準的標題與系統化的架構。其作用在更明確的指出各項論述之間的邏輯關係，也便於學生在討論過程中知道當前的討論大約在整體架構中的哪一部分。討論結束時，教師也可以用黑板上的摘要來協助大家對這次上課內容及各項小結有一較完整之了解。

事實上，教師在上課前就應在心中對黑板上將要呈現的文字有大致的概念，而且也應該配合整學期教學計畫的構想，術語稱之為「黑板計畫」（board plan）。然而教師在執行上卻不應拘泥於原來的「黑板計畫」，因為學生在討論時所產生的意見，未必和原來計畫相同，如果堅持依計畫去進行討論，不在原訂計畫中的內容則一概不追問，很可能會讓有想法的學生失去參與和發言的興趣與動機。

易言之，教師原有的教學計畫甚至教學手冊所提供的「黑板計畫」，不可能涵蓋所有個案討論的可能方向，因此只能做為教學（尤其是新啟用此一個案時）方向的參考。若過分「忠於」原

訂計畫，肯定會限制學生的創意，而且不鼓勵他們導出不同的結論。結果勢必造成學生一直在揣度「老師要的答案是什麼」，而非勇於表達「我的想法是什麼」和「我的主張是什麼」。這樣一來，學生看似學習得十分有架構，卻犧牲了個案教學的一些重要目的。

時間控制

雖然在教學過程中，由於學生發言的方向與內容水準都無法事前預測，使教學難以完全依照計畫進行，但在時間控制上，教師卻必須注意一些原則。簡言之，此一個案在預期中應觸及的若干議題，都應該分配到相當的時間。時間分配未掌控好的原因通常包括：

第一，學生對個案內容不熟悉，或知識基礎及推理能力薄弱，不得不投入更多時間來進行啟發與問答。

第二，開始上課時，教師擔心個案很快就討論完畢，出現冷場，因而在前幾項討論問題上花了太多時間。

第三，學生在某一議題上爭議很大，難以整合。

第四，大家（包括教師）對討論中出現的某些議題感到很有興趣，為了更進一步探討，不得不犧牲其他議題與觀念的討論。

針對這些問題，該如何解決與防範，本書後續章節將有更多的討論。

一般而言，如果是必修課，或大部分學生期望從課堂上能獲得一些更具體的學理知識或觀念，則時間控制就更重要。反之，如果是選修課，課程結構不必如此嚴謹，學生也只希望在「聽說讀想」方面有所進步，則討論可以更為「隨興」，在時間控制上就得所犧牲了。

討論結束時的理論對照

討論結束時，如果教師能將大家討論的重要觀點，整理成比較系統化的論述，甚至用某些理論來和某些學生的發言內容相呼應對照，學生會感到更有收穫。

但要注意的是，教師所歸納出來的道理，必須完全基於這次上課中的討論內容，才會對學生的思考以及「實務與理論結合」的能力有所增進。如果教師在上課前已有十分具體的想法，在討論結束前以事先準備好的投影片，為大家進行一場理論介紹，並說明如何用此一理論架構來深化對本個案的分析與解讀，我對此一做法則持保留的態度，理由如下：

第一，如果個案教學的目的僅止於「做為理論驗證的工具」，甚至想證明「沒有理論，大家是無法進行深入分析的」，則此一做法有其道理。如果個案教學主要在培養學生「聽說讀想」的能力，則特別強調某一項理論在此一個案的關鍵作用，似乎不妥。

第二，由於學生預期教師有「標準答案」，因此在討論中會出現「揣摩上意」的現象 —— 努力猜想教師的標準答案是什麼，而不是依自己的角度與方法去分析個案中的問題。更嚴重的是，同一個案未必只用一年，或只在一個班級上討論，因此就會有學生去請教去年上過此一個案的學長或前幾天上過此一個案的別班同學，究竟「老師要什麼答案」。這樣一來，就完全失去個案教學的預期價值了。

第三，透過這種方式訓練出來的學生，進入職場後，遇到待決問題時，難免會習慣性地努力從「理論」中找答案，而不是設法針對當前問題與事實資料去思考與分析。易言之，用理論來套進實際問題的方式，可能更適用於講授理論的課程，而不應出現

在個案討論的課程。

　　第四，高水準的學生或學員，不會相信一個複雜的實際問題可以用單一的理論來解釋。如果下課時間已到，他們可以聽聽，當作參考；如果尚有時間，他們甚至可能對此一理論在該個案問題中的適用性提出質疑。

　　總之，討論後的歸納是有價值的，但教師應根據當天的討論內容來歸納，或現場設計出可以包容大家主要發言內容的架構來統合各方的意見。而在討論後用事先已做好的投影片來說明理論的價值，似乎與互動式個案教學的基本理念不盡相符。

要求學生撰寫課後心得

　　要求學生撰寫課後心得可以提升其學習的反思效果。

　　為了讓學生課後在觀念上有更具體的收穫，通常做法是由教師在下課前就當天討論內容，整理出一些道理，甚至設法用相關的學理來解釋。

　　然而當台下是高水準的學員或學生時，他們未必都認同教師的結論，但下課時間已到，大家通常已無法再進行意見交流。

　　針對此一現象，我建議的解決辦法是請學生在課後幾天內上網分享上課心得。此一做法有下列幾項好處：

　　第一，學生上課時，除了必須全神貫注參與討論之外，還要隨時想一想這一回合的討論可以歸納出什麼道理，寫在心得報告中，這樣一來，就深化了學習的效果。

　　第二，為了寫出幾百字的心得，學生必須整理自己的想法，以便用系統化的文字呈現，使得「反思」過程更加落實。

　　第三，因為是上網分享，教師又即時回饋，所以學生十分在意自己寫作的品質以及心得報告在教師及同學心目中的評價。有

些人形成想法的速度快，很早就交卷；其他人在構思本身心得的過程中，當然要參考一下已經上網的心得內容，卻又不能抄襲別人的論述，因此不得不努力想出與眾不同的意見。這相當於將上課討論時分享與交流的氛圍，在課後又延續了好幾天。

第四，教師盡可能即時閱讀每篇心得，並迅速做出回饋，的確需要投入不少時間和精神，但從學生心得中，可以了解每位學生的思想深度以及用心程度，這比個案討論更能深入認識每一位學生。若有學生在某些觀念上出現偏差，可以及時修正；萬一上課時，教師語意不明造成大多數人的誤解，也可以從學生心得中得知，而利用下次上課時補正或解釋。

第五，從用心撰寫的心得中，教師肯定能獲得一些令人激賞的想法與思維角度。這些多元且富創意的見解，說明了即使教師學富五車，在下課前所能歸結出的結論或引用的學理，全面性肯定是不足的。

綜上所述，這種每週上網分享學習心得的方式，與學期結束後每人繳交學期報告相比，優點可能更多。

分組書面報告的運用

教師可以要求各組學生在課前繳交一頁（甚至半頁）的簡單書面報告，說明該組對個案中主要問題的看法、決策及理由。這樣可以得到若干分組報告的好處，但不至於因為學生上台報告耗時太久而減少了教師可以提供的附加價值。

前一章已指出，個案教學的重點不應是學生分組報告。然而有不少上過所謂「個案」課程的學生，誤認為個案研討主要就是分組報告。典型的做法是每週指定一組或兩組，在各自分組討論以後，準備投影片，向全班進行報告。其他同學則針對報告內容

提出質疑，要求說明。教師當然也會提出問題，但主要角色是在分組報告後進行講評。

分組報告有其可取之處：

第一項好處是，強迫輪到要報告的那組學生，必須群策群力、深入分析所負責的個案。這樣一來，學生即使無法對每週要討論的個案都全力投入，至少一學期有一到兩次投入大量心力來從事思考與分析。

第二項好處是，對初入職場的年輕人，簡報製作及口頭簡報能力有時的確相當重要。有些學生甚至認為大學所學最有價值的就是簡報的能力與技巧，正好藉此多加練習。

第三項好處是，目前有些校際的「個案競賽」，對擁有良好簡報製作及口頭簡報技巧較佳的學生，更為有利。

不過，分組報告也有一些缺點：

缺點之一是，與一來一往的互動式個案教學相比，分組報告時，教師能創造的附加價值比較小，只能利用簡報結束後的五到十分鐘，針對報告主要內容提出評論與建議。

缺點之二是，通常未輪到報告的小組成員，對個案的研讀與分析肯定不深入，而且以聽眾的身分，不需要專心聽講，也不必動腦思考，簡報後所餘時間有限，不必也無法提出問題。甚至有些聰明的學生，不用深入了解個案內容，也能進行頗有挑戰性的提問，其他人（包括教師在內）未必能看出他對個案內容究竟有多少理解。這種分組報告方式使學生一學期的學習，幾乎都集中在「輪值」時的分組報告，其他時間的學習成效十分有限。

取代分組報告的方式之一是前述要求每組在課前提出一頁（甚至半頁）的書面分析報告，教師課前先閱讀，在上課時抽選某些組內部分組員來說明及作答。此一做法促使學生不得不參加

課前的分組討論，而且對分組的結論及推理過程有所掌握。

我偶爾也會運用「每組交半頁報告」的方法，並要求學生能夠充分說明組內的結論，但允許他們每個人可以提出自己的想法。因為分組討論的主要目的是為上課熱身，但不必要求各組組內有高度的共識。畢竟能積極參加分組活動，可充分理解彼此想法，又能提出自己一番見解的人，值得鼓勵，不必強迫他們必須接受小組的共識。

應否介紹個案公司後來的發展？

為了滿足學生的好奇心，教師如果有資料，可以在討論結束後，簡單說明一下個案中的公司後來的發展，以及針對當前的問題，做出了什麼決定。有些教學指引裡也說明了個案中幾位重要人物後來的職位變遷或事業發展的情況。

如果教師無法從個案的教學指引中獲得這些資料，當然無法提供。但今日網路資訊發達，如果是使用真名的企業，不妨要求學生上網查一下有關該公司的最新資訊。

我很少這樣做的理由是，個案像「數學習題」，解題的過程有趣又有價值，然而讓學生知道數學題的「最佳解法」或許有學習上的參考價值，但相對於數學，企業個案更像一個「開放系統」，即使個案內容豐富，但影響後續發展的許多因素往往不在個案教材之中。學生分析討論個案之後，若發現「原來後來是這樣」，或許對其學習興趣反而可能產生負面影響。

再者，即使個案公司後來採取了某項決策，也不易證明此一決策是最佳答案。

對學生的成績評量

上課的主要活動是討論，因此學生上課時參與及討論的質與量，是最重要的成績評量指標。在某些先進的國外商管學院，為了力求成績客觀，甚至聘用助理在教室裡旁聽並簡單記錄每位學生的發言。根據此一紀錄，不僅可以做為學期結束時評定成績時的客觀依據，還可以達到以下目的：

第一，教師每次課後回顧上課發言紀錄，可以藉此反思自己教學的方法、提問的技巧，以及對學生發言的回應方式。這不僅對教學品質的改進極有幫助，而且教師可以依據這些紀錄，不斷改進此一個案的教學流程並修訂屬於自己的教學指引。

第二，在高度重視教學的學校，學校會要求教師從回顧這些發言紀錄中，分析每位學生在思考、課前準備以及學理運用等方面的長處或不足，然後以書面方式對學生提出建議或鼓勵。而對發言次數少，或很少主動發言者，在後續各次上課時再以「事前通知，主動邀請」的方式增加其參與水準。

這些做法需要教師投入大量時間，也需要學校支付助理的費用。以目前我們教師的教學負擔以及學校能提供的經費水準，要做到頗不容易。因此，不得不以教師的主觀印象以及記憶來取代此一做法。

除了上課討論的質與量之外，成績評量還有不少其他指標：

其中之一是教科書或其他讀物的筆試。除了個案討論，教師可能再指定閱讀相關的學理文獻或教科書，這些可以用筆試來衡量其學習成果。

其中之二是評定學期分組報告、課前分組書面報告、課後心得報告的水準。

其中之三是在學期結束時，以考試方式讓學生分析一個學期

61

中沒有討論過的個案，以評量學生獨立分析思考及寫作表達的能力。如果使用較長、較複雜的個案，這種考試可能要將學生集中在一個考場，花一整天來進行。

其中之四是以筆試方式來測驗學生對本學期所有個案內容的理解與記憶。這種做法是希望學生在學期初就知道這些個案內容（不是分析結果）將會成為考試內容，因而在課前準備時願意投入更多心力仔細研讀，進而提升了大家參與的意願與發言品質。而且在學期結束時，為了準備考試，不得不重新複習所有討論過的個案內容，也因此順便將上課時所討論到的觀念完整回顧一遍，這對學生的學習有高度正面作用。

有些教師以「學生互評」的方式，授權學生評估彼此在上課參與、貢獻以及發言品質上的水準。我對此一做法持保留態度，因為懷著評估同學的心態上課，不僅有礙學習時的開放心態，而且若運用不當，反倒影響了班上的文化與同學間的感情，得不償失。因為我個人覺得，同學間可以延續一生的感情與緣分，不必為了分數的少許「公平」而犧牲。

無論是哪些成績評量方式，教師都應在開學時說明清楚，然後落實執行。這樣才能經由「績效指標」來引導學生整個學期努力的方向。

第二節　對學生的要求

個案教學與講課不同，需要學生積極參與交流互動，甚至整體學習活動都是以學生為中心。因此務必要求學生在心態上，以及行為模式與學習責任方面能合乎某些規範。除了前一節提到上課前的叮嚀是概略原則外，以下擇其中要點再進一步說明。

最基本要求是，所有學生都必須在課前仔細閱讀、分析個案教材，然後參加分組討論。在上課時，每人都有發言的責任，也應隨時做好發言的準備。對其他同學的發言應專心聆聽，表示意見及思路應跟隨著討論的主題，並試圖比對、整合各方的意見。

這些要求是否應在開學時具體明文的規定，或其中哪些應明確提出與堅持，哪些則保留彈性，應視每位教師的教學風格而定。具體而言，可將這些要求歸納為以下各項。

課前充分準備

學生必須自行閱讀個案教材，並熟悉個案內容以及各項事實資料與數據資料。在課前準備階段，針對個案中的報表以及各種數字、數字間的關係等仔細進行分析，更能從個案討論中提升自己的能力。而且學生在分組討論之前，就應對個案後所附的討論問題擁有初步的答案或想法。

把自己視為個案中的決策者

將個案中的狀況或決策視為「別人的事」，就會以旁觀者的角度來看問題，如果當成「自己的事」，心態上即大不相同。因此學生應努力將自己置入於個案中決策者的角色，在思考及分析上才會全力以赴。大家都知道，自己創業學得最多，因為這些是自己的錢（或自己借來的錢），是自己的事業前程，因此每一項決策都得深思熟慮，因為想得多，所以知能成長也快。如果學生將個案裡的事當做自己的事，全心投入，個案研討的效果必然更加彰顯。

63

充分利用分組討論但不必有共識

在分組討論時，每位組員針對討論問題的答案、個案中存在的議題、資料的解讀方式、可能的解決辦法、決策方案，以及有待進一步驗證的事實等，進行充分的意見交流。分組討論不可能十分深入，也不需要有共識，但應經由小組的交流，使大家有機會澄清自己的想法、更清楚掌握組織特性與事件背景，並以這些為基礎，進行各人想法的思辨與整合。

學生對分組討論必須有一項認識：分組討論是希望大家一起「練功」，練功本身即是目的。由於上課時間有限，教師也有其教學的重點，因此若小組十分努力思考、分析了許多議題，但大部分在上課時卻未觸及，學生也不應失望。因為分組討論中的投入，其實已轉化成每位組員「內力」的一部分，分組裡的意見即使沒有機會在課堂上有所表現或獲得肯定，其實也無妨。

針對教師提問方向回答

上課時，學生應該配合教師的要求與提問，進行意見表達與交流。內容包括摘要個案的內容、回答個案後所附的討論問題、澄清事實資料、找出個案中的問題點與原因、提出解決方案等。在教師的教學計畫中，因為上課時間有限，不太可能每次都涵蓋這些程序，因此學生應配合教師的教學構想及提問方向，聚焦於討論的主軸來參與討論、提出意見。

由於個案中值得討論的可能議題很多，即使個案中附有幾個討論問題供學生參考並準備，但肯定無法將下一週上課時要提問的方向全都告知學生。因此學生除了要更廣泛的準備、盡量熟記個案資料，以期回應教學現場突然出現的各種問題之外，也應有「課前準備功夫是為了自己實力的成長，不是為了表現或成績」

64

的學習心態。

再者，為了避免討論方向發散，學生的思考與發言應聚焦於教師當時所設定的討論主軸上。簡言之，即是要求學生「針對問題回答」。因為個案教學的主要目的不是了解實務，不是各抒己見或交換經驗，也不是驗證或說明理論，而是在教師的引導下，一起進行思考與分析。為了避免班上有些對實務或理論有特別深入了解的學生或學員將討論方向偏離教師的教學計畫，並希望整個討論過程中，所有人都能聚焦在當時教師所主導的議題上，教師及早對學生提出此一要求，有其必要。

發言要清楚並控制時間

為了確保全班同學都能聽到、聽懂發言者的內容，請學生在發言時應盡量有系統地表達自己的意見，而且音量要適中、發言速度合宜。

在發言時，要將全班同學視為「目標聽眾」，而不只是向教師表達意見。因為教師可能理解力較高，對個案內容也熟悉，即使學生發言語意不明，也能掌握其意思，但大部分同學則未必能夠如此。發言者要訓練自己能向「群眾」解釋清楚自己的想法與理由，因為在職場上口頭訴求的對象，應比較接近同學水準的「群眾」，而不像對個案已經十分熟悉的教師。

此外，為了確保大家都有發言機會，第一次上課時，教師應明確表示不希望有人占用太多發言時間。事業有成或富有實務經驗的學員，若希望向大家分享其寶貴的成敗經驗，應另外擇期舉辦，而不應占用上課討論個案的時間。

互相學習與整合而非互相競爭

學生應及早了解，個案討論的過程是互相協助學習，而非競爭。因此應互相尊重，使大家的觀點互為參照而非彼此對抗。具體的初步做法是學生聽到其他人發言後，應該先充分理解吸收、肯定其有道理的部分，寧可增補，不宜批判。如果感覺發言內容實在不合理，也應試著以「提問」、「請其針對某些前提或推理過程進一步解釋」等方式來表達自己的質疑。

如此而建立的溝通態度，對學生未來的人生與事業也會產生正面作用。

依教師指示結束某一議題之討論

個案中值得討論的議題很多，不宜為了某一議題，投入太多時間。因此，當教師針對某一議題之討論，已歸納或小結後，表示該議題已經討論結束，將開始另一個議題的討論，此時學生即使意猶未盡，也不宜再提出意見，以利討論可以繼續進行。

以上主要是針對上課討論時，學生應做到的基本行為規範。如果教師對課前小組書面報告、課後心得寫作等另有要求，學生當然也應當配合。當學生深入了解本書所說明的個案教學道理以及對自身未來的潛在價值以後，也可以將它們視為對自己要求的準則。

第 **3** 章

學習的核心
——「聽說讀想」

個案教學重點不在知識的傳授,而是「聽說讀想」這些能力的養成與強化。本章詳細解說「聽說讀想」的意義與重要性,以及如何運用互動式個案教學法來提升這些能力,進而培養相關的習慣。

67

第一節 「聽說讀想」概論

個案教學過程中,需要師生之間以及學生之間密集的互相交流,因此口頭表達與專注聆聽是大家都必須擁有的能力。而經過互動式個案教學的洗禮,學生在這些方面的能力與習慣都會獲得長足的進步。此外,從個案教材中理解企業運作的方式,以及從分散在各個段落中的片斷資訊看出未直接明言的問題,則需要「讀」;而無論是「聽」、「說」、「讀」,乃至於分析與決策,背後都有賴於高水準的思考能力,也就是「想」。

「聽說讀想」這些基本能力,不僅是年輕人進入職場後必須具備的條件,而且對高階領導人的管理效能發揮,乃至於整體組

03 學習的核心 ——「聽說讀想」

織競爭力的形成，都扮演極為關鍵的角色。

「聽說讀想」能力的培養

「聽說讀想」在職場上的任何層級都有其重要性，然而，由於表面看來似乎學問不大，因此很容易被忽視。這些能力的提升與培養，不能只靠理論的學習或專家的呼籲，必須要經過一步一腳印地實踐與練習才能做到。

很多年輕人在進入職場以後，發現學校中所教的許多理論未必能在工作上發揮作用，而每天所需要用到的「聽說讀寫」等技能，過去在學校卻訓練不足。商管教育中的個案教學，正好可以協助學生在這方面能力的增長。個案教學在「寫」方面能直接幫助的雖然不多，但「聽說讀寫」等背後「想」的能力提升，個案討論卻遠比上課聽講效果更佳。

「聽」

有些人比較專心，或比較能聽懂別人的意思，有些人則否。主持個案教學的教師在與學生互動過程中，可以很容易發現每位學生「聽力」的高下或不足，然後設法運用各種方式來強化學生聆聽時的專注力與理解力。

單向式的講授，往往要到學期結束，教師看到考卷以後，才發現有些學生根本沒有聽懂，但為時已晚。再者，學生若聽不懂教師的講課，常會歸咎於學理太深或教師表達能力不好，但在個案討論過程中，負責「說」與「聽」的都是學生，討論的內容也都是十分實際的議題，因此「學理太深」或「教師表達力不佳」這些理由甚至藉口都可以被排除，若學生還聽不懂，完全是自己的責任。

「說」

　　個案討論時，學生必須隨時準備回應教師的提問，或針對同學發言提出自己的意見或問題。因此在上課過程中，除了專心聆聽之外，還必須配合討論的主題進度，持續形成本身意見，構思發言內容，甚至在心中不斷模擬「造句」，以備一旦被要求發言時，不至於腦中一片空白。此一「心中造句」的過程，使學生們即使實際上並未發言，但其口頭表達的能力也會有所提升。加上有被隨機要求回答的壓力，更能模擬未來在企業實務上在有壓力的情況下的「說」。

「讀」

　　閱讀「理論」和閱讀實務上的資料與數據，在方法和心智運用上都頗不相同，學生在校期間在前者方面所受的訓練，未必能轉移到後者上。個案教材中的資料與企業實務上的資料在形式與複雜度上都相對接近，學生為了上課討論必須在課前努力讀懂這些資料，上課時，教師則可以要求學生針對個案中的內容摘要整理，或對各種報表進行分析，然後再依學生理解上不足的部分從事指導。上課時的這些做法，也可以使同學之間互相參考彼此閱讀與摘要的能力與結果。

「想」

　　上述的「聽說讀」三者不只是技巧問題，它們背後還有「思想」的能力。學理、觀念架構以及邏輯能力對「聽說讀」三者的品質與進行效率具有關鍵性的作用，然而唯有經由個案討論，才能讓學生有機會體認「思想」或學理的價值，以及學理與邏輯如何透過「聽說讀」來與實務問題的分析與決策結合在一起。學理是否讀通、思考上是否合乎邏輯，都會在討論中隨時受到檢驗。這些都是一般聽講、閱讀、記誦，以及紙筆考試所不能做到的。

此外，個案教學中所培養之「想」的能力，對研讀理論性的文章也有幫助，而個案教學中並未特別強調的「寫作」，其品質水準其實也建立在思維能力上。

讀書或傳統的學習方式，主要目的也是在提升「思想」的潛能，然而這些潛能必須經由在真實世界中長期且持續地練習、運用與試誤，才能真正內化。個案研討是模擬真實世界最具成本效益的途徑，而且有教師在旁隨時檢視提點，使這些能力在個案研討中，可以快速成長。

本書後半的〈內篇〉還會針對「想」的過程及其在決策與個案討論中的角色，進行更深入的說明。

「聽說讀想」在高階人員培訓中的重要性

高階人員到學校進修，原本可能只是希望在聆聽各種專業學理時，獲得一些靈感，可以用在自己組織的經營管理中。然而企業經營非常複雜，任何學理架構或研究成果，對高階人員而言，似乎都過於簡化，即使接觸到眾多學理，也未必有能力整合並轉換成實際工作上所需要的知能。到學校進修，對高階人員最有幫助的，其實是系統化思考能力的提升，以及「聽」、「說」等溝通能力的進步，而非「學理」本身。而且若經由個案教學，提升了「想」的能力，對學理的吸收與活用才會產生大幅的進步。

在我的觀察中，許多企業家雖然在決策思維上十分敏銳而富有創意，但在溝通上存在兩項問題。其一是即使對事情看得很透徹，但部屬或晚輩往往聽不懂他決策的理由，他自己也常感到別人無法理解他的想法；其二是即使心態開放，卻不太能完整理解、吸收別人的意見。這些問題勢必造成授權與經驗傳承上的困難，當組織規模愈來愈大，或企業家年事漸長時，問題更明顯。

造成此一現象的原因之一是，高階人員雖然每天都在與人溝通，例如下達指令、協商談判，甚至交際應酬，但在比較深入的推理過程上通常較少有「聽」與「說」的練習。原因之二是，他們並非不願意在這些方面追求進步，但內部同仁通常不好意思告訴老闆「您沒講清楚」或「您聽錯了」。易言之，他們在組織內的崇高地位減弱了他們的溝通能力。

在個案教學的課堂上，不會因為社會地位差異而造成溝通障礙，在開放的氣氛下，每個人都可以發現自己在「聽」和「說」這兩方面需要增強改進之處。

「聽說讀想」能力與組織整體競爭力的關係

組織整體競爭力不能只依賴少數關鍵人物。然而無論是上情下達或下情上達，或平行部門間的溝通協調、情報傳遞，以及團隊內或團隊間的問題解決過程，其實都與組織全體同仁「聽說讀想」的能力息息相關。如果這些能力普遍不高，上級與下屬之間或平行部門間彼此既講不清楚也聽不明白，組織不可能發揮整體的戰力。而課堂上的個案教學或企業內部的個案教學，正是提升這些能力最有效的途徑。

「聽說讀想」能力的衡量

有些教師認為既然個案教學的最重要目的在提升學生「聽說讀想」的能力，在他們科學訓練的背景下，自然對這些能力的衡量發生興趣。而且甚至認為若無科學而客觀的衡量工具與方法，或許難以察知學生在上課之後的進步。

我個人認為這些能力其實很難客觀衡量，而且也不必去衡量。這就和「數字能力」或「空間關係能力」可以衡量，而誰的

「智慧」比較高就無法衡量;「財富」可以衡量,「幸福」難以衡量一樣。

　　一個班上,誰的「聽說讀想」能力比較強,教師與同學應該都有大致的共識,而學生在課前準備及上課討論時投入的努力所帶來這些方面的進步,也能自己感知。如何用科學方法衡量誰比較會「想」或「聆聽能力」是否進步,不在本書範圍之內,尚有待相關的學者專家來針對這些基本能力設計出科學客觀的衡量工具與方法。

　　由於「聽說讀想」方面的進步是「漸進」而不明顯的,因此在短期(例如一、兩次的上課)課程中,個案教學的「討好程度」可能還不如介紹一項新觀念或先進做法更好。

第二節　聽 —— 聆聽的意義與潛在問題

　　制定決策是領導階層的重要職責之一,所以要有能力明確表達意志、下達指令,也因為如此,口才或表達能力常被視為一項管理才能或領導能力的重要指標。然而事實上,提升管理能力可能要先從改善「聽力」著手。如果無法聽清楚,或不願聆聽別人意見,其決策時所能掌握的資訊勢必難以周全,其心胸與視野也不可能開闊。

　　「聽力」的不足或退步,與心理、社會、權力以及思考能力等因素都有關係。當然,本書中所談到的「聽」,是指在進行稍微嚴肅議題過程中的聆聽,不是一般聊天或平日生活中與家人親友溝通的「聽」。

何謂高水準的聆聽？

開會或與人溝通時，不僅要靜下心來專心聆聽。理想中的「聆聽」水準是希望能達到以下幾項境界：

首先，要努力聽出對方發言的重點及其主張背後的推理過程，聽清楚細節、聽出發言內容的條理與層次。

其次，除了理解之外，還應設法在心中將對方發言內容即時摘要、總結以確認理解正確。若不太確定，則應適時提出簡要但關鍵的問題請求澄清。

第三，要練習將各個發言者的發言內容在心中摘要並理解整合。而且要一邊聽，一邊將所聽到的內容整合到自己的觀念架構或知識體系裡。

第四，如果各方的推理或結論並不一致，應記在心中，再伺機尋找更多的資料（包括現場提問在內）來驗證各方說法及其背後推理過程、資料依據的正確程度。

第五，要試著聽出言外之意，包括對方知道卻不明講，以及連發言者自己都沒有注意到的隱含假設前提或理由。

第六，對當前的議題，自己應該本來就有些想法。在聆聽時應努力將自己的想法和各方的想法互相比對、比較異同，並吸收學習自己所未見之處。

第七，更進一步要試著透過聆聽，用心進入對方的思想體系裡，甚至模擬他的進一步想法，包括前提假設與因果關係的邏輯推理在內。自己未必要同意發言者的說法，但要努力將自己放在對方的思想架構中來進行模擬思考。

聽演講或上課聽講，當然也需要用心聆聽，但與個案教學中的聆聽相比，兩者啟動心智的程度是大不相同的。

73

為何無法做到高水準的聆聽？

許多人，尤其是居高位者，只著重「講」而不是「聽」，與人會談時，經常會滔滔不絕地推銷理念、指導決策，卻很少有機會或耐心聽取別人的意見。久而久之，即可能出現所謂「地位愈高，聽力愈差」的現象。這一現象背後的原因，一方面是地位所帶來的階級觀念與老大心態，一方面也顯示出他們在某些能力上有待加強。

很多人都同意「地位愈高，聽力愈差」這句話。高階人員喜歡講而不喜歡聽，其原因可以簡單歸納如下：

首先，「專心聆聽」是一種習慣，也是一種能力。天生就能專心聆聽的人比例不高，必須透過不斷練習。而且專心聆聽和閱讀一樣，是相當消耗腦力的活動，需要經由訓練才能提升這方面的能力。社會地位較高或在組織中職位較高者，因為長期沒有人要求他們用心聆聽，或沒有人敢測試他們的「聽力」，造成聆聽能力逐漸弱化。

其次，在溝通或會議過程中，很多人的習慣是將注意力只放在自己準備說的話，而對別人在說些什麼不太留心。其背後的原因是他們心中已有相當多的定見，在初步了解對方意思後，即約略將其意見歸入某一類型之中，認為這是自己早已熟知的老生常談，不必再費心聆聽。然而如此一來，很多自己原本沒有想過的意見、推理上細微的差異，或不同的前提，就無法被吸納自己的思想中。

第三，人的天性是選擇聽自己喜歡的或想法相似的，聽到不同的意見或比自己更高明的想法，有時不知不覺會出現「防衛心態」或一些因抗拒而在內心深處產生的「不快」，若不能克制這種心理，當然聽不進去與自己不同的意見。

此一心理過程，在高階層更容易出現。身為長官，如果對方意見與自己一致，甚至刻意奉承，聽者當然欣然接受；但若有不同意見，內心即出現「你的地位不如我，竟然比我高明」的不舒服感。為了克服此一內心深處的不快，自然而然地會選擇性的「拒聽」，或心中對這些意見產生貶抑的態度。此一心理過程，反映出高階人員「不願仔細聽」的行為背後，除了輕視別人之外，還隱藏著自信心的不足。高階人員是否能接受不同意見或至少靜下來聆聽「異見」的雅量，與這項心理因素極有關係。

第四，如果在心態上根本就輕視對方的意見，認為對方所說的內容必然毫無價值，對決策也不會有所幫助，當然不可能用心聆聽。

尤其許多主管在心態上認為部屬們未必有能力提出什麼高明的想法，即使表面上展現「參與管理」的作風，鼓勵大家發言，但實際上並未認真聽進去。因此，對於長官的指示，部屬比較會專心聽；輪到部屬發言，長官的「聽力」就進入休息狀態。當一個人層級愈高，上面的長官就愈少，結果就愈不太聽別人講話。由於「用進廢退」，當職位愈高，就愈會發表意見而不懂得聆聽。

第五，所謂「聆聽」，其實還包括了「向發言者學習」或「接受對方部分意見」的成分在內。有些高階主管在心理上抗拒聆聽，其實是不願在公眾面前承認在某些議題上，部屬的看法或掌握的資訊比自己更高明。常見的現象是，當部屬發言完畢後，即使內容有理且已超過長官原來考慮的範圍，長官還是會以語言或表情表示「這事我早知道了，用不著你來提醒」、「這種想法沒有價值，不要浪費大家時間」，造成大家爾後不願發言。大家愈不想發言，長官練習聆聽的機會也愈來愈少。

第六，部屬發言內容雖然可能有若干價值，然而在口語表達

或推理過程也常會有所不足,甚至交代不清之處。高階長官若有心聽取其意見,卻又聽不明白,就必須進一步詢問。可是在詢問過程中,極有可能透露出長官在專業上、邏輯推理上,甚至「聽力」上的不足。例如,有時大家都聽懂了,只有長官沒聽懂,此事怎可讓在座的部屬們發現?為了避免大家看出自己知能或專業的不足,長官不得不對某些意見不置可否,因而無法從這些意見中萃取有價值的部分納入決策考量中。更嚴重的是,如果高階主管長期不聽不問,其知能成長肯定較慢,甚至因為沒有機會聽到不同意見,而造成「剛愎自用」的結果。

從另一角度看,不願聽、不肯問,也與自信心有關。大家從小就知道「不懂就要問」,但「問」或向別人請教,也透露出自己在某些方面的知識或資訊不足。有些地位崇高的人無法做到「不恥下問」,就是擔心在「問」的過程中,洩漏了自己知能的底限,深恐破壞「官大學問大」、「長官無所不知」的形象。自信心愈不足的長官,愈要努力維持自己的「形象」,長期下來,其聆聽能力當然會逐漸退化。

第七,主持會議者如果整合能力不足,或理解力不足,就會表現出不鼓勵發言,自己也不太用心聆聽的傾向。在會議過程中,如果意見紛紜,觀點殊異,主持人又沒有能力針對各個觀點的推理過程與前提立場加以摘要、整合,並提出融合各方考量,或令各方皆能接受的方案,勢必難以達成共識。為了避免此一難堪的局面,釜底抽薪之計就是設法讓大家少發言。當發言者的意見經常未被納入考慮或未得到合理回應,時間久了,自然也就懶得再提出意見。

上述這些因素都會造成高階人員不願意聽、部屬不願意講的結果,長此以往,主管們的「聽力」自然也隨著其地位之日益提

高而逐漸弱化。

　　高階主管們要先拋開自己定見，才能開放心胸來吸收別人論述與觀點，此事說來簡單，但必須經過長期實踐才能漸漸做到。互動式的個案教學似乎是對「聽力」訓練及聆聽習慣養成的最有效方法之一。

個案教學能協助學生或學員快速改善聆聽能力

　　個案討論時，教師會要求學生隨時準備複述或回應其他同學的發言，迫使他們不得不專心聆聽。而教室中沒有階級與地位的問題，即使是企業CEO或大老闆，在教室中也會被一視同仁地抽選出來進行複述或回應。而大部分的高階主管其實並非「心態老大」，而是有如上述的說明，由於地位崇高而對自己聆聽習慣及能力日漸降低無法自知，然而往往在第一次參與個案討論的幾十分鐘內，就能產生這方面的覺察與自省，甚至迅速調整自己的聆聽習慣。

　　年輕學生無法專心聆聽，多半並非社會地位與心態所造成，可能是他們在做任何事時，都缺乏「專心」的習慣，例如在讀書或做事時，都無法全神貫注來進行這些事。在個案教學過程中，教師持續提問，隨機請學生回答或複述，肯定有助於他們養成聚精會神的習慣。

　　養成專注聆聽的習慣，「聽力」必定很快就恢復或改善，這對高階人員或年輕學生，效果並無二致。而在教師持續提問與引導下，也會逐漸接近上述所形容的「高水準聆聽」。這對他們事業上的直接幫助，應遠大於對某些學理的學習與理解。

　　有些人未能聽懂同學的發言，可能不是專注程度不夠，而是程度或知能背景讓他們「聽不懂」。這時教師即有責任請發言

77

者用簡單的方式再說一次，甚至必須要由教師來為雙方進行「翻譯」，才能讓每位學生都能理解當下正在討論什麼，進而順利推動討論的進行。

聆聽能力的強化

「聽力」可以透過練習而增強，主要有以下幾種做法：

第一項要求是專注。專心聽別人講話，除了是一種習慣之外，其實背後還代表著對發言者的尊重、對發言內容的好奇，以及本身虛心學習的態度。如果心中預設他人的發言內容不可能有任何新意或價值，或對他人的想法不感到好奇，當然不會耗費心力去聆聽。簡言之，如果已經先入為主地認定他人發言不會有什麼道理，自然不會專心聽，然而事實是，只要專心聽，任何人的意見都有一些值得參考的道理。

第二種做法是「對話、整合、吸收」。聆聽不是被動地接收資訊，而是一種主動且高密度的心智活動。聆聽時，要努力摘要出對方發言的重點與系統，同時檢驗每一句話、每項論點與本身想法的異同。如果發言者的主張與本身想法雷同，只是論述方式略有不同，則可吸收其發言內容以補充本身的觀點，使觀點更為豐富完整；如果對方的見解與自身想法明顯不同，則應進一步分辨雙方論點的差異及其原因，究竟是由於心中假設的情況不同？因果關係認知的不同？資料的解讀不同？還是雙方價值判斷不同？如果判定對方論點是錯誤的，則究竟錯在哪裡？或雖然看似錯誤，其實在某些特殊情境下，或許也算有道理？如果自身的主張較為合理，究竟對在哪裡？如果要設法說服對方，要從何處著手？如果對方的切入角度，是自己從未想過的，正好可以利用這個機會，檢視一下自己思慮不周之處。

在仔細聆聽以後，也有可能發現對方所言甚有道理。這時就應用心理解、努力吸收，將其吸納為本身知識的一部分。「對話、整合、吸收」是一種技巧，也是一種心理習慣。能做到這些，背後當然還需要一些基本的知識體系、觀念架構與互補知識。有了好的思想體系或觀念架構，就能從各種對話與討論中，不斷吸收、強化自己的知識與觀念。當然從另一方面看，這種方式運用得愈多，思想體系與觀念架構就愈強大，呈現一種互為因果的關係。

第三種做法是心態上的改變。在心態上若提高對其他人的「尊重程度」，聆聽的習慣與效果也會顯著改善。尤其是高階主管，能虛心地「不恥下問」，又有自信不怕被別人看穿自己知識的「底限」，而且有能力整合回應各種角度的意見，「聆聽」的效果當然會大幅改進。

高階管理人員的管理教育，首要工作即是針對這些心態或能力，設法改善他們的「聽力」，進而培養其用心聆聽、邊聽邊想的習慣。倘若不調整心態或增進能力，即使每天都聽大師演講，在聽講過程中能吸收理解的，多半也十分有限。

若組織中各級主管的「聽力」水準可以普遍改進，則內部知識與資訊交流的效果必然大幅提升；各級主管，尤其是高階主管本身的見聞與知識，也會隨著工作不斷成長。

第三節　聆聽的輔助動作 —— 問

本章主要在介紹「聽說讀想」這四種可以經由個案教學而提升的能力。「提問」通常是教師的工作，不在本章範圍內。然而此處所討論的「問」，是為了強化聽的效果，或因為「聽不清

楚」而向發言者提出問題，因此定位為「聆聽的輔助動作」。這種「提問」往往是在同儕甚至長輩發言後，依據自己心中的疑問而提出，用意是希望更深入了解發言者的意思。

個案教學中，教師的提問多半是心中已有大致的答案或方向，再向學生（晚輩）提出具有啟發性的問題。兩種「提問」的意義、目的、雙方角色以及應注意的事項，完全不同。

提問的作用

提問的作用一方面在澄清發言者的論述，包括其各種推理過程與前提假設在內；另一方面也是希望針對自己的需要，從別人思想體系中進行更深入的吸收。這些都可以充實及提升討論的品質，也是群體決策乃至於組織內部集思廣益、發揮整體競爭力的必要作為。

如果發言者口語表達相當完整，聽者完全明白，當然不必再提問。但有時即使雙方都做到「講清楚、說明白」，聽者還是可能從此一發言中引發了更多的想法與疑問，因而會提出一些問題。如果大家都缺乏提問的能力，或擔心自己或對方的「面子問題」而不敢提問，在組織溝通上必然會造成障礙，進而形成對組織績效的負面作用。

在個案教學中，學生通常可以發問的機會不多，但可以從教師的提問中，漸漸體會應如何提出具有建設性的問題。在學生熟悉了個案教學的各種做法以後，教師當然可以鼓勵學生多負擔一些提問的工作，雖然所提的並非能引導方向的「啟發式」提問。

更具體的目的

在此所謂提問是指在討論過程中或聆聽演講之後，向發言者

或演講人提出問題、澄清彼此的想法，或為自己心中的疑惑尋求解答。有效的提問，是指很清楚地知道自己此時為何要問這個問題，而不是隨意問。

提問的主要目的之一是為了了解他人，了解自己（包括想了解自己究竟懂得了多少，或是否有所誤解），亦即是帶著想法去提問。

提問的目的之二是驗證對方的推理完整性，以及提醒對方想到提問者的考慮因素。

目的之三是希望補充自己原有想法的不足。因此是以「聽」為基礎，藉由提問來澄清發言者獲致結論背後的因果關係、事實依據與價值前提。更進一步是希望協助澄清對方的思考架構，以期其他人可以在後續討論中一起去進行評述、補充、驗證，甚至建構知識的工作。

基於以上的理想和目的，「提問」其實與學術研究的程序很接近，依據研究目的，提出有待驗證的假說，再依假說的內容，構思究竟需要什麼資料來驗證、支持、修正或推翻這些假說。在進行學術研究時，無論訪問、設計問卷或找資料，都應與研究目的之間存有嚴謹的邏輯關連，因此在討論過程中的提問，也應該很清楚為何自己要提出此一問題，預期得到的答案能產生什麼作用。既不是隨便亂問，也不只是滿足好奇心，更不應是為了表現自己的機智或博學而設法「問倒」別人。

為何不喜歡提問或不知如何提問？

近年來，有人指出，我們的年輕人比較缺乏提出深刻問題的能力與習慣。其實何只是年輕人，即使在實務界（包括政府機關和學術機構在內），平行單位或同仁之間，在討論較為嚴肅的議

題時，互相提問的頻率也不高。造成此一現象的原因很多，略述如下：

首先是思考力不足。無法提問，反映出許多人在思考上力道的不足，想不出有意義的問題。「提問」與「思考」互為因果的關係，所謂的「想」，其實有一大部分就是針對各種方案或各種現象與行動之間的因果關係或前提假設，不斷地向自己提問，然後從已經擁有的知識與資訊中尋求答案，或試著整合這些知識與資訊來回答自己的問題。「自問自答」所形成的「想」就是經由不斷的自我提問去檢討、挑戰自己想法或方案的前提或可行性，並努力找出更好的答案。此一不斷自我提問的過程可以提升我們的思考層次與深度，也讓我們有機會知道自己目前已經明瞭什麼、還不知道什麼。

然而尋求答案不能只靠自己，有些深層的「盲點」也不容易經由「自問自答」而獲得突破，於是就應針對一些自己想不通的道理請教別人或在書本上找尋答案，甚至設計一系列的正式研究來驗證各種想法的正確性。此一心智活動中，很大部分是「提問」，而且無論是決策或學術研究，能夠提出正確的問題，才有可能找到正確的答案，可見得提問能力與提問品質的重要性。

如果思考力不足，或在上述因果關係或前提驗證等方面從來沒有「自問自答」的習慣，當然不容易向別人提出深刻而有意義的問題。然而從另一方面看，努力去「提問」亦有助於思考的深度及創新。

其二是傳統中長輩的權威心態。除了上述思考力的問題之外，大家即使聽不清楚也不提問的另一項原因是，從小父母、師長就不鼓勵提問，而背後更深入的原因極可能是長輩們的權威心態。簡言之，在我們的傳統中，不太有「問人與被問」的文化，

向長輩提出問題，常被視為不禮貌，因此兒童時期即使好奇心重，但由於其提問未得到肯定或合理的回應，久而久之就失去了提問的動機，甚至對許多事失去了好奇心。

此一傳統文化造成在職場中就嚴肅的議題向地位平等或地位更高的人提出問題，似乎十分沒有禮貌，甚至被視為具攻擊性、咄咄逼人、愛抬槓。雖然現代組織管理一再強調充分溝通的價值，但基於以上原因，多數人或組織還是覺得保持緘默與和諧較合乎社會的期望。

其三是在傳統的教育體制下，學生可能根本沒見識過有水準的「提問」。在學校中教師的提問，多半是針對書本的內容，檢驗一下學生是否看過書，以及看懂了多少。在學校教育中，很少要求學生去思考、檢視書中所講道理的前因後果、假設前提，更不用說對書本的內容提出質疑。缺乏這些能力基礎，又沒看過其他人示範有水準的提問，進入社會或職場以後，當然不會提問。

其四是避免因為提問而透露自己的無知。在眾人面前提問或請教，難免會表現出自己的無知或錯誤，因此若真的不了解，「會後再請教」即可，不宜當場提出，以免給別人帶來難堪，又洩露了自己知能的底限。若組織中人人皆如此，形成了共同的組織文化，在此文化下，提問者肯定被視為異類。

這樣一來，資訊流通與管理效率必然不佳。而且現場沒聽懂，需要「會後請教」的人可能很多，若真的都採會後請教，十分沒有效率；若大部分人在現場聽不懂，事後也不問，開會的效果就大打折扣。再者，大家（包括長官在內）習慣了不懂也不問清楚，可能造成提出報告者相信大家不會提問，很容易蒙混過關，因此即使對自己要報告的內容並未思考透徹，也敢上場闖關。而且即使有人提問，報告者也可以用一些更專業、更艱澀的

83

話語來回答或應付，因為大部分的人不太會針對不懂的事持續追問，因此若對所獲得的答案還是無法理解，通常就不再問了。

有些人擔心被別人發現自己在某些方面知識不足，於是不懂也要裝懂，以維持「莫測高深」的形象。結果是，短時間內固然得以維持形象，卻錯失了經由互動過程增長知識的機會。組織中如果每個單位皆如此，組織績效不可能有良好的表現。

其五是不想耗費精神思考疑義。提問是耗費精神的心智活動，不想費心勞神追求自己的知能進步，當然不想向別人請教。我們在從事有水準的提問之前，必須先整理自己已擁有的「知識存量」，並與他人論點互相比對，進而找出值得進一步請教的方向。此一過程的確有些「傷腦筋」，有些人懶得費神去想，即使隱約覺得疑團未解，也不願將心中的疑點整理成有意義的問題。

其六是對自己的想法既無信心也不想探究，使提問的動機大幅減弱。提問是澄清本身想法的重要途徑。自己對某一議題的看法與他人不同，可能是彼此對因果關係的認知不同，也可能是某些重要前提假設不同。為了充分了解造成彼此想法異同的背後原因，不只應勇於提問，甚至可能必須連續提問、逐項澄清。

有些人對自己想法的正確程度以及獲致這些想法的推理過程既無信心也不想探究，當然不想提問。有些人即使提問，卻沒有「打破砂鍋問到底」的精神，不想將事情的來龍去脈徹底弄清楚，於是被問的人隨便作答，或提問者對其答案不能完全理解，只好「算了」。不能追根究柢，其提問與回答的價值也十分有限。

總之，不願問的原因很多，但如果大家不願意提問，許多正面的效果都不會出現，也不能利用「問」來輔助「聽」的功能。

為何不喜歡「被問」？

除了不喜歡「問人」，大部分人也不喜歡「被問」。不喜歡「被問」，當然會影響其他人提問的意願。因此在公開場合，各方針對嚴肅議題進行問答交流，幾乎不可能。事實上，無論問人或被問，對雙方知能的成長，都有高度正面作用。以下是幾項有關「被問」的觀點：

第一，有些人面對他人提問時，覺得壓力太大，因而避之唯恐不及。因為被問的人通常對這些問題並沒有現成的答案，有時必須針對問題即時整理出自己的想法，難免心慌意亂。自己想法的內容與架構愈不完整時，愈會如此。因此許多人擔心別人從自己的即席作答中窺見自己知識或架構的不足，於是視他人提問為畏途。

然而，積極面對具啟發性的提問，不僅可以為自己提供全新的思考角度，也可藉機快速整理一下自己腦中的所知，看看可以從過去的所知所聞中「調度」出哪些素材來處理此一從來沒有想過的問題。因此，如果對求知有正確的態度，應該樂於爭取這樣的自我成長機會，而不必在乎當下的答案是否完美。

再者，當下答得不好，固然「有失尊嚴」，但也因此促使自己事後再進一步仔細反省與思考，長期下來，對本身的觀念建構與知能成長當然大有幫助。甚至可以說，重視本身長期知識成長的人，喜歡被問；重視自己權威形象的人，不喜歡被問。

第二，在公開演講的場合，演講者保留更多時間來進行「Q&A」，可以藉機了解聽眾究竟關心哪些議題，再設法針對他們有興趣的部分，提出自己的想法與建議。這是一種「顧客導向」的態度，有別於「配合自己偏好來決定講述內容」的方式。當聽眾水準較高時，針對他們的疑惑回答，對他們的幫助更大。

85

第三，在公開演講的場合，如果講者開放答問，又能虛懷若谷，不自恃權威，則很容易創造一種「百家爭鳴」的氛圍，使聽眾與聽眾之間、提問者與被問者之間形成高度暢通的多方溝通場域。因而產生的意見交流與知識創造，遠非單向講授所能企及。

「問人與被問」的頻率，反映出大家對「權威文化」與「求知態度」兩者之間的相對重視程度。這也說明了何以每個人知能的成長會深受其心態的影響。

如果同一組織的領導者，加上幾位高階人員都經歷本書所介紹的互動式個案教學，則有可能影響到整體的組織文化，使整體組織走向更開放、更願意公開提問與交流。這是傳統單向式講課，不可能發揮的作用。

討論時「問人與被問」的氛圍可以凝聚同學感情

從上述可知，若權威文化高、求知意願不強，再加上考慮雙方的「面子問題」，一般人是不願意在公開場合問人或被問的。

然而在互動式個案教學中，每個人都隨時會被教師「問」，而在被要求複述時，又可能因為未聽清楚而不得不向剛才發言的同學提問。在這種開放的氣氛下，面子問題早就不存在，加上同學間本來就無位階問題，是為了「求知」才來學校，因此很容易塑造「有話就講」、「想問就問」、「不會答或答錯了也沒有關係」的組織文化。

在這種文化下，對同學的想法提出不同的意見，不用擔心會得罪人；聽到別人與自己不同甚至更高明的意見，也不會覺得自尊心受傷。這種開放的「次文化」未必能帶到職場，但同學間這種可以用自在的心情來討論嚴肅議題的氛圍，使同學間的感情不僅深刻，而且久遠，在高階在職班次，尤其明顯。

為了協助建立同學間長久深厚的情誼，個案教師應運用答問的過程建立班上互信的文化。有了互信的文化才能打破「怕丟臉」對溝通與學習所造成的障礙，加上同學間為了回應教師的提問而課前一起準備、上課時互相支援，所凝聚而成的感情，與僅靠吃喝玩樂所建立的感情，在本質上是完全不同的。

第四節　說 —— 有系統地表達具體想法

如果能精準地運用口頭溝通，則「說」是表達意見相對最有效率的方式。組織成員普遍在口頭溝通能力上的水準，當然與群體決策以及組織內部集思廣益的效果密切相關。

所謂的「說」，除了表達自己意見之外，也包括了對「決策方案」的陳述。決策方法十分複雜，不在本書探討範圍之內。至於面對大眾的公開演講、與交易對手的談判協商、向長官或客戶進行簡報、向下級發布命令，也都屬於「說」，但不在本書討論範圍之內。至於商場或官場上的應酬話、客套話、缺乏實質內容的空話，更不必在此討論。

「精準具體」是基本要求

「說」或發言的基本要求是精準具體，讓聽者很容易掌握發言者希望傳達的具體意思，不能詞不達意、語焉不詳、賣弄名詞、簡單重複。缺乏實質意義的空話，或放諸四海皆準的空泛陳述或主張，在討論嚴肅議題時，應該盡量避免。

溝通的重要目的之一是經由資訊的傳達與整合以解決具體問題，而「說」是溝通過程中極為重要的部分。解決問題必須實事求是，因此要想得具體、說得具體，甚至照顧到細節，而非只停

留在抽象觀念或名詞的層次。例如，有些人大聲強調「我們一定要注意世界趨勢的變化」、「應重視顧客的需求」、「未來策略必須發揮本公司獨特的優勢」、「制度化是不可避免的道路」等，觀念上都無懈可擊，但對具體方案卻毫無意義，這些都是所謂「停留在抽象觀念或名詞的層次」的空話。

很多人無法講清楚，主要是因為自己還沒有想清楚。在尚未形成具體看法之前被要求發言，不得不用抽象的言詞來應付，久之養成習慣後，就會出現空話連篇的發言風格。如果聽者也缺乏良好的聆聽能力，或礙於情面不便進一步請教，會議場上極可能發言盈庭，表面上似乎十分熱鬧，但仔細研究，全屬對眼前決策毫無具體參考價值的空談。

說出來有助想得更清楚

強迫自己將想法有系統地說出來，是使自己想得更清楚的有效途徑。有時即使自己的想法或方案並不周詳，但試圖向別人說明時，會將思考脈絡逐漸釐清。有時即使方案並不成熟，但還是勇敢提出來，是希望藉別人的質詢或提問來了解此一方案的不足，以及發現方案背後各項有待驗證的前提。試著說出來，有利自己整理思緒，也可藉別人的發問來調整自己的觀點，甚至有機會在與別人想法比對時知所不足，進而推動自己思想深度與廣度的不斷進步。

因此，即使沒有十分把握，也可以將想法提出，並將此一發言視為「實驗」，而其他人的提問則相當於為了驗證假說所進行的資料蒐集。這些想法包括決策或主張背後的理由、資料的解讀或分析方法、因果關係的認知，有待驗證的前提、對各項數據的詮釋方法。無論是否完整正確，講出來以後，別人才能針對這

些進行討論、補充與修正。換言之，講出自己尚未完整構思的想法，也是學習成長的方式之一，有些人在心態上要等自己的想法相當成熟甚至「完美」才願意講出來，似乎不必要。

個案教學的教師有一部分責任是為發言的學生進行摘要與整理。有時學生即使未想清楚，也會被要求提出論述；論述雖不完整，但經過教師整理後，發言者更能真正明白自己的想法究竟是什麼。這也是個案教師可以做出的貢獻之一。

在某些會議，甚至教師未能發揮作用的個案教學過程中，有些人從不發言，其他人既不知道他們的想法是什麼，也不知道他們究竟對其他人的發言聽懂了多少，或有沒有在聽，而且他們也從來沒有為集體決策做出任何貢獻。如果在組織中有太多人「不聽、不說、不想」，組織的生產力當然不可能有良好的表現。

在真實世界中，有些組織文化的確不太鼓勵大家針對嚴肅議題發表意見，因此「藉著說出來以整理自己想法」的做法未必可行。個案討論時，若僅邀請自行舉手的學生發言，則有些「追求完美」的人極可能永遠沒有發言機會。在我所建議的「隨機選人」的方式下，無論想法是否完整，都有可能被要求當眾表達自己的觀點，這使個案教學對「藉著口頭說明使自己想得更清楚」一事，可以產生很大的幫助。

易言之，互動式個案教學因為常利用抽選的方式要求學生作答或提出看法，學生在倉促之間未必能提出十分完美的見解，但抽選前的思考準備，以及「不完美的發言」過程都會對學生的思考產生正面的作用。有些學生甚至學員，對「被要求當眾說出看法」一事，備感壓力，殊不知這也是促使大家自我成長的有效方式之一。

89

「說」與決策

與決策有關的觀念或原則，十分複雜，不在本書討論範圍之內。但背後有「想法」的「說」，其實是決策過程中極為重要的一環。

理由之一是，若要對任何問題提出解決辦法或備選方案，或決定決策方向，都必須透過「說」這一步驟來完成。任何決策，無分大小，都應該說清楚、講明白，決策才能有效下達。

理由之二是，在真實世界中的重大決策，大部分應該是經過逐步調整而制定或抉擇的。換句話說，重大決策不應該是決策者自己在心中想過後就立即發布，而應先從各方蒐集資訊、與各相關人員交換意見之後才逐漸形成；此一過程中主要動作就是「聽」和「說」。

如果決策的初步草案能有效地向大家說明清楚，提供資訊與意見的人也能在聽懂之後，有效地將其疑惑、建議、顧慮或考量說明白，使參與決策的各方，不僅有能力在邏輯上找出「有待驗證的前提」，也能為大家進行理性解說自己的想法或顧慮，才能讓決策者在整合各方目標、資訊與構想之後，產生更有創意、考慮更周詳的方案。這些都說明了決策水準與「說」的能力與品質息息相關。

社會心理與組織政治因素對發言的影響

在某些不良的組織文化或社會文化下，很多人擔心若發言立場明確，很容易被「歸類」，或因為「選錯邊」而成為被攻擊批判的對象，因此習慣於運用高度概念化或抽象化的語言，講一些事後容易辯解，又便於各自解讀的論述。如果組織中的發言狀況普遍如此，表示其組織文化或領導風格很可能有問題。

此外，發言的預期結果之一是讓其他人評估、建議、補充，因此，在發言順序上，應該由地位較低者先講；若由高階層先講，大家由於不便公開提出不同意見，很快就會結束實質上的討論。而在某些組織文化下，高階人員發言後，大家不僅不可能表示不同意見，甚至還一味附和，這也是正常的群體討論與決策時不應出現的現象。

其實高階人員若明白以上道理，在討論決策議題時就要到結論時才表示自己的想法，甚至在大家發表意見時，絕對不能讓自己的表情或肢體語言透露了心中的偏好。這樣不僅可以減少發言人員無謂的附和，也可以藉著開放的態度聽到各種不同的意見與想法。

由於高階層在其他人發言之前並未透露自己的想法，因此在聽到較低階層同仁更高明的意見後，即使改變自己的想法，也不用擔心「面子問題」。

「只會說不會做」與「只會做不會說」

很少有企管學者在經營事業上有極為過人的成就，因此即使對學理的解說十分精闢，對問題診斷及建議方案亦極為深入，在實務界的成功人士心中，其實也被歸於「只會說不會做」的那一類人。

然而，如果一位成功的企業家「只會做不會說」，也很可惜。因為這些智慧過人的企業家，一向憑直覺決策，思考上並非沒有系統，而是他的思想體系自成一格，對觀念和名詞等的定義與眾不同，年輕時也沒有向其他人詳細解說自己思考方式的習慣，因此很難將自己的想法說清楚。如果再加上地位崇高而造成和下屬或子女之間的心理距離，妨礙了後者提問的勇氣，久而久

之，不僅授權與傳承困難，而且由於長期缺乏對外溝通所產生的挑戰與質疑，也會影響自己本身的思想能力的成長。

在這些企業家的年齡與地位對其「聽」與「說」所形成的障礙還不太嚴重時，參加個案教學應該是解決此一問題的有效方法之一。

個案教學有助「說」的能力提升

上課討論時沒有社會階層問題，也沒有組織文化或政治因素的干擾，每位學生或學員都會隨時被要求當眾講出自己的想法。如果只是說空話或賣弄名詞，也會被教師進一步要求講得明確具體。再者，為了講清楚，每位學生或學員不得不努力修正或發展自己發言的「系統架構」，針對大家正在討論的嚴肅議題進行口頭論述。同時又可以與其他同學的系統架構或思想架構以及發言方式互相觀摩，其所產生的學習效果是其他教學方式所不容易做到的。

口頭表達的強度有助溝通效果

發言者應努力將複雜的想法有條理、有次序地表達出來，協助聽者能夠理解。破題、引言、摘要、主張、理由等鋪陳，除了有系統的分點說明外，每句話之間應有其邏輯上的次序與關連。為了強調重點，應適時運用手勢、語調、眼神來輔助。

察言觀色以調整表達方式與重點

發言者更應嘗試從聽者的表情中蒐集其理解程度再強化說明的深度或調整解說的方式。換言之，發言者應持續模擬聽者心態與理解程度來決定表達方式或層次，隨時察言觀色，調整自己傳

達觀念之速度與深度。如果大部分人在表情上呈現出不能理解，表示發言者的表達不夠清楚，或某些名詞或觀念對現場聽者而言太過艱深，因此必須改換其他方式來重新解說。

「遠距教學」中的講者，不易從聽眾或學生的眼神中得到回饋，然而個案教學中教師與學生（當然也包括學生之間）在面對面的情況下，更容易產生溝通上的默契，因此若經由遠距教學方式，教學效果肯定遠不如面對面的溝通。此事也再度證明，在網路時代，運用個案教學的教師角色較不會輕易被網路通訊科技所取代。

第五節　讀 —— 吸收知識、理解資料、鍛鍊思考

「讀」包括廣泛地吸收知識與資訊，以及為了診斷問題、制定決策的資料解讀與搜尋。前者主要是指讀書、讀文章；後者包括實務上為了決策而研讀資料，以及個案教學中對個案教材的研讀與分析。

有系統、有架構地讀書

完全沒有知識基礎的人讀書，一開始當然應選擇架構合理，論述完整的書來奠定基礎。進一步則應該致力於層面更廣的全面吸收，試圖建立自己的思想架構。閱讀時，應該試著為所閱讀的文章或書籍章節整理出層次分明的大綱甚至「流程圖」，並將不同作者的大綱進行整合。這是思維訓練的基本方法，長久下來，也可能逐漸形成自己的思想體系。

對在學理上已有相當基礎，或已有豐富實務經驗者，讀書其

實是「與作者對話」的一種方式。因為每個人對相關主題已有些看法，因此讀書的主要目的是希望能從著作中獲得一些觀念，以彌補自己在觀點、資訊以及知識上的不足。因此在心智過程上，是帶著自己的觀念架構甚至答案去閱讀，在閱讀中，除了努力摘出作者意圖傳達的重點之外，還要依自己架構，不斷將有道理而自己沒想過的觀念放到架構中。多吸收別人的高明觀念，就會漸漸發現自己的架構應該增補改進之處，於是連觀念架構也都隨之調整並逐漸精緻化。

簡言之，讀書是要有系統、有架構地吸收不同且高明的想法，專心去想通其中的道理，內化這些知識背後的推理過程，並努力與自己過去的知識相結合。此一學習方式對學習成效及自己想法的形成，都有很好的作用。

這種方式與有效的「聆聽」也頗為相近。而「專注聆聽」的能力與習慣，也有助於這種較高層次的閱讀。

為決策進行資料分析

在實務上，為了了解實際情況或進行決策，就必須研讀分析一些資料。這些研讀的方法與心智過程，和在學校時的讀書不盡相同。在商管學院應該增加個案研討的課，其中目的之一是希望學生能及早體驗或熟悉將來到企業界工作時，研讀和分析書面資料的方式。

理想上，讀個案時腦中要試圖出現個案當時的場景、流程，以及個案中文字未完整表達的組織結構、策略重點、人際關係等，甚至應置身個案中當事人的角色來進行思考與分析。個案篇幅有限，不可能以文字來詳細說明所有的事實背景，因此學生必須要從有限資料中，經過推理來推論或合理猜測未被完整報導的

真實情況。這種做法，一則是不得不然，二則也是為學生提供機會去從事較有挑戰性的「讀」。

讀個案資料，除了要學會從有限資料中推測史多事實背景之外，還要從複雜資訊中找到與決策有關的訊息。然後想想，「這些訊息是否隱含著組織中一些潛在的問題？」「這些訊息對方案的形成、各方案可行性的驗證有何涵意？」「不同段落中出現的訊息，結合在一起，又可以讓我們看到了什麼？例如財務報表中的數字或比率，和個案中所描述的產銷過程，連結在一起，能獲得哪些新的線索？」「經理人之間的爭執，和不久前組織變革的方式有何關連？」「銷售分析的結果可以澄清哪些競爭者的行銷手段？」

研讀好的個案，會發現每段文字都存在進一步思考分析的空間，而每次閱讀都可以發現更多的訊息。如果學生在上課前只匆匆將個案閱讀一、兩次，永遠不會體會到這種感受。事實上，各種學科的理論學習，從總體經濟、管理會計，到行銷、人資等，也可以經過這種閱讀及聯想，產生深化的學習效果。

將一篇個案讀了若干次以後，就可以選擇性的跳讀，甚至速讀。易言之，當對個案的背景已經明白，問題及自己大致的方案也已成形，就應有方向性的帶著問題在個案中找資料，找出更多隱藏的事實或新證據來支持或推翻目前所獲得的初步結論。愈有實際經驗者，愈可以及早開始此一「帶著問題找資料」的心智過程，而實務經驗較缺乏者，則需要投入更多時間來從事個案全面資料的閱讀。

這些閱讀，都應在分組討論之前完成，甚至應該在分組討論之後、上課之前，再認真瀏覽幾次。認真的學生，在此一閱讀個案中就已經有所成長。這種能力在實務工作上是極有價值的。

有些初次接觸個案的學生深感無法掌握個案的讀法，或不知應如何掌握個案資料中的重點。事實上，管理問題千奇百怪，個案也形形色色，其實沒有什麼有系統的「個案讀法」，唯一能做的就是多讀、多討論，從「做中學」，久了就能掌握。不曾深入討論過個案的年輕人，習慣於教科書中分條列點的文字表達方式，進入職場以後，面對複雜多元、隨時出現而且真真假假的資訊洪流，其適應期肯定會更長。

讀書練腦

　　除了吸收知識與資訊，以及為了應付考試、撰寫研究論文等之外，讀書尚有另一項十分重要，卻常被忽視的作用 —— 鍛鍊思考力，簡稱「練腦」。

　　內容淺近，或是故事講得多而道理談得少的文章或書籍，快速翻閱即能掌握其中論點，通常不太能發揮練腦的功能。反之，論述深入、推理嚴謹，閱讀時感到有些難度，必須靜下來專心研讀，反覆思考才能理解的文章或書籍，才能達到練腦的功能。

　　這就像練習舉重一樣，每次練習都要挑戰更高一點的目標，試圖超越自己力量的極限，久之就會逐漸進步。若每次所舉的重量都不需盡全力，則力量難以增長。同理，如果只讀輕鬆的文章或書籍，思考力也無法獲得鍛鍊。

　　基於此一認識，可以得到若干推論：

　　首先，讀書未必要完整記誦其內容，但一定要設法了解文中所談的道理。從「不懂」到「懂」的過程，有時雖然辛苦，但正是鍛鍊思考力的必經之途。有些多年以前讀過的書，內容已不太記得，但由於當時曾經用心想通過，對練腦已發生一定的效果，甚至在練腦過程中，已漸漸地將書中內容與其他觀念融合，發展

成自己思想架構的一部分。

其次，有些人不太讀書，但由於「行萬里路」，在生活或實務決策的考驗中，有充分練腦的機會，因此事理明白，思路清晰。反之，有些人雖然「讀萬卷書」，但只求記誦而不求甚解，未能利用讀書來發揮練腦的功能，因此，雖常常引經據典卻未能在實際思考上活學活用，無法展現讀書的作用。

第三，在年輕時若能經由「讀書練腦」來建立未來學習的思想架構，對未來思考力的成長，以及終身學習的潛力，都能奠定良好的基礎。

第四，讀書的目的不在賣弄學問，主要就是為了在此所說的「練腦」。很多教師或學生，擔心上課投入太多時間討論個案，就「沒有時間講授理論」。其實，理論必須要學生在課堂外自行深入閱讀，才能發揮練腦的作用，「聽講」時似乎理解，但由於沒有自己投入精神仔細思考，其了解也不會深刻。

無論是個案或是學理，我認為互動式的討論都是效果最好的學習方式。學生回家讀書，寶貴的上課時間應該用在討論，是我一貫的主張。上課時討論個案，課外自行閱讀學理，即使是以介紹學理為主要目的的課程，教師也應要求學生自行研讀學理後，在上課時針對「學理」或學生讀的文章及書籍來進行討論。

第六節　想 —— 聽說讀三者的「後盾」

「聽說讀」三者和「想」的能力互為因果。前三者愈強，想的效果就愈好；而「想」的能力提高後，又可以改善三者的品質。理性思考與觀念能力是我們在「想」的方面所希望追求的境界，除了實務上的持續歷練之外，個案研討是提升思考能力最具

成本效益的途徑。

　　由於「想」或「思考」在學習與個案教學中是如此重要，因此本書將在後半部的〈內篇〉中再進行較深入的解說，在此僅針對「理性思考」與「觀念能力」兩項基本觀念稍做說明。理性思考與觀念能力這兩者是在問題診斷與決策制定的過程中，對「思考」或「想」所期望的境界，也是值得我們一生努力的方向。

理性思考

　　基本上，理性思考應盡量朝以下這些標準去努力：

- 在診斷與決策時，要清楚知道為什麼要進行診斷？為什麼要決策或採取行動？現在哪一項目標或誰的目標未能達到，因此需要診斷與決策？
- 任何組織隨時都存在許多問題，需要採取行動來處理。然而在當前情勢下，哪些是應該優先處理的？理由為何？
- 表面上的問題，背後真正的原因是什麼？所掌握的資料或數據，是經由什麼樣的解讀或詮釋的程序而讓我們覺得這些是「問題」或「原因」？
- 構思中的解決辦法，何以見得有可能針對這些原因來解決問題？
- 在我們心目中，這些「表面現象」、「問題」、「原因」、「解決辦法」之間的因果關係是什麼？何以見得這一連串的因果關係是合理的？此一合理性是否經過演繹或歸納的方法來驗證？
- 各方案或解決辦法，其成本效益（包括有形與無形的成本效益）是否經過客觀的評估衡量？

- 不同的方案或解決辦法，其有效性（或成功的可能性）是建立在哪些關鍵的前提假設上？這些前提假設應如何去驗證？是否在可能掌握的範圍內已盡量驗證？
- 為了做到以上各項，應該蒐集哪些資訊？如何確保決策的關鍵資訊是可靠的？我們在決策的各個階段，是否已盡量運用具體資訊而非主觀偏好來進行抉擇與採取行動？

在此必須強調的是，「理性」是程度上的問題，究竟應該到什麼水準，以及哪些議題的決策理性程度必須較高、哪些依賴主觀判斷即可，這些也都有成本效益的考量。但相信在合理的成本限制下，很多組織的諸多決策，都還有朝理性方向努力的空間。

99

觀念能力

愈高階的領導人，其前瞻性要更高、視野要更寬廣、考慮層面要更周延。這些都需要所謂的「觀念能力」（conceptual skill）才能做到。觀念能力是指體察不同範圍或層面中的因素，彼此間關連或因果關係的能力。這些關連或因果關係包括：

在時間軸上，「過去」、「現在」、「未來」之間，各種決策與現象之間的因果關係，例如：

- 過去哪些政策造成了今天的局面，或今天的決策對未來競爭地位有何影響。
- 「組織外界環境變化」對「組織內部運作方式合理性」之影響，例如雲端科技的發展將如何衝擊本組織目前的產銷配合方式。
- 行銷、生產、研發、人力資源等內部單位之間，各種做法

的配套互動關係，例如自創品牌後，研發流程及人員的編組方式與培訓重點可能需要哪些重大調整。

- 抽象觀念與實際現象間的連結，例如能想像出某一學理在實務上的涵意。
- 此外甚至還包括產業趨勢與本組織生存空間的關係、人性與商業活動之間的相生與相剋、針對談判各方價值偏好所設計出來的妥協方案等。

簡言之，當這些彼此間似乎沒有關連的現象、問題、決策、行動，一旦出現變化時，擁有高度觀念能力的人，很快就能看得出它們之間的連動關係或後續發展。

此一能力和專業知識水準未必絕對相關。例如成功的大型企業領導人，未必對行銷、財會、人事制度、科技、政治、經濟等專業都深入了解，但他們卻能想到這些方面的變化或彼此之間的關連，甚至能將複雜的情況簡化成別人易於理解、自己又能掌握的論述。

舉例來說，有人從上游產業的細微變化，就能想到該公司將來與下游經銷商間的權力消長；有人可以從一項氣候變遷的新聞，預知某檔股票價格的漲跌；有人可以從產業現存的許多技術中，組裝出令人驚豔的創新產品；有人可以從紛擾的社會氛圍裡，想出一句觸動人心的政治口號。事後來看，所有相關的「因果關係」都是大家熟知的，毫不稀奇，但事先能看得出來這些複雜的因果關係，並將它們有效組合並用來指引行動，靠的便是這種觀念能力。

擁有高度觀念能力較能看到某些指標變動對整體方案的意義，也更有能力針對問題有效詮釋各種資訊，並掌握現象與問題

背後的本質與核心。有了這種能力，不僅對事務的理解力提高，而且更能整合各方的看法、更能看出現象背後深層的原因、更能累積知識、快速移轉經驗，甚至更能系統化地產生創意。

　　階層愈高，愈需要擁有這種能力。所謂博採眾議、綜觀全局，都有賴這種觀念能力；在複雜紛紜的決策環境中，歸納出問題核心、提出足以改善大局的關鍵行動，以及確認各個行動方案的成功前提，也都與這種能力有關。

　　在管理學的教科書中，都提到觀念能力的重要性，但似乎很少言及如何提高或強化此項能力。互動式個案教學中，學生有機會去猜測各種因果關係，組合各方的觀察結果與概念，加上彼此之間的觀摩比對，因此應該對觀念能力的提升有一定的作用。

其他「想」的方式

　　遇見問題就設法從自己過去所學所知中找答案，或聽到同學各種不同的說法，設法辨別其中的異同，進而截長補短，構思出合乎各方期待的方案等等，都是與個案教學有關之「想」的方式。這些將在本書〈內篇〉中再詳細說明。

個案教學是實務經驗的低成本替代品

　　上述理性思考與觀念能力，甚至相關的「聽說讀」等能力的培養，若僅依賴讀書或聽講，效果有限，應比不上在實務中歷練之學習效果。

　　然而為何年輕人不直接到職場，完全在工作中學習呢？理由有這兩點：第一，管理教育所討論的課題，往往層次高而牽涉面廣，學習者未必有真實的情境可以來實習；或實習的成本太高，無法讓學生普遍享有經由此一方式學習的機會。例如公司的策略

101

或組織設計，或財務資源的分配，除非自己（或在家族長輩支助下）開一家企業來「玩」，否則只能經由個案來模擬。第二，職場上的學習價值固然高，但通常未必有高人在旁隨時提點。

個案討論中，由於教師對個案情境相當熟悉，又有同學在旁同步進行分析決策，既可獲得立即的回應，又可觀摩參考他人的分析方法與思維過程，面對教師或同學所提出的挑戰，有大量反省與檢討的機會，因此對思考力的訓練效果未必不如職場中的實際運作。

如果學生或學員能將個案決策當作「真的」那麼審慎、深入地分析研判，則與「真槍實彈」相比，不會相去太遠，但失敗的風險或潛在成本則低得多。

在個案討論時，學生基本上應盡量依照以上的「理性思考」來分析，若為高階管理的個案，則更重視「觀念能力」的運用。無論在「聽說讀」以及「提問」方面，不斷練習以提高自己理性思考的水準，清楚明瞭自己和他人在因果關係上的推理過程、資料解讀方法，以及隱含的前提假設，「想」的能力就會逐漸提高。面對複雜問題時，更容易掌握到核心重點，也更能理解每個人意見或結論不同的原因何在，因而可以更有效地扮演整合者的角色。

此外，由於心中更能覺察自己形成思路的過程，除了可以提高自己論述的說服力，也經由此一不斷「自省」的心理習慣，更有效地吸收別人的意見（包括書本中的見解）以補強自己知能上的不足。

第七節　思想的訓練

「思想」的意義十分複雜多元，若要加以「訓練」，更是談何容易。為了本書章節的完整性，在此不得不提出一些個人的粗淺想法。思想的訓練，或是培養思考的能力，大致包括了以下幾種方法。

精讀經典

經典代表過去人類思考與智慧的結晶，培養思考力最重要的途徑應是精讀經典。所謂精讀，是指逐字逐句仔細地讀，不僅摘出重點，更應將書中的思想體系用綱要或圖形解析出來。

解析出來還不夠，還應試著依據這些摘要出來的大綱或圖形，持續模擬作者的推理過程或形成論述的方式。這樣仔細讀過的書或文章，並熟記它們的「思路」，久之，即使內容不復記憶，卻漸漸學會如何去將片斷的論述或觀點「形成一套道理」。

討論經典

若僅是閱讀經典還不夠，應針對書或文章的內容與師長或同學互相討論。討論中，因為師長的提問與啟發，能想到更深刻的道理，也能發現自己在閱讀時忽略或誤解的部分。

在精讀與討論經典的過程中，還能夠針對各家學說的異同、師生之間觀點的交錯、同學之間各自解讀來比較，逐漸建立自己的思想架構，以及分析問題的角度。

討論過程中的「發言」是學著「講道理」，表達的過程可以幫助自己想得更清楚，也漸漸習慣於將自己的想法去加以組合與論述。

精讀經典與討論經典兩者，是傳統博士班教育的核心，至少在社會科學方面是如此，其目的在於培養能夠獨立思考並發展自己想法的人。

討論個案

討論個案時，藉著「聽說讀想」的訓練，有助思考力的提升，這在本書中已再三說明。個案像數學習題，教師帶著學生逐步思索如何解題，在學生力有未逮處著力，在盲點處引出線索。雖然進度緩慢，教學雙方都十分辛苦，但長期下來，必能提升學生的「理解」、「內化」及活學活用的解決問題能力，而解決問題的能力當然也反映了一個人的思考能力。

教師的持續提問，也讓學生學到應該如何「自問自答」，問自己「問題出在哪裡？」「後續的結果可能會怎樣？」「下一步應該怎麼做？為什麼？」「還有哪些可行的方法？」等等。並經由自己持續問自己的過程，進行「想」或「思考」。

有時我們自己對某一議題摸索不出思考方向時，可能會在心中模擬「如果老師在場，針對此事，他會提出什麼問題」，想到老師可能提出的問題方向後，自己的想法果然向前邁進了一步。

通常在評述各種教學方法時，大家似乎只強調個案教學在提升實務決策能力上的作用，卻未注意到它其實也是提升思考能力的工具。它的效果雖然比不上精讀經典，但就「速效」而言，卻更適合忙碌的中高階在職人員。

養成建構知識的習慣

閱讀大量資料、整理各方論點、構思自己的主張，然後設法有系統地以文字表達出來，是傳統上公認訓練思考的方法。此

外，聽到不同意見，或發現同一主題的書籍卻有不同的主張，或發現學理與實務存在差異時，就應在心中進行比對，找出差異的原因，並試著運用具有創意的方式來整合這些差異。這是個案教學中所希望培養的能力之一。

經由個案教學，養成時常自問「為什麼？」的習慣，並試圖解釋及整合這些差異，尋找出可以解釋這些差異的道理。久而久之，思考的能力也會進步。

多動腦

比起單向式講課，互動式個案教學對教學雙方都十分「傷腦筋」，但常常這樣「傷腦筋」，對思考力才會有正面的作用。

平時願意多用心、多動腦去想比較「嚴肅」的議題，掌握機會和具有同樣傾向的人互相討論，對思考力一定有幫助。學校裡如果大量運用互動式的討論，無論是個案或是學理，應該會讓大家養成深入思考的習慣。

如果一個國家的國民，在離開學校以後就不太閱讀稍有深度的書，所關心的也只是吃喝玩樂或社會新聞，長期下來，若期望大家的思考力會進步，恐怕也不容易。

簡言之，多用心、多練習，我們在任何事上都會進步，「思考」當然也不例外。

開放的心態

秉持開放的心態，才能聽取不同的意見；不掩飾自己的無知，也不受社會地位的干擾，虛心聆聽、吸收來自各方的意見，這對思想的成長以及視野的開闊，有極大的幫助。個案教學中特別強調師生都應建立此一心態，才能順利進行討論。

第 **4** 章

個案教學的各種正面
作用與潛在貢獻

經歷過正確而深入的個案教學以後，學生在各方面都可能獲得良好的成長機會，包括對實務的理解、對理論的閱讀吸收，良好心態的建立，以及對未來職業生涯的正面作用。

個案教學不僅可以用在商管學院，企業內部如果運用個案教學做為中、低階主管的培訓，也有極佳的效果。而且除了企業管理之外，其他會用到「決策」的學科，例如公共政策或總體經濟以及其他許多專業，都可以經由個案教學產生更好的學習效果。

第一節　與學理之關係

每個人的思想能力及知識存量與其過去的學習和所了解的學理息息相關。個案研討的水準高低，也有賴於師生所擁有的學理基礎。雖然在企業管理實務上，豐富的經驗十分重要，但好的文章或經典是前人觀察分析實務經驗所整理出來的智慧結晶，因此在教學上，運用互動式討論雖然極有效果，但並不表示個案教學的師生不必廣泛地從事嚴肅而深入的閱讀。

個案教學與學理之間的關係與異同

　　個案討論與研讀學理，都是提升知識的有效方法。二者之間有關的基本觀念大致可歸納如下：

　　第一，研讀學理（包括聽講）所獲得的知識是漸進的，亦即每次都會感覺學到一些具體的觀念，使自己的知識存量略有增加，真積力久，可以成就其淵博的學識。以淵博學識為基礎，也可以對實際問題提出具有高度洞察力的觀點。而個案教學每次討論的角度或分析方法不盡相同，累積性或連續性並不明顯，上過幾次個案以後，可能會覺得沒學到什麼具體的理論或觀念，然而過了一段時間，「聽說讀想」以及建構知識的能力到達某一水準以後，會突然感到「功力大增」，在分析與決策上的技巧與自信，甚至思想敏捷的程度與口頭表達能力都明顯提升到不同的層次。因此，讀書與討論個案二者之間，似乎與「漸修」與「頓悟」的差別相類似。

　　第二，研讀學理與個案分析不能偏廢。學理讀得多，若未能再從事個案分析，則所學不易貼近真實世界；只討論個案而不讀書，則思想深度必然有所局限，若希望有所進步，就應靜下來好好研讀經典。而且以過去曾深入研討的個案為基礎，讀經典時很容易有恍然大悟的感受。這又和「經史合參」的觀念相類似。

　　第三，每種學科的理論嚴謹程度或系統化程度高低不同。一般而言，社會科學在此一方面程度比自然科學較低，例如有很多人不需要擁有經濟學或政治學博士學位，也能對經濟問題或政治問題做出深入的分析與預測，然而沒有在物理學領域受過完整訓練的人，不太可能在物理學上有什麼創新見解。

　　在社會科學中，企業管理的理論嚴謹程度或系統化程度又更低，表示企業管理相關的知識或道理，未必一定要從學理上獲

得，成功的企業家或高階經理人也可以從實戰中發展出許多有效的管理理念與做法。由於企業管理的這種特性，使個案教學的價值與可行性相對更高。換言之，即使沒有讀過什麼管理理論，從大量的個案討論中所培養的能力，極可能高過單純的「讀萬卷書」。

第四，理論與實際問題之間，很少是「一對一」的關係。因為個案中的問題通常是多元、複雜且糾結在一起的，學生必須嘗試從各種角度來分析決策，而這些分析決策的能力，可能來自本身實務上的經驗，也可能來自過去個案研討所累積的功力，也可能是大量理論基礎帶來的思維方法。

以單一理論來解釋某一個個案裡的問題，不切實際。如果有這種情況，很可能是為了說明某一項理論觀念而特別設計的「實例」，或教科書單元前後所附的練習個案，這種個案其實並不是真正個案討論中所正常使用的教材。

先教理論還是先教個案

理論和個案孰先孰後，當然各有優劣。

我個人認為應該是個案在先，理論甚至請學生自行閱讀即可，這是基於以下幾項理由：

第一，個案教學目的在培養分析與決策能力，包括「聽說讀想」在內，而非介紹理論如何應用。既然一個複雜個案可能牽涉到許多可能用得到的「理論」或因果關係，則在為個案分析介紹理論時，很難決定要先介紹哪些理論。

第二，基於上述對「企業管理」特性（嚴謹性與系統性較低）的說明，讓學生從大量的個案研討中自行發展「理論」、因果關係或想出道理，不僅可行而且合理。國內外許多大企業家沒

有讀過什麼企管理論，依然可以從實戰中發展出有用的做法或深刻的經營管理觀念，可見在有限的上課時間裡，在不斷解決問題的過程中培養「發展道理、驗證道理」的能力，比學會或熟記一、二十個「理論」更派得上用場。何況理論有「流行性」，幾年後目前當紅的理論可能顯得過時或被推翻，而在個案中養成的各種能力，包括「聽說讀想」、靈活運用、建構知識等，卻會隨著學生的職場生涯與工作經驗而持續成長。

至於理論，當然也很重要，但我認為要求學生自行研讀即可，以我個人的經驗為例：我在大學時選修了一門人事管理個案研討，每週討論一個英文個案（後來才知道都是當時的經典個案），課前準備時完全不知如何下手。我的做法是每週在熟讀個案內容以後，再以「帶著問題尋找答案」的方式，將當時最有代表性的中文著作 —— 姜占魁教授所著《人群關係》全本快速翻閱一遍，並試著在書中找出可以引導分析此一個案的思考方向與學理觀點。一學期下來，發現結果十分良好。不僅在上課時發言更為「言之有物」，而且對「實務與理論的結合」也有很明顯的進步。我用這種方法來吸收與內化學理，應該比每週聽教師依章節慢慢講解更有效率。

通常教師在講解學理時，也會舉例說明這些學理在實務上的應用方法，然而以口頭說明的實例其實都很單純，與真實世界中的複雜現象相去甚遠。而我當年所用的方式 —— 先有實際問題在心中（這些個案內容其實比上課或聽演講時能聽到的實例遠為複雜），再從學理中找答案的過程，或許值得參考。

如何用個案來說明理論

如果希望用實際的個案讓學生體會抽象理論的內涵與價值，

應該以教個案為先，然後以這些個案中的素材，包括大家討論個案時的各種想法為基礎來介紹各種學理。

三十幾年前，政大MBA班開學後的兩、三週，我要求學生（大部分沒有實務經驗）熟讀兩篇資料完整且涵蓋面廣的長個案，上課時請學生從各方面提出診斷意見及建議方案。答案雖不深入，但創意十足，而且上課氣氛極為熱烈。之後，要求學生每週讀課本，課前透過討論問題，思考每一章的學理在這兩篇個案中可以啟發或延伸什麼觀念。例如提到組織設計，就請學生針對個案中的企業，依課本上的說明來設計各種型態的組織結構，進而分析在什麼情況下，此一組織結構是比較合理的。從策略、決策，到領導、衝突，都以這兩篇個案的材料來分析，而開學時大家尚未接觸過課本教材之前的觀點或建議，也提出來與「有學理支持的想法與方案」相比對，透過這樣的方式，大家對學理的價值和用處因而產生更深刻的體會。

美國某名校的公共政策博士班，第一年都在討論個案，而且是每天討論，完全不談學理。一整年下來，學生們對過去數十年國內外重大的公共政策事件都已十分熟悉，也都憑自己碩士的學力仔細分析過。到了二年級，再全力研讀各種相關的學理。這時有了豐富的實務資料「打底」，大家對學理的體會當然深刻，不僅不需要教師再舉例說明，而且學生也能明瞭，不同的學理角度會如何影響思考的方向以及對複雜現象的詮釋。而學理究竟能對解決實際問題產生多少作用，以及每種學理在應用上的限制，自然而然成為大家知識的一部分。更重要的是，這些觀念、想法或知識，並非教師或某些學者、文章告訴他們的，而是在兩年的博士教育中，每個人自己發展出來的。

希望用個案來說明理論的教師，可以考慮實施類似的做法。

補充閱讀資料

　　如果教師預期在分析個案中，學生必須用到某些學理上的觀念或技巧，可以配合當週的個案，要求學生閱讀書上特定的章節，或提供「補充閱讀資料」（technical notes）做為講義，協助學生有效進行個案的分析。

　　所謂「補充閱讀資料」可能是對財務報表分析程序或財務比率的簡單介紹，也可能是損益兩平的概念或規模經濟、邊際成本的簡例，或對「五力分析」這類觀念的扼要說明。這些未必是教師企盼在教學過程中達到的教學目標，而是希望學生在掌握了這些基本的觀念工具以後，在分析個案時可以更深入而全面，不至於因為未朝這些方面思考或計算，而影響了整體分析的水準。

　　為了加強分析的深度，各項補充讀物或「補充閱讀資料」，應該在課前發給學生，而不是到上課討論結束後，教師再「變」出一套早已準備好的理論做為本個案的標準答案。

學理應該由學生自行閱讀

　　教師可以在上課時講解學理，也可以讓學生自行閱讀學理。但更積極的主張是學理「應該」由學生自行閱讀，而不應依賴教師從頭開始講解。因為講課的學習效果遠不如自行閱讀，如果是比較艱深的學理，也應該由學生自行閱讀後再來課堂討論，這樣對學生一生的知識成長會有關鍵性的幫助，理由如下：

　　知識不斷推陳出新，因此人人需要終身學習。學習的管道很多，但「閱讀」應是最主要、最有效率的吸收新知管道。如果在校期間，未能養成經由閱讀來吸收知識的能力與習慣，將來在終身學習上，就不容易從閱讀中獲得知識的成長。

　　經由教師講解來吸收知識，表面上似乎比閱讀輕鬆得多。

然而，閱讀卻有其他的重要作用。由於嚴謹的著作是靜態而繁複的，讀者要從閱讀過程中吸收知識與觀念，其專心程度及「大腦產能啟用程度」都遠高於聽講。正因為如此，閱讀的過程就形成了一種對思維能力的訓練。易言之，由於文字內容不易理解吸收，讀者必須更主動、更專心、更努力地學習，並試著在腦海中想像、詮釋、連結，以掌握作者的思想架構。如果不盡了解，還可以針對某些章節再讀幾遍。用這樣的方式來吸收學理上的知識，久而久之，其思考能力必然精進。甚至可以藉著多元、重複的閱讀，逐漸發展出自己的思想體系與架構。

因此，閱讀不僅是吸收知識與資訊而已，同時也是鍛鍊心智的重要機制。很多人不習慣閱讀，或面對稍微嚴肅一點的內容，就讀不下去，主要的原因就是過去缺乏閱讀的訓練。口才過人、善於講解的教師，短期間固然可使學生「輕鬆學習」，卻可能使學生失去培養閱讀能力的機會。在這種教學方式下成長的學生，將來極可能一生都需要藉由不斷聽講才能獲得新知識，這必然會降低吸收新知與提升知能的效率。

因此，即使不是個案討論，也應該提高學生課前自行閱讀的比重，教師只需重點講解或答問，甚至課前就文章內容，提出略有挑戰性的問題，要求學生上課時針對問題答覆與討論。學生體驗過這種互動式教學一段時間以後，進行深度閱讀時就較有能力去理解書中的主旨以及作者的思維邏輯，這種能力會讓學生終身受用。

如果教師覺得現有的教材或課本，在論述上都不完整、不清楚，必須要以口頭補充，則我建議教師應在教過若干次後，將必須口頭補充的或學生看不懂的觀念，用文字表達出來。然後請學生先讀這些講義或書籍，再到課堂上討論。

以個案教學破除「知識障」

吸收新知、充實所學,是一生不可荒廢的功課,在知識經濟時代尤其如此。然而如果知識只是停留在「名詞」的層次,既未對自己的思維或視野有所增進,亦未對決策方向做出明確的指引,則永遠只是名詞而已,甚至還可能產生負面作用,這些現象可簡稱為「知識障」。

「知識障」現象中最嚴重的是迷信學理,甚至是迷信單一學理。最嚴重的是,有些高階領導人在EMBA進修以後,將多年來從本身經營中發展的知識或思考方法放在一旁,試圖以尚未完全消化吸收的學理取代,失敗以後再厲聲責備學術無用甚至害人不淺。還有一種人是選擇自己能理解的少數學理,用來解釋所有的現象(事實上,只有學者進行學術發表時才可能有此偏差的傾向),這種做法極可能局限了思考與分析的廣度。

在企業管理這種高度務實的知識體系中,解決問題與採取行動的「實踐過程」是知能成長的主要來源。成功的企業家即使不讀書,但每天在真實世界磨練,已自行發展出許多實用的管理知能,只是這些知能是從實戰中自行建構而成,因此缺乏完整的體系與架構,而且難免有不少矛盾與缺漏之處。他們十分需要借助學理來整理及系統化自己的想法與經驗,並從討論中逐漸發現自己思考層面的不足,或各種想法之間的矛盾。

換言之,有經驗的管理者經由對長官或同仁管理行為的觀察學習、在面對重大決策時內心逐漸形成的分析架構與考慮面向,以及對自己決策的反省與檢討等,所逐漸建構出來的知能,才是管理知能的「主軸」;由別人經驗累積再經學者整理並抽象化的學理只是「輔助工具」。上課時的個案討論或學理講解,其實都是協助學員反省、檢討、建構、整理自己觀念與想法的機制。

如何讓企業領導者以正確的觀念了解學理的價值，並用於強化他們原有的經驗與智慧，是管理教育亟需努力的方向。高階在職管理教育中的個案研討，主要活動是讓來自不同產業、經驗背景各異的高階領導人，在教師引導下，針對個案中的問題進行多元角度的深入交流與整合。討論過程中，每個人都必須將自己的「獨到見解」或「一偏之見」整理出來，互相檢視、彼此補強。教師則憑藉其學理的素養來穿針引線或主導方向。這時，學理的價值才能被凸顯，因為在意圖解決真實問題的對答過程中，學理的「名詞」或「門派」都得完全消融，只保留能指導實際決策的核心觀念。

教師也必須經由此一思辨過程，才能真正脫離名詞和學派的束縛，理解與內化所謂的學理。

第二節　與實務的關係

在管理學領域，所謂理論其實大多來自實務。學生先不深入學習現有的學理，直接討論個案，相當於到更上游的知識源頭去學習與探索，包括建構自己的理論。透過密集而正確的個案教學，學生可以更快的了解實務，其效率比到職場去學習更好。

經營管理實務是企管知識的主要來源

有些學者認為在學校裡應講授「理論」，至於實務方面的能力則應等學生畢業後再到企業界去重新學習。我對此有不同看法，因為大部分的管理理論其實都來自對實務做法或成敗經驗有系統的觀察，例如學者去企業界調查訪問或田野研究，甚至成功的企業家自己寫書分享經驗，都是今日大部分實用管理理論的源

頭。透過個案，讓學生直接到這些學理的「源頭」去探索，體驗實際問題，與經由學理間接理解此一複雜的真實世界相較，學習效果應該更好。

讓社會新鮮人有能力將學理轉化到實際工作上

聰明又用功的學生，在校期間投入大量時間、精力準備個案分析，其自行構思的方案或理由，通常都還有不少改進空間。進入職場後，面對比個案更複雜的情境，自行運用學理來解決問題，困難度更高。在校期間經由個案研討，才有可能在教師引導及同學互相切磋之下，逐漸掌握如何將學理活用在實際問題上。

再者，個案教學相當於藉著書面個案教材，讓學生學會經由觀察分析複雜的工作情境，自行發現與歸納經營管理上的各種因果關係，以及這些因果關係的適用前提。若學生擁有這種能力，不僅未來在實務歷練能夠更有效率地學習，而且更有能力從自身經驗中建構自己的理論。

協助高階主管將內隱知能轉化為系統化的知識體系

已有豐富經驗的經營者或高階經理人，過去在實務中累積了許多寶貴經驗，然而這些經驗或自行發展的管理心得，大部分極為「內隱」，很可能知其然而不知其所以然，甚至也不知如何用言語進行有系統的表達。前述年輕畢業生讀了理論以後，面對複雜的實務問題，不知從這些理論中如何去選擇應用；而企業高階層的問題正好相反，他們雖然擁有豐富的實務經驗，在面對理論時，卻無法將心中的想法和書本上的道理結合在一起。

在個案教學中，經過教師不斷追問、澄清，以及同學間的交流、切磋、問難挑戰，不知不覺中，可以將高階主管們零散的經

115

營心得，進行系統化的連結，甚至建構成自己的「理論」，或從實務觀點挑戰現有的理論，因而豐富了理論的內涵。

只熟讀管理理論而欠缺大量個案研討經驗的學生或教師，常誤以為只有「國際大師」或成功的大企業家才能提出「理論」，事實上，在深度的個案研討中，形形色色的觀點、主張、原則，具有創意的做法及其背後的道理，隨時都可能出現。

個案教學可以有效提升實務上的管理能力

個案教學除了訓練思考邏輯、培養「聽說讀想」的能力之外，最重要的是，可以藉著個案，讓學生的思考與決策模式更接近實務上的需要。例如，在實務上所提出的方案，考慮層面必須完整，而且決策要以具體數據為依據，即使缺乏具體數據，也應仔細思考過相關的前提假設，並清楚交代形成結論的邏輯與理由。此外，任何方案皆應分析其可能之成本效益，以及是否能達到預期的目標水準，做為方案抉擇及後續追蹤檢討的參考依據。為了提高方案可行性，通常還要考慮或模擬一些重要的執行細節或應變計畫。類似這種思考模式與習慣的養成，若僅靠講授或讀書，效果有限，一定要經過許多次個案研討、分析及實際操作，才能逐漸擁有相關知能。除非學生天分特別高，否則在MBA教育過程中若缺乏這種嚴格的個案訓練，進入企業界後，勢必還要再投入不少時間重新學習。

實務決策的過程，不外乎澄清事實資料、確認問題、找出因果關係、提出方案。然而在課堂上，教師還扮演了主導討論的角色。透過持續不斷的「引導式問題」，讓發言者（或答問者）以及其他同學，反思發言內容的邏輯性與正確性，並誘導學生想得更深、更廣，進而提出更周延、更完整可行的方案。討論

過程中，在教師的要求與指導下，學生也因而有更多的「聽」、「說」，以及整合觀點、形成意見的機會。

如果每一門課都普遍使用互動式個案教學，學生可能每週平均都得深入討論三、四個個案。再加上教師的指導，同學的互動，兩年下來，學習的廣度與深度都將遠遠超過在實務界工作的兩年經歷。畢業生進入職場後，不僅可以迅速進入狀況，減少摸索與適應的期間，而且應該在很短時間內即可將所學轉變成對組織的貢獻。

個案教學比「師徒制」更合乎成本效益

許多人認為管理能力大部分來自歷練。實務歷練的過程中，如果有深具愛心與耐心，本身知能水準又高的長官長期以一對一的「師徒制」來耳提面命、密集指導，則管理能力的成長必然突飛猛進。

然而，一對一的「師徒制」成本太高，也並非人人都能有這樣的機緣，於是出現了個案教學，希望以模擬的方式，密集為學生提供各種層面的歷練經驗。強調個案教學的商管學院，在教學過程中利用形形色色的個案，讓學生在短短兩、三年內，經由個案來面對各種決策情境，從高層的策略到基層的執行，從行銷、財務到溝通、談判，無所不包，然後在課堂的參與中，學會分析、思考、溝通、整合，以及對決策方案的取捨與抉擇。

易言之，管理能力有賴於「歷練」，而經過理性思考分析的「決策」則是歷練所欲強化的核心。讀書、聽講、記誦原則、吸收前人的成敗經驗等，在管理教育中都只能扮演輔助的角色，以個案來模擬各種決策過程，才更接近「歷練」的作用，進而提升管理能力。其效果僅次於前述的「師徒制」，而成本則低廉得多。

117

從某些角度來看，個案研討的效果可能比實務歷練更好。例如，討論個案時，大家從個案教材中所獲得的環境認知與事實前提相差不多，不僅相對單純，而且沒有牽涉到太多個人前程、社會壓力以及權力問題，再加上教師熟悉個案，知道哪些是值得思考的方向，因此極可能比「師徒制」中的基層主管進行一對一的指導更為深入。

　　此外，上課之前的分組討論也有實務上的意義。分組討論過程中，同組成員必須依自己閱讀與思考的結果，交換意見，雖然不一定要形成共識，但應充分溝通互動。在此過程中，學生可以練習意見的陳述、對各種事實認知的交叉驗證，以及對各方觀點與主張的聆聽與整合。這些參與會議與主持會議的能力，在實務上都是非常重要的。

個案教學可以加速年輕人實務經驗的累積

　　基層主管常抱怨初出校門的年輕人「什麼都不會」，許多事都必須從頭教起。事實上，學校本來就無法針對各行各業的實務進行教導，新鮮人進入職場後對工作內容與環境感到陌生與隔閡，是極其自然的。發出這些感慨的主管，當年豈不也是從基層一步一步磨練出來的嗎？換言之，進入職場之後，每個人都會有在實務上跌跌撞撞的階段，在這段期間，年輕人必須從各式各樣的指派工作中，逐漸了解工作的內容、上級的期望、組織內部的上下關係、決策與行動應考慮哪些因素、產業裡各種行規運作的方式，以及在真實世界中待人接物與應對進退的方法。

　　在這段摸索期間，有些年輕人遇到「貴人」，可以及時獲得關鍵性的指導；有人擁有自行研發與學習的能力，可以從實務教訓中迅速自我提升；有人善於觀察，有人懂得請教，有人知道如

118

何在重要場合適度表現自己。經過一番汰選後，其中一部分人獲得升遷，逐漸成為主管或組織的中堅幹部或核心幹部。

這種從工作中慢慢歷練的方法，或許千百年來都是如此。然而經營方法與產業中所需要的知能不僅日新月異，與產業有關的知識總量也一日千里。這些都使得傳統上這種靠「蹲馬步」累積實務經驗的方法趕不上組織對人才的需求，況且有些新知能也超過了現有基層主管所能傳授的範圍。

針對此一問題，學校、企業或產業公會應該系統化地蒐集整理這些中階主管及基層幹部在實務上可能遭遇的問題、面對的決策或被要求完成的工作，再配合解決這些問題或完成工作所需要的資料，編寫成大量的書面個案。然後以這些個案為基礎，進行個案研討、角色扮演，或模擬專案規劃的工作。學習過程中，由有經驗的主管或對此一行業實務有研究的教授，來主持這些研討或角色扮演。如果個別企業的規模不足以自行編寫個案、辦理培訓，也可以聯合若干同業共同舉辦。

這種培訓方式縱然無法全盤取代真正實務上的歷練，但在大量而密集的資料分析與模擬決策之下，新人可能犯的許多錯誤，或思慮不周與決策上可能的疏忽，都可以在課堂裡處理掉。這些犯錯與疏忽的代價，肯定遠低於新進人員在真實職場上嘗試錯誤所面對的風險與可能造成的後果。

第三節　個案教學對有經驗的實務界最有價值

對有豐富實務經驗的高階人員，單向式的聽講對他們幫助不大。但在個案研討的過程中，可以與水準相等的同學互相切磋，

從聆聽同學意見及說明自己想法的過程中獲得成長。由於他們在組織中地位高,習於明快果斷的決策,使「聽」和「說」這兩種能力可能出現退化的現象,經由教師在課堂上的引導與要求,在聆聽和「問人與被問」方面的心態,也會發生顯著的改變。

只有鑽石可以磨礪鑽石

個案教學對企業家或高階主管而言,是最有效的學習方式。因為在教師主持下的深度討論,可以讓大家從同學身上吸收到許多寶貴的經驗、做法,以及思考與分析的角度,而且在向同學分享自己想法時,也得到很好的回饋。「只有鑽石可以磨礪鑽石」是對他們學習過程的最佳註解,以下是簡單的解說:

首先談「鑽石」。鑽石經過加工,可以展現耀眼的光芒,然而鑽石硬度高,在處理上頗費工夫,這很類似高水準且有一定成就的企業領導人。師長或長官常對社會新鮮人加以要求或提點,因此只要年輕人虛心,就不缺乏自我反省與檢討的機會,能獲得成長與進步的空間。而企業領導人或高階管理者由於過去的成功經驗加上現在的地位,使得組織內很少有人敢於「犯顏直諫」,指出他們思慮上未盡周詳之處。久而久之,即使這些人並未心存自滿,也會逐漸失去協助他們反省、檢討的外在力量,尤其是成功的創業家,在自己一手創立的企業裡,更是一言九鼎,很少聽到不同意見。他們負責的決策事項,背景複雜又多半事涉機密,很難找到合適的朋友一起分析討論;他們閱讀與聽演講,也可能只選擇吸收自己較為認同或熟悉的概念。因此這些擁有高度聰明才智的領導階層,因為自己的地位與成就,失去了許多反思、檢討與成長的機會。

其次是「磨礪」。高階人員思考與決策過程包括了許多複雜

的因果關係推斷、事實資料解讀，以及隱約存在的前提假設，外人很難透析檢視。唯有參與個案教學時，他們會被要求針對全班一起研讀過的個案資料去進行分析決策，並具體地向大家解釋自己的結論與推理過程。在教師持續提問與引導下，他們才有機會將自己的想法和別人的仔細印證比對，無論發言與否，每個人都可以藉此檢視自己想法的正確性與周延性，進而發現自己長期養成的慣性思維並加以反省。

他們從純粹的上課聽講中，肯定感到學理內容過於單純，其他企業家的演講也因為行業不同而難以得到的切身的感悟，因而難以達到的磨礪的效果；而教師與學員一對一的論證，也常因教師缺乏實務經驗而顯得說服力不足，因此，唯有同樣位居高階且成就不凡的同學，才能擔負起互相磨礪的任務。古人形容學習時的「砥礪切磋」，正是描述此一境界。

在個案教學中，大家常感覺教師似乎教得不多，但學生卻學了不少，就是因為教師並未準備將學理逐項強加「灌輸」給學生，而是啟發他們在互動過程中思考與反省，在講出自己想法和聆聽同學意見的過程中，檢討並補強自己思維模式的邏輯性與周延性。這種啟發對經驗豐富而思慮周密的高階人員，更有價值。

一堆鑽石靜靜放在籃子裡，並不會出現互相磨礪的效果，還要有可以讓他們產生互動的契機，在此一過程中，教師的作用相當於是「推動搖籃的手」，而不是想來親自從事磨礪工作的「金剛杆」。畢竟，再堅硬的「金剛杆」，也無法應付為數眾多的鑽石，甚至在「硬碰硬」的過程中，很快就先折損了。

聆聽企業家演講對高階人士幫助不大

許多人喜歡聆聽成功經營者的演講或研讀其著作，希望從中

找到成功的秘訣。有不少人的確從其中學到很多有價值的觀念，然而坦白地說，以這種方式來獲得的管理知識，在深度上可能是很有限的，原因如下：

第一，任何管理決策情境都十分複雜，產業、組織、人員等都不相同，講者不可能對這些決策背景進行完整的介紹和分析，聽者也無法複製別人的成功模式與做法。換言之，每個人所處的決策情境完全不同，對別人成功的經驗，我們或許可以得到一些啟發，但往往只能欽佩或崇拜，卻很難移植。

其次，這些經驗多元而有趣，經過仔細分析後，可以歸納出極具有說服力的原則。但再深入思考後會發現，這些從經驗中歸納出來的原則其實和學理相差不多。甚至有些準備分享經驗的經營者因為覺得自己的經驗太過複雜且難以言傳，就借助從EMBA裡學到的學理來解讀自己的做法。這樣一來，就變成以其經驗來詮釋或印證學理而已。

第三，也可能是最重要的原因是，競爭優勢背後的做法和道理常具有機密性。有高度信任感的師生、好友之間，偶爾可以透露一二，但面對陌生的聽眾或大眾媒體，有智慧的經營者不會也不應該將自己組織的經營秘訣或獨創做法和盤托出。為了滿足大家的期待，有些成功的經營者不得不只強調「對品質高度重視」或「對員工關心愛護」，甚至「修身養性重於一切」、「本企業的核心價值就是和與誠」之類的說法，如此既合乎社會期望，也有助於企業形象。他們即使真的在這些方面十分用心，但知道內情者或內部員工其實很明白，其主要成功因素絕對不僅止於此。

我認為最值得從這些成功的經營者身上學習的，是他們分析與思考問題的切入角度，以及採取行動時的思考邏輯。唯有在已建立高度互信、彼此欣賞的同學間，進行與自己企業無關的個

案討論時，才能展現這些特質。有許多企業家或高階經理人，因為感到實際的決策過程經歷太複雜，且有機密性，又不想利用公共場合來為自己或公司從事宣傳，因此從來不公開演講，甚至很少對外發言，但在討論個案時，卻表現出與眾不同的洞察力與觀點，由此可見，個案教學課堂才是他們展現管理智慧與思想內涵的最佳場合。

唯有個案研討可以強化「聽」與「說」的能力

企業家在溝通上或許存在兩個問題：第一是即使心態開放，卻不太能完整、理解吸收別人的意見；第二是無法清楚說明自己的想法與決策的理由，這些都會造成授權與經驗傳承上的困難，當組織規模愈來愈大，或企業家年事漸長時，問題更明顯。

此一現象的出現，不是個人的問題，主要是他們位高權重所造成的結果，這在前文中已有說明。針對「聽」和「說」這兩項問題，個案教學是最有效的解決辦法，或至少是在他們年紀太大或成就更高之前的「防範措施」。在主持個案討論時，教師可以請提出意見的學員有系統的講出其決策或想法背後的具體理由及推理過程，同時要求大家仔細傾聽別人發言的內容，甚至要求他們在回應之前，先針對剛才同學的發言進行重點摘要。這樣一來，提出意見者不得不努力想清楚、說明白自己的想法；對聽眾而言，則可強迫他們暫時拋開自己原有的主張，以更開放的心態來聆聽別人的論述。萬一所有的人都無法摘出發言者的重點，表示發言者的表達有欠精準，就請他再說一次。

課堂上大家沒有社會地位所造成的溝通障礙，在開放的氣氛下，每個人都有機會發現自己在思維方式與想法上需要改進之處。因而可使高階人員有機會知道自己在「聽」、「說」和「想」

123

這幾方面能力的不足,並試圖改進。

有些教師為了顧及學員顏面,不好意思嚴格要求學員專心聆聽或當場複述,造成上課時縱然發言踴躍,但其實是各說各話,彼此發言內容既未銜接也無交集。如果教師對學員真有愛心,又能了解本書所談的道理,就應更強力要求他們在這些基本能力上有所提升,而不只是追求場面上的熱鬧而已。

個案教學改變高階人員心態與行為模式

個案教學重視「聽說讀想」,其中,以尊重的心態來聆聽別人的意見,以及以開放的態度來接受別人的提問,是對高階領導人極有幫助的兩項做法。

先談「聽」。許多聰明能幹的高階主管或領導人,在會議或其他場合中聽取部屬或晚輩發言時,並不專心,主要是在心態上隱約認為,部屬或晚輩的發言必然了無新意,不可能超越自己的見解。然而,「愚者千慮,必有一得」,這些高階領導人若能用心聆聽,總能聽到一些有參考價值或足以啟發更多思考的意見。因此高階人員在心態上若能更開放,不僅可以擁有更多的學習與吸收的管道,整體組織文化也會更活潑,上下之間的關係也會更融洽。

在個案教學中,教師要求每一位學員仔細聽別人的發言,甚至以隨機抽選的方式要求大家為這次的發言進行摘要,都可以改善學員的聆聽習慣與心態。

其次是「問」,包括被別人問,以及「自己問自己」。很多高階領導人,不太喜歡與別人進行討論,也不太樂於「被問」。剛開始面對個案討論時,會感到很緊張或「壓力很大」,因為他們過去習慣所謂的直覺式思考,想法或答案或許正確,但並無

「追根究柢」的思考習慣，決策方案背後的理由時常付之闕如，於是每次發言之後，「一問就倒」，或一時理不出頭緒來。他們平日自忖口才便給，在課堂上卻答不出一個簡單的「為什麼」，感受到的壓力當然很大。

然而經過一段時間後，在壓力下逐漸習慣這樣的思考方式，不僅更能運用系統化的思考，而且發現過去幾十年積存在思緒底下的「內力」，因為受到不斷的「攪動」而活化起來，自然會產生「打通任督二脈」，功力大進的感覺。加上同班同學也同時經歷此一過程，上課的感覺就從「壓力很大」變成「樂趣無窮」。通常聽一場精彩的講課所能感受到的知識成長，與這種學習方式所帶來的內在成長與自我肯定，猶如天淵之別。

因為常常被問而養成「自問自答」的思考習慣，也可以強化思想的深度，上過一段時間的個案研討以後，再聽到一連串的「為什麼」，這些在「聽說讀想」各方面已有顯著進步的高階主管，通常都能很快想到合理而具有相當說服力的答案。

125

第四節　與讀書的關係

在個案教學下的學習與「讀書」二者，不僅在過程上相似，在促進知能成長的方法上也十分相近。而且兩者互補，可以經由個案研討來提升閱讀的理解能力，同時也唯有以大量的嚴肅閱讀為基礎，才能提升個案研討的品質水準。

將互動式個案教學的過程拆解後，會發現其實它與深度閱讀（也可稱為「精讀」）的方法高度相似。

找出重點並加以摘要

　　個案教學的第一項要求是答問雙方都能充分了解對方的意思。因此，在進行個案教學時，教師常會要求學生重述或摘要其他學生的發言或提問。其用意就是要訓練學生專心地聽、努力聽懂，並且能用自己的話，精簡而準確地複述剛才的發言或對話。

　　這項能力在實務上十分重要，但傳統單向式的講授方法既無法提升這項能力，也無法在現場驗證學生究竟聽懂了多少。在互動式教學中，教學雙方都必須具備這項能力，而且培養學生此一能力也是教學的重要目標之一。

　　這項能力也與讀書時的吸收理解程度密切相關。書本上的資訊很多，有些是思想的主軸或關鍵概念，有些是對主要論點的進一步解釋，有些是實例，有些只是為了起承轉合，使文章看起來更為完整或更有系統。會讀書的人要能從這些文字中看出重點，並試著在心中用自己的話摘要一遍，甚至做成書面筆記或觀念的流程圖。有了這一過程，才可能理解、吸收並內化書中的內容。有些人無法從別人的發言中摘出重點，原因之一可能是過去在讀書時沒有下過這些基本功夫。換言之，「聽懂別人發言重點並摘要出來」與「看懂書中重點並摘要出來」兩者是高度相似的。

以各種資訊為基礎，逐漸形成自己的觀點

　　無論讀書和討論，都有「發掘有待進一步澄清的資訊」之過程。在個案教學的師生互動中，教師必須靈活應用持續追問的技巧，這些問題絕非無的放矢，更非故意刁難，而是要澄清發言者內心深處的前提假設與推論過程。經過持續提問，可以使發言者腦海中隱約存在的各種理路逐漸明朗化，一則協助他想得更清楚，一則也讓其他學生因為理解了這些細緻的推理過程而更容易

提出自己的意見，從而使討論的內涵更深、更廣。再者，教師的這種做法也為學生提供學習的示範，讓大家逐漸都能具備此一藉著不斷提問來澄清事實與別人想法的技巧。在組織中，若成員們普遍擁有這種能力，是促進組織活力以及知識創新的重要基礎。

這種能力其實也與深度閱讀有關。當我們閱讀一本經典書籍時，不只是希望了解此書的主要結論（這些經典文獻的主要論點可能早已納入教科書了），而是希望從閱讀中了解作者當年獲致這些結論的推理過程。換言之，在閱讀時，讀者也在試圖了解作者的前提假設與推理方法。更抽象地說，就是藉由閱讀，讀者可以與作者進行一場深度的心靈對話或智慧交流。因此所謂的深度閱讀，除了吸收書中的資訊，心中也要不斷提出質疑，並設法從後續的文字或篇章中找出作者對這些問題的觀點或解釋。這與互動式教學的提問與思想程序也極為接近。

讀書與個案討論都需要以各種資訊為基礎，逐漸形成自己的觀點。無論閱讀書籍、文章或個案，教師不僅應要求學生或閱讀者看得懂、摘得出重點而已，最終還希望學生或閱讀者能從文章或個案中的資料，配合自己原先已擁有的互補知識，進行整理、歸納，並提出自己獨特的、甚至是創新的觀點。互動式的個案教學也是一樣，教師不僅要求學生聽得懂、講得清楚而已，還要能從個案中的資料、自己原先已了解的學理或實務經驗所形成的互補知識，以及其他同學的發言內容中，整理出自己的想法或方案。教師的角色即是運用啟發與誘導的方式，協助學生進行此一「內隱心智流程」。

個案教學下的學習與讀書方法兩者高度相似

由於上述兩者之間的高度相似性，使用功又優秀的學生在體

127

驗過互動式個案教學一段時間以後，進行深度閱讀時也會感到更能理解作者的思維邏輯，對書中內容的吸收與內化，效果也大幅提升。

聆聽與閱讀如此相似，因此無法專心聆聽的人，必然難以專心閱讀，也不易從閱讀中得到心智的啟發。從另一個角度來看，讀書時理解力高的人，在討論嚴肅議題時，聆聽的理解力和觀念的整合能力也肯定較高。因此個案教學與深度閱讀是雙向互相補益的。

簡言之，「聽」與「讀」的心智活動過程其實十分類似。只是「閱讀」是讀者與作者之間的虛擬對話，心智活動的密度及所需要的專心程度更高。同學們高度參與的熱烈討論，各方可以現場即時互動，又有教師隨時提問、摘要，其學習過程比讀書輕鬆有趣多了。

第五節　學生學習到的心態與習慣

在互動式個案教學方法下，學生除了在知能方面的成長外，如果教師引導得宜，在心態或學習習慣上也極有可能產生正面的變化。而這些變化或進步，是一般單向式講課所不易達到的。

養成自主學習的習慣並對學習成效負責

個案教學十分重視課前的自行研讀及分組討論，這些都需要學生自動自發來完成。而且準備個案所投入的心力，通常「回饋」時間很快，亦即是用心準備或仔細分析，當週就有表現及受到肯定的機會；如果不用心則可能有在現場不知如何作答、當眾受窘的可能。這種「努力－回報」的「正增強效果」，可以大幅

提升學習的動機。

快速與頻繁的回報與增強效果，有助於養成學生自主學習的習慣以及對自己學習成效負責的態度。

增強對壓力的耐受度

對很多年輕學生而言，當眾發表意見或回應教師的一連串提問，會感到壓力很大。剛開始接觸互動式個案教學時，更是如此。然而幾週下來，大家會逐漸適應，覺得其實也沒什麼。表示個案教學的方法已提升了學生對壓力的承受程度，至少在群眾面前可以自然大方地侃侃而談。即使被當眾質疑，也可以輕鬆面對或坦然接受。

提高對不同意見的包容度

很多人聽到別人對自己的想法提出不同甚至更高明的意見時，心裡難免會產生些許不悅的感覺。這是大家不太願意公開表達意見、交流想法的主要原因之一。

個案教學過程中，教師引導學生學習以更開放的心胸來聆聽不同的意見，甚至強迫學生仔細聽清楚他們不甚贊成的想法，並進行完整的摘要，這有助於他們以更正面的態度來吸收、整合與自己不同但可能更高明的看法。久而久之，這些因為「對不同意見的抗拒心理」會逐漸降低，思考將更有彈性，進步空間也就更大。年紀長、地位崇高的高階人士，初期所感受到的心理壓力或不適應感更強，但過了一段時間以後，心態日益開放，收穫也與日俱增。

此外，上課時各抒己見的溝通交流，除了能釐清自己的定位與價值觀，也因為了解別人的想法，從而產生包容或接納的雅

量。如果同學之間沒有彼此深入交換意見的機會，在真實世界中，可能需要花很多時間才能明白，「人」的想法與價值取向竟是如此多元。在此一包容心的基礎下，才能逐漸發展出讓步、妥協、整合的心態與能力。

提高自省能力與自信心

　　長期與同學充分研討後，會更體認到自己和別人相比的「知」與「不知」、思考問題的角度、分析研判的方法，以及每個人價值觀的異同。因為常常被要求公開表示自己意見並提出背後的理由，使自己也更了解自己價值觀與其他人的相對「定位」究竟如何；對於哪些該堅持、哪些應修正，較有定見，自省能力從而大為提升。

　　由於自省能力的增進，加上自己相對於其他人的「知與不知」的了解，會更樂於追求進步，自信心也與日俱增。而透過這種方式所建立的自信心，與不知天高地厚、自以為是所表現出來的自信心，在本質上是完全不同的。

培養務實的心態

　　由於經常被要求依據個案中的具體資料來提出具體方案，有助於提升學生務實的心態。有些人聽了很多理論但很少討論個案，在處理問題時，常會空談理論，似乎以為藉抽象觀念或放諸四海皆準的法則就能解決問題。如果教師藉著個案研討，導正這種空談的習慣，對學生是十分有幫助的。

減少權威人格的比重

　　在教師的適當示範與引導下，可以促進師生之間或學生之間

以平等的態度互相交流、學習，並降低教師在學生心中的「權威感」。進而也減少了學生本身「權威人格」的比重，例如更願意放下身段來聆聽別人的意見，或願意接受別人更高明的想法。易言之，在充滿權威的環境下成長，容易養成權威人格，因此若希望學生將來成為主管或教師後更「平易近人」，就必須在學生時期就經由互動式討論來體驗「以平等態度交流學習」的行為模式與心態。

第六節　對學生未來職業生涯的其他作用

成功的個案教學，可以培養學生思考、判斷、整合知識以進行決策的能力，以及從實作中學習的能力與習慣。一段時間以後，對自己的內省能力及獨立思考能力也大有幫助，這些都不是傳統的單向式講課可以做到的。

「閱讀＋討論」比「聽講」的學習效率更高

目前學校中的學習方式大多數還是強調安靜地聽、努力背誦。學習目的只是分數、升學或就業，大家並未試圖將學習內容與決策或解決實際問題結合在一起，也沒有養成自己閱讀與吸收新知的習慣。

社會對回流教育也十分重視，但在許多人的印象中，「受教育」的過程主要是回學校「充電」，而「充電」主要是聽教授「介紹新觀念」。

事實上，「聽講」是吸收知識與觀念效率最低的方式，因為同樣深度的內容，如果能經由文字閱讀，學習的效率會高得多。今日社會上有那麼多人需要經由「聽講」來學習，反映了許多人

自行閱讀能力的不足，而這些不足，又多半與當年在學校時期的教學方法有關。傳統上，老師的責任是講解，學生的工作是聽講與抄筆記，如果老師講得清楚深入，對知識的傳授當然有幫助，但就長期而言，卻讓學生無法培養出靠自行閱讀吸收觀念與知識的能力。

有些人覺得，教師不講解，學生不會懂。事實上，如果一篇說明仔細、交代清楚的文章，看了幾遍還是不能理解，則同樣內容即使聽教師以口頭講一遍，也未必會懂。而且上課時間有限，大部分時間都用於講授，學生究竟懂多少，教師已無時間檢驗。有時學生聽完課後很可能自以為了解，但其實不懂；也可能裝懂，以期在教師心中留下好印象；或怕麻煩，不想問清楚。於是台上教師努力講課，台下學習效果不佳，教師卻無從得知，甚至由於教師口才很好，雙方都以為已經充分溝通，學生也以為充分了解，其實卻不然。

舉例來說，常有人聽完一場演講後，認為講座「講得十分精彩」。然而當被問到「剛才講了什麼？」時，絕大部分聽眾都無法摘錄出重點，或只記得一些例子和笑話。這顯示單向的「聽」，其實學習的效果不高。同樣的內容如果用文字表示，在同樣的時間內，可以重複讀好幾次，學習的效果應該更好。

互動式個案教學要求學生事先預習、上課時互動討論，並藉此程序逐漸形成自己想法與創意，不僅強化了學用之間的連結，而且以這種教育方式所建立的獨立思考能力以及自主學習的習慣，才是終身學習的基礎。

對學生獲得實務所需的思維能力大有助益

許多理論十分抽象，未必能自行應用在實際問題上；各種用

以說明學理的實例，通常也沒有談到思考與分析的複雜細節。個案是實際問題的模擬，唯有面對實際問題，學生才有機會反省自己所知，並進一步在決策、解決問題以及與其他人交流想法後，產生更新、更好的方案，或修正自己原有的知識架構。

此外在實際管理工作上所需要的解讀、推論、判斷、整合、聯想、類比、經驗轉移、決策、反省檢討等能力與習慣，唯有經由正確而長期的個案教學才能漸漸培養出來。

經由群體共同學習

讀書是自己一個人專心去做的事，而聽講雖有教師和同學在場，但互動有限，也相當於自己獨立作業。但個案討論是群體一起來學習，每一個人的存在、發言或回應，都為其他人提供了學習的素材。進行方式與效果完全不同。

所謂「大家成為彼此的學習素材」是指在個案教學的課堂中，學生發言時因為有一群專心聆聽又隨時準備提問的同學在場，使「發言」這件事的學習效果倍增；而每一位同學的發言，又成為大家觀察、學習、吸收及詢問的標的。

討論時，經常可以從聆聽別人發言中，體認到自己從未觸及的知識或思考角度，因而隨時會出現驚豔的感覺。當然，同學的知能水準以及教師費心創造與維持的互信文化，是這些收穫的先決條件。

擁有豐富個案研討經驗的學生，才能真正體會到「獨學而無友，則孤陋而寡聞」的意思。

模擬實作的價值

個案研討是一種對實際管理工作或決策的「模擬」，模擬的

作用當然比不上真正的實作，然而如上文所說，真正的實作，成本及潛在風險都太高了，個案研討是低成本的替代品。

個案研討類似實作，因此在過程中必須深入而用心地思考應該怎麼做，以及決策和做法背後的理由，更不得不在大家面前為自己的決策進行說明與辯護。自己的邏輯或決策很可能並不正確或不完整，使許多人視公開表達意見為畏途，甚至因此感到個案討論帶來的壓力太大。殊不知被迫公開做出決策，決策又顯得思慮不周或比不上別人時，所帶來的「痛苦」，正是從真正實作中獲得學習效果的重要因素。

換言之，個案分析時所犯的疏忽或錯誤，以及公開發言時講錯話所引起的心理痛苦，有助於記取教訓與知能成長，但比真實世界中的錯誤決策，成本相對低得多。純粹讀書，從來沒有「痛」過，記憶的深刻程度肯定有限。

從來沒有經由個案來模擬實作，進入職場後直接進行真正的決策，萬一錯誤，代價可能很高。因此甚至可以說，課堂上進行個案分析時若被「修理」，其實是「賺到了」。

培養「做中學」的能力與習慣

許多學生感覺從個案研討中學習，似乎存在不少障礙，甚至不如教師詳細解說甚至自行閱讀學得更快。然而要學會「做中學」，一開始肯定不容易，但這是在職場上最主要的學習成長方式，還是及早開始比較好。

「做中學」需要從觀察別人、反省自己、整合各方意見的過程中學習、修正與成長的能力。在個案教學中，還可以在教師要求與引導下，逐漸養成理性反思的習慣，以及以開放的心態自我檢視，再從經驗中歸納出一套道理的意願與習慣。

個案教學協助學生學著持續問自己問題，有了答案再繼續追問。這是擁有「思想能力」的表現方式之一。雖然每個人建構知識能力高下不同，但經過長期的個案研討訓練，可以培養一種心智習慣，發現工作中與生活中處處都是可以研究發展、進行嘗試或實驗的議題。改善工作方法、發展原則，甚至「尋找人生真理」，都可以從互動式的教學中得到啟發。如果能做到這樣，學生肯定終身受用。

獨立思考的起點

　　在教師持續提問中，學生逐漸培養出清晰、理性、開放以及從多元角度來檢視問題的思想能力與習慣，而且無論結論是否正確，都可以釐清自己的思考脈絡，包括各種前提假設與因果關係的認知等。有了這些基礎，才可能擁有獨立思考的能力，不盲目追隨學理或權威，並能接納、整合各方不同的觀點與意見。

決策膽識與行動能力的培養

　　培養未來可以擔當重要決策責任的領導者，是管理教育的主要目的之一。從初出校門到成為可以擔負重任的領導者，中間必須經過長時間的培養與歷練，以及在實際決策與行動中，不計其數的挫折、反省與重新出發。管理教育無法取代這些實際上的歷練，但個案研討卻可以縮短此一無可取代的過程。

　　在個案研討中，一切分析、解讀、溝通、交流、整合，最後都必須歸結到具體的決策與行動。因此年輕的學生會被要求從整合各方觀點中，設計出可行的決策方案，評估風險、了解成本效益，然後再設計行動方案，並在全班同學面前為自己的決策辯護。持續進行這些做法，以及對其他人做法的觀察分析，肯定有

助於決策能力的提升。

　　對高階經理人而言，由於他們早已熟悉決策的過程，因此在「決策膽識與行動能力的培養」上不必再強調，上課討論時會將重點放在「聽說讀想」的能力、整合各方意見的習慣、決策時考慮因素的周延，以及本身思想體系的建立。

第七節　企業內部個案教學

　　除了商管學院可以運用互動式個案教學來培養學生各種知能之外，企業界也可以用本身內部的個案來進行各級主管的教育訓練。此一做法，除了讓同仁更了解跨部門管理議題之外，還能達到建立團隊精神、選拔人才等正面作用。而各級主管在掌握主持個案教學的方法及其背後的精神後，也極有可能調整自己主持會議的風格，提升會議的效能。

以個案討論來進行內部培訓的預期效果

　　培訓部屬是各級主管責無旁貸的工作，然而對組織內各級主管如何進行人才培訓與經驗傳承，以及如何提升此一工作的效果，卻很少有企業嚴肅地看待。至於評估主管們在「培訓部屬」方面的績效，在國內更是少見。

　　企業界有時會邀請學者專家進行專題演講或授課，但專家學者對相關產業及該企業的了解未必深入，因此，這類專題演講充其量只能做到介紹新知或世界上其他企業的做法，對此一企業各單位各階層的實際運作，很難產生直接助益。顧問公司或傳統的培訓機構，除非曾經全面「輔導」過此一企業，否則其培訓內容也未必能充分配合各級人員的需要。

既然外來師資無法徹底達到培訓效果,內部各級主管在培訓上的角色就更形重要。然而主管該如何教導部屬?如何讓企業內有發展潛力的人才經由內部培訓,對各部門的業務與專業有所接觸與體會?除了「邊看邊問」、「邊做邊學」的「師徒制」之外,還有什麼方法可以經由內部培訓來全面提升各級人員的管理能力?

　　針對基層人員的培訓,相對容易,甚至只要讓他們熟悉相關業務的標準作業程序(Standard Operation Procedure,簡稱SOP)即可。然而對水準較高的中階幹部採用照本宣科、單向講授的方式,效果肯定不佳,也無法用記誦「SOP」的方式來教導。各級主管其實最需要學習的是更高階層的長官從過去無數次決策經驗中所累積的思維邏輯、分析技巧與決策方法。因此,針對企業本身的實際問題,由上級主管來主持的個案研討,似乎是最佳的解決方案。

　　事實上,世界上有些先進企業,多年來,即由各級主管使用自己企業內部的個案來進行研討的方式,從事人才培訓工作。採取這種做法,一則符合培訓對象的實際需要,再則因為沒有洩密疑慮,大家可以暢所欲言,而且主持個案研討的過程,也能讓長官的知能或決策角度有所成長。

　　簡言之,各級主管的功力雖然高下有別,但每個人必然都有一些可以傳授與分享的專業,做為教導的內涵,經過個案教材的撰寫以及互動式教學,對教學雙方都會產生極大的助益。而且經由互動式個案教學,各級主管的思維邏輯、分析技巧以及決策方法,才能大量而快速地傳承。

　　主管們是否能將自身經驗發展成個案教材,是否能靈活運用啟發式教學方法,都是企業能否有效培訓下一代經理人的重要指

137

標。而經由大量撰寫、研讀以及討論自家企業的個案，也可以使企業真正走向所謂的學習型組織。

當然，要成功實施此一做法，先決條件是各級主管們對互動式的個案教學有一定的了解或功力，除了對執掌業務要熟悉、邏輯思維能力要好之外，還必須有傾聽的耐心與習慣，以及對部屬知能成長的重視甚至愛心。

本書主要目的固然是協助商管學院的教師與學生更能了解個案教學的方法，希望經由此一教學方法來啟發學生的思考、分析與決策能力，另一項作用就是希望企業界高階主管們在熟悉這種方法後，除了可以擔任內部個案教學的主持人之外，還能夠將這些主持互動式討論的技巧與習慣運用在本身的決策、規劃，以及會議主持上。

舉例說明「企業內部個案教學」的具體做法

以下舉例說明運用此一培訓方式的過程，企業若要實際施行，應視本身需要及情況而定，例如組織規模或業務複雜程度進行調整。

培訓對象或「學員」設定為業務、採購、生產、研發，乃至於人事、會計、資訊、總務等部門中有潛力的二級或三級人員，總人數在二十五人左右。教師則由各部門的主管輪流擔任，分別使用自己部門過去曾發生的真實個案，引導學員進行個案討論，分析狀況、提出構想、評估方案。學員們必須事先研讀個案資料並分組討論。如果兩週一次，則兩年下來，大約可以討論四、五十個各部門的個案。討論個案時，其他部門的主管，甚至更高階的領導階層，最好也能列席旁聽。

這種培訓方式的好處是：

第一，使各部門中有潛力的人才，可以經由設身處地的「換位思考」，快速了解其他部門的業務內容、立場以及所面對的挑戰。這絕對有助於部門間的相互體諒與協調。

第二，在分組討論與上課討論的過程中，這些優秀的學員們不僅可以互相交流學習，也可以建立跨部門間深厚的情誼，有助於未來部門間的溝通與合作。

第三，有些學員過去雖然僅專注於某一工作領域，但在討論其他部門個案時，卻能很快進入狀況，甚至提出極有價值的看法與建議。這表示他們有被進一步培養成更高階主管的潛力。事實上，這種人才十分難得且不易發掘，若能愈早脫穎而出，對組織愈好。因此高階領導人在旁聆聽個案討論時，可以充分利用此一發掘「通才」的機制與管道。

第四，一級主管在主持個案研討時，必須展現出聆聽、提問、啟發、促進互動、歸納整合各方論述等方面的能力，而這些也正是他們最需要發展的能力。這些能力的展現，一方面可供旁聽席上的高階領導人評估比較，一方面也可讓其他一級主管參考學習。

從旁聽內部個案討論來發掘人才

人才是重要資產，但領導階層究竟應通過何種程序來觀察、檢視、發掘這些明日之星？

傳統上的主要機制是績效考核。然而僅憑各級主管對部屬的考核，未必能使真正的人才脫穎而出。理由之一是，這些單位主管未必有能力分辨出人才向上發展的潛力；其次，他們可能不了解高階層對人才需求的方向，例如有人在「通才」方面極有潛力，但在目前專業上未必特別出色，直屬主管對此人的評估不會

太好；第三是「忌才」——能力平平、前程有限的主管們並不樂見有才華的部屬展翅高飛；第四，從單位主管觀點，優秀人才最好永遠「藏」在自己部門裡，以免「台柱」一旦被挖走，該單位的績效可能立即發生問題。

為了彌補這些缺憾，我們通常會建議高階主管應對這些三線或四線人員進行定期的一對一面談，一方面了解其工作上的困難與期望，為其加油打氣；一方面產生發掘人才的作用。然而此項工作耗時費事，高階主管往往沒有時間和心力真正落實。

其實更有效率的方式是：老闆親自參與旁聽「以個案討論來進行的內部培訓」。如果對組織中階人員的培訓只是單向講授，或只是召集大家來聽一場專題演講，當然價值不大，但如果是以個案討論方式進行的培訓，尤其是使用組織內部相關的個案時，在討論過程中，只要主持者能有效引導，每位參與者的分析能力、表達能力、聆聽與整合能力等水準勢必展露無遺。換言之，個案教學的主要作用固然在提升參與者或學員這些方面的能力，以及獲得內部經營管理經驗的傳承，同時也讓具有潛力的人有表現的機會與舞台。

事實上有許多企業，在實施內部個案培訓活動以後，發掘到很多平日不太公開表現，卻極富內涵與深度的人才。如果沒有這些培訓，或老闆未參與旁聽，這些人才極可能長期留在基層崗位上默默耕耘，無從發展，或不得不跳槽到其他企業，甚至自行創業。對組織而言，這些結果都是重大損失。

有效發掘內部人才，或讓他們早日被高階注意、培養，是組織長期發展、永續經營所不可或缺的。如果組織沒有良好機制可以讓高階主管觀察中基層同仁的潛力，其他替代管道就會應運而生。例如，年輕上進的同仁，就不得不加入「派系」，以獲得派

系大老的推薦；或在酒量、球技、唱歌、主持晚會等方面力求表現，以期得到上級長官的注意。然而這些都不是拔擢人才的正常管道，經由這些方式而獲得升遷或重用的主管，在經營管理上的能力也未必真正優秀。

綜上所述，高階領導人參與旁聽內部培訓的個案討論，是發掘人才最有效的方式。

中高階人員應有能力主持內部的個案研討

經營管理能力的培訓十分重要，但對中高階人員，不宜像對基層人員一樣地耳提面命，也不易為他們設計學習的進度，更沒有SOP。舉辦讀書會或專題演講，可以增進其見聞與視野，但對其管理能力提升的實質效果，十分有限。

事實上，中高階人員的最佳在職訓練場合就是去擔任內部個案教學課程的主持人。在擔任教學主持人時，他們不僅可以展現聆聽、思考、邏輯、提問、整合方面的能力，而且在教學過程中，這些能力也會進步神速。許多內隱的管理知能，也在教學中逐漸外顯化，對其個人也極具價值。

如果這些中高階主管熟悉了個案教學的觀念與技巧，則每次主持組織內的決策會議都近似一次個案教學的演練，而每一位與會人員，包括會議的主持人在內，都可經由此一過程持續提升管理上的知能。

企業內部實施此一方法，就是希望每次開會都比照個案教學的精神與原則，做到以下各點：

第一，及早提供會前資料，而且所有與會人員都應事先閱讀、深入了解。

其次，會議主持人要針對與會人員所發表的各種意見，提出

141

深刻且具有啟發性的問題。提問的目的不僅在澄清觀點與背景資料，也試圖提升與會人員思想的深度與廣度，使其考慮的層面更周詳。這些提問包括找出資料對決策的涵意、驗證因果關係、檢驗方案的前提假設與可行性，或要求對未來執行的細節做進一步的思考等。

第三，要求與會人員仔細聆聽彼此的意見，除了要確實聽懂之外，偶爾還必須進行觀點的整合以及適度的評論。

第四，對言不及義或內容鬆散的發言，主持人應予以導正。

如果與會人員都能維持對事不對人的基本原則，以開放的態度，尊重別人意見、分享自己看法，則不僅會議效果可以大幅提升，而且在討論過程中，包括主持人在內的所有與會人員，都將在分析、決策，以及溝通能力上有所進步。

當然，先決條件是主持人必須放棄對結論的成見以及權威作風，改以啟發與誘導的方式來鼓勵大家思考與參與。而且其本身觀念上的中立與開放、聆聽他人意見的耐心與習慣、思考問題時的邏輯嚴謹程度與廣度，以及摘要、整合眾人意見的能力等，也是不可或缺的。

事實上，有不少中高階主管在開始嘗試主持個案教學以後，自己在主持會議時的風格以及與同仁溝通的方式，都在很短的時間內調整為開放、聆聽、整合大家意見的型態。這對組織文化的走向理性化與現代化，大有助益。

曾有企業接受主管人員「個案教學法」的培訓與實作，幾位中階經理人指出，在逐漸習慣於互動式的個案主持後，回到家裡，也以更多的聆聽、提問與啟發取代了過去權威式的父子溝通模式，結果親子關係明顯改善。這是在學習個案教學法時始料未及的。

企業內部中階管理個案舉例

「企業內部個案教學」所使用的個案，通常不是高階管理所關心的策略面議題，而是所謂的「中階管理個案」。

組織內絕大部分的經理人都屬於「中階管理者」，他們只負責一個部門或一個單位的管理工作，或執行上級的策略，亟需知道如何領導部門內的同仁有效完成權責範圍內的任務，因此許多適合高階層的策略與領導的個案，不見得合乎中階管理人員知能成長的需求。

以下簡單介紹幾個「中階管理個案」，讓大家體會一下它們的重要性、趣味性，以及與高階管理個案的不同。

案例之一是「倉庫搬家」。某大公司在美國及大陸都有發貨倉庫。隨著業務成長，大陸現有倉儲空間不足，因此必須搬遷至面積較大的庫房。庫房的空間規劃不盡相同，儲存的產品也形形色色。為了降低對接單與出貨的影響，並提升效率、減少潛在損失，搬遷工作必須詳加規劃。這家公司在美國已有幾次倉庫搬遷經驗，也有文件紀錄。美國的經驗固然可供參考，但大陸地區環境頗為不同，必須重新設計搬遷流程。此一「中階個案」在教學過程中，要求學員參考過去在美國的經驗，再考量兩地之異同，規劃此次搬遷任務的進行方式。

案例之二是「新任店長」。某連鎖零售體系的副店長升任另一地區的分店店長。到任半年，推動多項興革，成效始終不彰。審視個案資料，果然有不少考慮欠周之處。個案討論中，要求學員思考，若能重新來過，應對人事、業務、商品等，採取什麼行動，以有效掌握情境及制定決策。更進一步也可以思考，若身為店長的直屬上司，即區級主管，應在新任店長到職前後，採取什麼行動。

143

此外，例如「如何設計物流車隊的排程方法與績效獎金制度」、「連鎖體系如何評估選擇同一商圈內的幾家可能店址」、「如何設計新進人員的甄選流程及錄取標準」、「如何配合上級既定策略，評估現有經銷商的績效表現，以及與未來策略的配適程度」，都是俯拾皆是的中階管理個案。

　　這些個案與策略制定、組織設計等高階個案，大異其趣，卻是中階主管們的切身課題。欲普遍提升組織內部中階主管的能力，或培養未來的中階主管，最有效的方式即是從本身企業中這一類的個案寫作與教學著手。

內部個案的紀錄與撰寫能發揮知識管理的作用

　　大家熟知的一種知識管理做法是將組織內各項工作流程與管理流程詳細記錄下來，並用於工作方法的檢討、人員培訓與輪調。而且在記錄過程中，工作人員及主管們可以有機會仔細思考並檢討每一項工作進行步驟的完整性與合理性。很多人都明白此一做法的道理與作用，不少企業也早已實施。

　　其實若能徹底實施「撰寫企業內部個案」，對組織內部知識管理所能發揮的作用可能遠大於上述「工作流程的紀錄與檢討」。

　　具體做法是組織中各層級人員，將本身經歷的重要決策與行動，以及當時的決策情境、所參酌的資料、決策時的思維過程等，以教學個案的形式，盡可能完整地呈現，進而在內部教育訓練中做為討論的教材。

　　這種做法可以產生以下的正面作用：

　　首先，可以及時而周詳地記錄組織中的決策歷程，並在記錄與寫作過程中，深入釐清決策當時的時空背景、各方立場、決策時的思維邏輯，以及所能掌握到的資訊。人的記憶容量有限，又

有選擇性記憶（或選擇性遺忘）的傾向，往往一項在當時轟轟烈烈、繳交高額「學費」的決策，無論成敗，在事過境遷以後，組織中只留下模糊的記憶，而無法從中有效吸取經驗。年代稍久，對當時的情況更是眾說紛紜，各自解讀。因此，在大家記憶猶新時，及早加以整理，對知識與經驗的累積與傳承，極為關鍵。

我在協助一些企業進行內部個案撰寫時發現，有時同一個案的幾位受訪者，竟然對一、兩年前一項重大決策過程，在認知上出現極大的差異，必須多方再三驗證，才能逐漸澄清事實的真相。由此可見，及時記錄並在寫作過程中仔細查證，再請各方人士確認書面資料的真實性與完整性，有其必要。

其次，經驗是最好的教師，對個人如此，對組織也一樣。「前事不忘，後事之師」，以個案形式還原決策的背景與當時的思維角度，大家才能深入了解過去某些重大任務成功或失敗的完整決策過程或執行過程，這些經驗，不僅可以做為部門內經驗傳承的基礎，還能進一步做為部門之間經驗交流的重要機制。再者，更高階層的領導者經由閱讀這些個案或旁聽個案研討，可以對各部門的運作與決策模式產生更全面的了解。

第三，各級管理者為了將來撰寫個案而形成的「個案意識」，有助其決策思慮的周延與精緻化。個案研討旨在訓練學員針對問題進行多方面的考量與分析，若組織事先就要求各級人員在重要決策或解決問題之後，必須大致記錄當時的決策情境以及本身的分析與決策過程，以備萬一被要求撰寫此一個案時有所依據。如此可促使大家的決策思維更為周延縝密。換言之，由於預知（或擔心）可能會被要求撰寫個案，甚至將來可能成為同仁分析討論的教材，則決策者在決策時自然會盡量提升其思維邏輯的理性程度，以及決策時所依據資訊的客觀性及完整性。這對決策

145

品質當然大有助益。

　　第四，撰寫內部個案是培養或選拔年輕人的重要機制。企業內部個案的提供者或「案主」未必需要親自撰寫個案，不妨將此一工作交由組織中具潛力的新進人員來負責。這些新人雖然對企業實務相對生疏，但由於離校不久，「寫報告」的功力應該不差，為長官撰寫個案，不僅有機會在多位長官面前展現其吸收、整合與文字表達的能力，多方訪問與資料查證的過程，更是絕佳的學習機會。

　　第五，個案完成後可以做為內部培訓的教材，使培訓活動不僅可以訓練參與者的分析與決策能力，而且由於內容與組織密切相關，也會提升大家的關心與投入的程度。

　　企業內部個案其實和國家的歷史十分相似。強調文化傳承的大國，無不重視該國歷史，包括史實的撰寫、傳播乃至「以史為鑑」的學習心態。而願意將當前的決策及想法具體詳實地記錄下來給後人參考，也是一種對歷史負責的基本態度，以及願意接受別人提出不同意見的開放胸襟。有些企業不願詳細記錄進行決策的過程，似乎也反映了內心不願接受後人檢視的傾向。

第八節　許多領域都可以使用個案教學

　　本書主要介紹的是在企業管理教育中的個案教學。事實上，幾乎任何學科領域，只要與「抉擇」有關，而且決策的因素頗複雜、考慮的角度要多元、需要動態的分析思考，就能夠使用互動式討論的方式來從事個案教學。教師的角色即可以從單向的講授，調整為「經由師生問答來啟發學生在分析和決策上的思考能力」。而且經由此一教學方式，讓學生對相關學理更加內化，同

時也提升了自己建構本身想法的能力與習慣。

商管教育中的總體經濟課程

　　總體經濟是一門博大精深的學問，全球有大量學者專攻此一領域，投入可觀的學術資源，發表無數的學術論文。各校商管教育中也幾乎都要求學生修習一門「總體經濟」的課程。但這門課主要在介紹基本的理論模式，通常並未在課堂上深入探討實務面的總體經濟課題，以及這些總體經濟的因素對企業經營的涵意。結果是，除非是極為聰明的學生，否則大部分人在學過總體經濟之後，未必有能力將所學應用在真實世界。換言之，學生未必有能力自行跨越學理與實際現象兩者間的鴻溝，將書本上或課堂中所學，有效轉化為觀察、分析經濟現象的思維模式。

　　企業界希望受過商管教育者，對總體經濟的議題除了有一定水準的敏感度之外，還應有能力分析了解經濟環境的變化與趨勢、解讀統計資料，並了解各種專家意見的推理過程及其背後假設，因而也懂得研判與選擇吸收各種相關的資訊與建議。

　　要提升學生這方面的能力，總體經濟的教學方式可以考慮實施個案教學。哈佛大學商學院教授編寫《全球經濟的總體決策：個案集》[1]，蒐集了從1929年經濟大恐慌以來，美國及世界歷史上主要的「總體經濟事件」。每篇個案中詳細說明了這些事件的來龍去脈以及當時政治、社會上的各種實況，以及各個角色（如總統、財政部長、國會或聯邦儲備委員會主席等）所面臨的決策情境。

147

1　Rukstad, Michael G., Macroeconomic Decision Making in the World Economy: Text and Cases, Third Edition, The Dryden Press, 1989

　　修課時，依個案教學的傳統，要求學生課前仔細研讀個案內容，分析資料與數據，構思論述，到了課堂上再提出分析結果與觀點。教師則基於本身在總體經濟領域的學理素養，針對學生的發言，引導進行遠比常識層次更為深刻的討論。換言之，即是運用這些真實而豐富的個案，來促進學生思考，進而啟發學生對總體經濟理論模型的體會，甚至經由這些討論，讓學生對總體經濟環境過去的發展歷程，以及總體經濟理論的發展脈絡產生更深入的理解。這種上課方式和傳統的畫圖形、導數學公式的方式，學習效果應有很大的差別。

　　還有《全球經濟下的企業決策》[2]，是從企業的觀點，分析在不同的總體經濟環境變化或預期之下，企業的策略、投資與資金運用政策，以及各種金融工具的選擇。學生在深入研讀、討論過這些個案後，對總體經濟的道理，以及總體經濟因素對企業經營的影響，必然會產生更深入的認識與掌握。

　　其實世界上與總體經濟有關的議題每天不斷出現，如果在總體經濟的課程中，能針對世界及國內各種與總體經濟有關的消息、報導與分析，進行討論，一方面可以提升學生（包括EMBA學員）對經濟環境的熟悉度與敏感度，一方面也可以提升他們活學活用總體經濟理論的能力。真實世界的資訊不僅即時、豐富，而且唾手可得，因此，更應該在課程中利用時事的討論來使教學內容更貼近實務界的需要。

2　Rukstad, Michael G., Corporate Decision Making in World Economics, Harcourt Brace College Publishers, 1997

達成企業倫理課程的真正目的

　　企業除了追求獲利之外，是否對社會產生其他正面貢獻？還是只圖利了企業本身，甚至少數高階人員？經理部門的決策，是否在有意無意間犧牲了投資人、消費者、受雇人員以及社會大眾的長期福祉？這些都與企業倫理有關。企業的規模與影響力愈來愈大，為了確保企業、經理人、受雇人員，以及社會之間目標的一致性，必須講究企業倫理。基於此一理由，近來商管教育中也主張將「企業倫理」做為必修課程。

　　但問題是，這門課該怎麼教？基於對企業倫理的了解，我認為要注意下列幾件事：

　　第一，企業倫理不應成為「說教」或對道德觀念的呼籲。如果這種做法有效，我們從小的「公民與道德」課目早已發生作用，不需到商管學院來重複學習。而且對這些精明世故、手段高強的高階人員，向他們訴說倫理的重要性，能產生作用的機率極為微小。

　　第二，企業倫理不應與「法治教育」混為一談。雖然在法律上將監督、防範與懲罰等機制設計得更周延完備，才是規範企業行為的治本之道，但有許多所謂企業倫理的案例，僅將其核心議題聚焦於法律遵循方面，然而「遵法」並不等於「企業倫理」。

　　第三，企業倫理也不等同於公司治理。兩者固然必須互相搭配（所謂「徒法不足以自行，徒善不足以為政」），但企業倫理的重點在於決策者的價值取捨，公司治理則是管理制度的設計與法規的遵循，如果企業倫理的課程中投入太多時間在制度層面，會犧牲對個人價值觀方面的探討。

　　我認為在企業倫理的課程中，應經由深入的個案研討，來協助大家反省、檢視自己在價值觀上的定位與取捨的標準和原則。

而且這些個案中的決策，應該都在「合法」範圍內，以有別於法治教育。這些個案中的決策應表現出不同價值觀之間的矛盾掙扎，例如人情與前程之間的取捨、自利行為的長短期考量之類。例如：

- 若有人事關說，應如何處理？
- 發現其他部門的同仁有小小的舞弊行為，應否主動告發？
- 直屬長官明知違反公司規定，卻為了時效或方便而採取某些權宜行動時，你是否應該犯顏直諫？你會不會向更上級的長官投訴？
- 你會不會為了追求業績、取得好感而向甲客戶私下透露乙客戶的下單情形？如果拒絕透露，應如何表示才不會傷感情？
- 如果公司產品品質確實能通過政府食品安全的檢驗標準，但基於專業，CEO 了解應有更高的自我要求，此時在利潤與消費者健康兩者之間應如何取捨？
- 對環保與工安的要求，應落實執行到什麼程度？

在真實世界中，這些問題並無確切答案，因為不同的情境會有不同的考量，當事人一方面要研判情勢以及各種做法的得失，一方面也反映了他的價值觀以及對所謂倫理的看法。

經由大量的個案研討，學生不僅對倫理議題更為敏感，能理解各項決策對社會、相關團體，乃至於自己的長期及間接影響，也更能深切省思，與他人相比，自己在這些價值選擇上，究竟秉持著怎樣的原則，或竟然缺乏一致的原則。澄清了這些以後，才知道怎樣的抉擇更合乎自己真正更深層的人生價值。簡言之，在

真實人生中若遇到類似決策，要怎樣做才不會令自己處於無盡的追悔之中。

運用這樣的個案來教學，才可以有別於「公民與道德」、「遵法觀念宣導」，以及「公司治理」，也才能達到企業倫理課程的真正目的。

公共政策領域的個案教學

國家發展與公共政策息息相關，從財政、教育、交通，到公共衛生、文化與體育等方面的公共政策，不僅影響國家未來的發展方向，界定了包括企業在內的各種社會機構的遊戲規則，同時也將社會的價值選擇反映到國家資源分配上。因此公共政策的制定方式與程序十分重要。

中高層政府官員以及立法機構的民意代表共同構思與形塑了各種公共政策，他們制定政策的能力與方法決定了公共政策的品質。而他們的能力水準與所掌握的方法，又與他們所接受的教育訓練密切相關。

我不清楚我們政府中參與公共政策制定的中高階官員或民意代表，究竟接受過哪些與公共政策制定方法有關的訓練，但在此可以針對本章第一節曾提過的美國名校博士班在這方面的做法再進一步說明。

該校公共行政研究所博士班的學習方式是這樣的：

第一學年完全不「讀書」，只討論個案。這些個案涵蓋了美國及相關國家在過去幾十年來各種公共政策議題，內容包括當時詳細的時空背景、各種數據資料、國會議員的意見、媒體的分析、民意調查的結果，以及後來的政策選擇等。學生熟讀這些個案教材後，在課堂上參與研討，針對個案內容，提出自己的分

151

析，並在教師指導下進行意見交流與辯證。上、下午各研討一個個案，其他時間則研讀個案資料，構思想法。第二年以後再開始學習理論，準備進行爾後學術論文的研究。

第一年以一年的時間密集研討大量個案，有下列幾項優點：

第一，讓博士生，也就是未來國家公共政策的教師與研究者，在接觸理論之前即完整而深入地了解世界及美國過去各種公共政策的來龍去脈以及當時的決策情境，使第二年以後的理論研讀可以結合第一年所研討的事實資料與問題，而不致流於憑空想像。換句話說，博士班第二年在探討各種理論時，大家可以用共同的資料基礎來分析問題，不必耗費時間在事實真相的蒐集、猜測與爭辯。

第二，公共政策所包含的內容及所需考慮的層面十分廣博繁複，這一點和企業策略相似但猶有過之。此領域中的任何理論架構或分析方法，若不能與複雜且具體的真實現象相互對照配合，勢必過於簡約及空泛，甚至成為形而上的哲理空談。在學習過程中，唯有不斷地進行理論與實際問題的對話，才能讓學習者掌握抽象理論的精髓，並體會理論對分析實務與政策決策的價值。

第三，這些博士班學生將來極有機會成為政府的公共政策制定者或重要幕僚，或負責培訓或授課。以這些重要個案教材為知識基礎，他們可以毫無障礙地與這些公職人員進行深入、切合實際的意見交流，也可以在培訓中運用這些具有代表性的個案，引導學員深入研討，進而提升其政策制定的能力。

事實上，這類公共政策的個案材料幾乎全都可以從公開資料中取得，在撰寫上，比具有私密性的企業個案容易得多。有了這些教材，再配合恰當的教學方法，不僅可使未來的學者更務實，也可使他們在協助提升公共政策品質，或培訓未來公共政策制定

者方面，發揮更大的作用。

培訓專業人員應大量運用個案教學

　　個案教學法也可以廣泛地運用到專業人員的培訓。現就以美國某州政府建管單位的審核人員為例來說明。

　　任何建案都需要經過政府建管單位的審核，因此需要大量的審核人員。新進審核人員雖然都具有建築或土木工程等相關專長背景，但就職之初，必須經過一段時間的訓練與實習。傳統的培訓方法是：先以上課的方式逐條講解建築法規，幾個月後，再將新進人員派到工作崗位實習。一開始是觀察負責輔導的資深員工〔亦即所謂的「輔導員」（mentor）〕如何進行工作，不久後就開始自行處理案件。處理過程中若不明瞭，可以隨時請教輔導員，審核完畢再交由輔導員複審及指正。新進人員的審核結果當然錯誤不少，包括對事實資料的疏漏與誤判，或對法規適用性的誤解以及詮釋的偏差等。這樣經過幾個月「自行研判決策」、「送請輔導員修正並指導」的過程後，新人逐漸累積經驗，即可以開始獨立負責較簡單的案件。事實上，各行各業新進專業人員（例如年輕的律師、會計師）的養成幾乎都是如此進行的。

　　然而，此一傳統做法的缺點不少：

　　首先，耗費太多輔導員的時間與精神。而且輔導員原來即有本身的工作，針對新進人員的案件，輔導員必須投入時間仔細分析一遍才能提出較深入而正確的指導意見，使指導新人成為十分沉重的工作負擔。

　　其次，有些輔導員熱心主動，但有些對指導新人則缺乏熱忱，在指導時只是虛應故事，造成輔導效果難以掌握。

　　第三，有些輔導員本身知能未必高明，在「師徒傳承」的過

153

程中，還可能教了一些不正確或不恰當的方法，甚至投機取巧的竅門與工作態度。

第四，上級對輔導員的輔導品質不易衡量，也難以要求，因為若新人學習效果不佳，不容易界定究竟是輔導不力，還是新人本身的問題。

針對這些現象與缺點，該政府建管單位的解決辦法是就近年送審案件中，選出具有代表性的大小案件數十件，再邀請十幾位對這項業務有興趣的建築系教授，針對這些案件，與資深的建管審核人員一起投入一段時間共同研討，深入分析這些案件，確定這些案件的審核工作應引用哪些法規及學理，應如何審閱、問題何在、應如何回應申請單位等。當教授們熟悉這些案件後，即可負責每年新進審核人員的培訓課程。培訓方法即是以這些過去的真實案例（申請資料）來進行「個案討論」。讓學員們深入分析書面案例資料，再針對個案內容，做出分析與決策，教授再加以指導與啟發。

採取這種方法，有以下幾種優點：

第一，雖不能完全取代現場實習與觀摩，但可以大量節省輔導員耗費在輔導新人上的時間，提升新人成長的速度。

第二，教授擁有學理基礎與教學經驗，因此在分析、解說與啟發思考方面，可能比輔導員的輔導效果更好。

第三，培訓課程可依教授專長分工，因此每位教授其實只需深入了解三、四個個案的資料，對這些個案的來龍去脈、潛在問題、各種可行方案利弊等瞭如指掌，在教學時可以輕鬆地進行全面而周延的指導，肯定比實務上的輔導員在現場的即時回應更為深入。

第四，使用具代表性的案例，加上公開教學，更可以確保新

進人員能習得更全面而正確的審核方法，而且各新進人員也不會因為所跟隨的「師父」（輔導員）不同，而各有各的學習內容與思考模式。

第五，教授熟悉了這些實務，對本身在學校中的教學也有幫助，經由他們在大學裡的教學，可使建築系學生於在校期間即能更了解「送審標準」，有助於將來就業後的「申請送件」的品質。

第六，建築法規絕非完美，需要不斷地修正，教授們在深入了解實務後，將更有能力結合理論與實務經驗，對建築法規的修訂提出有深度的政策建議。

類似的概念與方法，當然也可以應用在初入職場的會計師、律師、銀行授信審查人員，以及其他專業人員的培訓上，使查帳、實地查核或案情分析的工作可以更快進入狀況。

資深專業人員的進修

以上所談的是資淺或初入職場的專業人員培訓。而任職多年，甚至有相當經驗與地位的會計師、律師、建築師、醫師等專業人員，依專業的要求規範，也應該每年有定期的培訓與進修。這些進修如果只是由大學的相關教授來介紹一下新知識或新法規，或由資深專業人士來談一下自己的經驗，當然也有一定效果。但如果是以個案研討的方式，在進修的課堂上請這些資深專業人員針對實務上某一真實的「疑難雜症」來進行討論，如果個案選得好，主持人又有足夠專業與主持技巧時，可以想像其氣氛該會多麼熱烈，內容又多麼深入。

這種進修方式，將會像「企業家班」一樣，經由深入而熱烈的個案討論，將這些資深專業人員累積多年的內隱知識經由彼此的激盪而活化。不僅在學員間能達到真正的專業知識交流，主持

的教授也必然受益良多，大家也更能體會學理上的新知識或新理論，能夠在實際問題上發揮什麼作用。

中小學的「翻轉教室」

近年來，台灣的一些中小學從國外引進「翻轉教室」（flipped classroom）的觀念與做法。「翻轉教室」不是一個「專業領域」，但本書所談的互動式個案討論方法，應該對此一教學方式有若干參考作用。

所謂「翻轉教室」是指上課時，教師不再從事單向講課，而是要求學生課前在家裡先觀看教學影片或書面教材，到課堂上課時，在教師的主持和指導下進行相互答問、摘要、操作等活動。而教師除了解答學生的疑問之外，還要運用啟發的方式，深化學生對學習主題的理解，並提升其分析、判斷、建構知識的能力，進一步養成其自主學習與獨立思考的習慣。

這些其實與互動式個案教學在性質上並無二致。然而，教師不再單向講課，並不表示工作負擔減輕，因為課前準備及現場主持討論，不僅需要投入更多心力，而且在廣博的知識基礎、邏輯思考，甚至「愛心與耐心」上，也需要教師主動進行更多的自我提升。

有些人認為既然是「翻轉」，就不必現場講課，因此鼓勵每位教師將心力與資源投入在各種數位化的教材製作上。然而我認為此一做法似乎有些本末倒置，因為教材製作有規模經濟性，應該統一製作以提升品質、降低成本，而個別教師應努力的是：當學生在家中看過這些教材以後，教師如何在教室中運用啟發、引導的方式來主持討論，以及回答學生在實作或分組討論中所遭遇的問題。

事實上，「學生課前自行閱讀，上課時師生以互動方式討論」的方式，在先進國家相當普遍，大學以上或大部分的中小學早已實施多年，並沒有「翻轉」的必要，到近年才「翻轉」的也並非主流。相較之下，「翻轉教室」在台灣起步是比較晚的。

醫學教育中的PBL

醫學教育的教學方式，除了傳統的講授、示範、實習之外，近年來又增加了一項新的學習方式 ——「PBL」，亦即是「以問題為基礎的學習」（Problem-Based Learning）。過程是由六到十位學生編為一組，針對具體實際的醫療議題進行討論，依病情及相關數據分析原因，找出解決辦法，或設計治療的方式。而此一討論是在教師指導下進行，教師以提問及啟發的方式讓大家從已經學過的醫學知識中尋找答案，或以更有創意的方式來組合這些知識與資訊，解決手邊的問題。就長期而言，醫學教育也希望經由PBL來深化學生對醫學專業知識的了解與運用。

此一做法其實和商管學院裡的個案教學理念十分接近。商管學院裡累積了幾十年的教學經驗，對醫學教育應該也有一些參考價值。

其他知能的教學

所有需要思考及活用知識的學問或學科，都可以運用「教師持續提問、學生針對問題作答」的基本模式來進行教學。

例如圍棋，在定石、打譜、復盤等基本學習方式之外，如果運用個案教學的方式，讓學生針對某一頁棋譜進行分析、決策，並清楚說明理由。幾位學生分別發言後，教師可以請他們互相比對彼此的想法，也可以針對每位發言者的推理及假設前提進行更

157

深入的討論或分析講評。這種方式也是和個案教學極為接近。

　　其他如文學評論、數學解題、建築構圖、新聞訪問等，似乎都可以用類似互動式個案教學的方式來取代或補充單向式講課或學生自行閱讀的不足。

第 **5** 章

教師的角色

在進行個案教學時，教師的任務十分細緻而複雜。課程的規劃、個案教材的選擇、學生的分組與要求、場地的配合，以及上課過程中，持續的聆聽、摘要與提問，都是教師必須用心發揮的角色功能。而教師對學理的內化、平等開放的心態，也是個案教學能發揮正面效果的關鍵因素。這些對教師所形成的挑戰，比單向講課高太多了。

然而，教師的這些辛苦與投入，對自己也會帶來極大的成長。這也是其他教學方法難以比擬的。

第一節　教師課前與課後的工作

除了在教室中可以直接被學生觀察到的作為之外，教師在課前與課後，還有不少重要的工作，這些做法對個案教學的效果有關鍵性的影響。

課程設計

每項課程在整體學程設計中必然有其定位與角色。一門課應傳達些什麼觀念、與其他課程如何銜接等，教師都應有所思考與設計，並據此決定上課的內容與個案選擇。

在課程設計上要做出一些抉擇，包括：

- 個案討論與學理講授的比率。
- 個案討論與學理講授的順序。
- 個案討論、學理講解、分組報告以及其他活動等之間的比率分配。
- 個案的選擇，包括主題、難易、長短、新舊之選擇及次序安排。
- 教科書與文章內容與所使用的個案如何搭配。
- 學生應投入多少時間以及預期可以學到什麼。
- 同一門課在各年之間的延續性以及調整方向與幅度。

分組方式

課前的分組討論十分重要，每組人數以五至七人最合適。而分組的成員組合會影響分組討論的效果。

我的習慣是，如果學生之間早已熟識甚至在其他課程中已有分組的經驗，則由學生自行分組。如果是新同學或彼此不熟，則由教師來分組。若由教師進行分組，最重要的原則是「成員的多元化」。在教MBA第一門課時，盡量依性別、是否有工作經驗、畢業學校、畢業科系、是否畢業於商管學院、是否服過兵役等來分組，使各組內都有各式各樣的學生，而且要盡量使類型相同者（如同一所大學畢業生）不屬於同一組。

多元化的分組促使組內討論內容多面向而豐富，同組成員之間的想法與專長可以互相截長補短，在分組討論中得以吸收彼此的專業觀點。如果是「企業家班」，則應依產業（傳統產業、服務業、高科技產業）、職位（負責人或是專業經理人），以及年齡來分組，目的也是在追求組內的多元化。

別出心裁的分組方式

　　哈佛大學MBA極度重視分組活動及課前討論。一年級都是必修課，而一年級所有課程都是同樣的編組，亦即從「組織行為」到「管理會計」、「行銷」，分組的情況完全一樣。每組十人，也是刻意依性別、國籍、種族、過去工作經驗性質等來達到組內成員的多元化。而且要求全員住宿，雖然各自擁有單人房，但用餐、起居、讀書、各科個案的分組討論都在一起。這樣強力塑造的多元化效果與團隊精神，也是MBA教育中值得追求的。

　　另外一所名校則有不同的做法。該校一年錄取三百位MBA學生，所有必修課都分為五個班來上課，每班六十人。同時將三百人分成六十組，每組五人。而同組的五人分屬不同的班級，易言之，分組討論在一起，等到上課時就分別到不同的教室上課，在大班上課時的見聞再回到小組來分享。在硬體設施上，學校也隔出一百多間小型研討室，讓一、二年級的小組成員專屬使用，這也是十分有創意的分組方式。

　　這所學校另一項極具創意的做法是，週一到週五每天上午都排課，課程分別安排在8:00到10:00，以及10:40到12:40。中間休息的四十分鐘，兩屆學生及任課教師合計六百多人，齊聚一堂，喝咖啡、吃點心，充分交流以培養感情。下午各人回去準備明天的個案，傍晚前再回到小組研討室進行分組討論。分組討論中得

161

到的想法，第二天再到各自班上去發揮。

　　名校為了確保分組討論的效果以及團隊精神的建立，所投入的心思及資源令人敬佩又羨慕。學生雖然知道學校「分組」的方式及過程，但未必能體會分組背後的想法和道理，因此屬於教師（或MBA學程負責人）「內隱心智流程」的一部分。

教師的課前準備

　　身為個案討論的主持人，教師必須「以理服人」，不能訴諸教師地位所賦予的權威。而所謂的「理」，一是教師在相關學理上的素養及將學理內化後所形成的思想體系，另一項則是對個案內容的熟悉程度。

　　我的經驗中，對新啟用的個案，無論篇幅長短，教師至少要仔細閱讀十次以上。在閱讀時，不能只是就表面文字來記憶，還必須將分散在個案教材內的各種資料在腦中相互整合比對，看看會出現什麼涵意；也應將個案中所發生的事件在心中加以「圖像化」，形成立體動態、近乎身歷其境的感覺。

　　如果有現成的教學手冊，務必熟讀，一旦在討論過程中無法向前推動時，可以做為依靠。若有報表，除了盡量自己進行分析之外，至少要記得報表中重要數字、相關比率，以及它們與哪些決策的關係等。

　　每次閱讀時，教師最好能逐段逐句試著將這些事實資料及事件發生的過程，與自己過去曾研讀過的學理相互對照整合。這種做法不僅有助於主持討論時的視野與深度，而且常常這樣做，對教師本身理解與內化相關學理會很有幫助。

　　以上是第一次啟用個案時，教師需要投入的功夫和精神。個案上過若干次以後，當然不需要再如此辛苦。然而上課前還是必

須對個案教材進行複習，而且在閱讀個案中每一段文字時，應努力回想過去在討論此一議題時，哪些學生曾經提出一些有價值、有道理，而當時自己卻從未想過，教學手冊中亦不曾提及的觀念與建議方案。

有些畢業多年的學生，對於我還記得他們以前課堂上的發言內容感到十分驚訝，然而這不是因為我的記性特別好，而是在這些年中，我每次回顧個案時，都會想起他們精彩或有趣的發言內容，久之就成為長期記憶了。

教學手冊

前文已多次提及「教學手冊」。教學手冊是個案撰寫人對該個案的教學方式與過程的建議，通常包括個案的主旨與意圖傳達的觀念、討論問題，以及討論問題的參考答案。

有些教學手冊還包括了可能進行的討論方式，例如如果運用「角色扮演」，可以如何進行；如果學生針對某項問題，出現某些答案時，教師應如何因應與引導等。

教學手冊中可能會包括與此一個案有關的學理，以及在討論過程中的什麼階段，這些學理的相關觀念可以用什麼方式切入。也可以介紹此一個案公司後續的發展，以供教師在討論結束後，滿足學生的好奇心。

教師熟讀了教學手冊以後，上場教學時因為知道至少有一套道理和答案，自信心大幅提高，甚至可以構思上課討論時的「黑板計畫」。但如前文所言，討論方向應以學生的想法及思維水準為主軸，不必拘泥於教學手冊的內容。

有些教師在學生的討論陷入僵局時，無法經由引導來化解爭端、整合意見，於是將教學手冊中的內容或答案講給學生聽。學

163

生聽完雖然會產生恍然大悟的感覺，但這卻有違個案教學的原始目的。

由於每次個案討論都會出現不同的想法、聽到不同的意見和創意，教師本人也會對個案以及相關學理產生新的詮釋與理解，因此，追求自我提升的教師無論是使用自己撰寫的個案或其他人撰寫的個案，課後都會對手邊的教學手冊加以增補。使此一個案成為更多重要觀念的「載具」，爾後在主持討論時，討論的過程以及可以引導出來的觀念也愈來愈豐富。

補充閱讀資料

教學手冊中偶爾會有一些「補充閱讀資料」（Technical notes），教師也可以配合自己的教學目的，撰寫這些「Technical notes」。

所謂「Technical notes」是指在個案討論時，可能會用到一些特定的分析技巧或學理。為了簡化學生搜尋資料的功夫，並引導分組討論時的方向，在學期開始時即可提供相關資料來協助學生的分析技巧與學理的活用。而這些「Technical notes」通常簡單扼要，例如介紹「規模經濟的概念」、「解決衝突的幾種手段」、「交易成本觀念在內製與外包決策上的用途」等，都是針對個案中的問題或可能的分析過程所摘要出來的實用「學理」。

前述提及有些教師會在上課討論之後提出相關學理來指導學生如何強化思考、深化分析，我認為與其如此，不如在上課前即提供學生這些以「Technical notes」方式來簡單說明的學理，甚至註明出處供學生進一步查考，然後在課堂討論時指導學生如何運用這些學理來觀察現象、解析問題。

教學日誌

對剛開始運用個案教學的教師，撰寫教學日誌是值得推薦的方法。

教學日誌是教師在每次課後，就當天個案研討的過程，詳實反省與記錄。包括每次上課前的教學計畫、提問的過程、學生有價值的意見、討論中各種「轉折點」的處理，以及發生哪些計畫外的事件、自己如何回應，結果如何等。

教學日誌也可以記錄當日討論中涵蓋了哪些重要議題或相關學理，以及自己在總結時，大概說了些什麼。這些都是未來改進教學方法的重要參考。

我在西北大學讀博士班時，由於對個案教學很有興趣，因此請求幾位老師允許我進教室旁聽他們在MBA的教學過程。發現雖然個案相同，但不同教授的教學方式各有特色。其中有一位教授（Edwin A. Murray, Jr.，哈佛大學MBA及DBA）十分熱心，除了每次課後特別撥出時間和我討論我的觀察心得、回答我的疑問之外，還將他第一年教個案時的教學日誌印給我參考。仔細閱讀後，收穫良多。不僅更了解當年教室中進行的流程，也能從文字中看到他深層的想法及反思。

1976年，我回國後在政大企研所及企管系四年級運用個案教學。初期也寫了幾篇教學日誌，後來因為時間壓力不得不中斷。因為當時剛回國擔任副教授，一週要上十幾個小時的課，還要備課、撰寫個案、參加研究計畫等等，這些負擔是美國教授無法想像的。

我自己雖然做不到，但建議年輕教師如果時間許可，一開始時還是值得嘗試。

第二節　啟發式教學

　　教師從學生發言中發掘可以加以指導的空間，然後針對此一議題向學生提問，並希望學生從構思答案的過程中加強其思想的廣度與深度，這是個案教學中，教師的最重要任務。

　　此外，鼓勵學生在聽講或讀書後，針對自己的不足來提問，也是需要教師示範與鼓勵的。

啟發式教學的理想境界

　　表面上看來，個案討論似乎只是教師藉由提問與學生進行互動式的對答。但實施時，教師所應具備的技巧、能力與心態，甚至在主持討論中，進行學理與邏輯的動態運用，都需要不少基礎與磨練。

　　最基本的是「聽力」。在單向講課時，教師通常不太需要運用「聽力」。但在啟發式教學中，教師必須有能力與耐心來聆聽每位學生的發言，才能從發言中找出值得進一步「啟發」的議題，並察覺學生對哪些觀念還不夠明白、對哪些意見有獨到的見解，值得進一步探討。

　　其次是用精簡的語言，摘要學生的發言內容。大部分學生在剛開始接觸個案教學時，表達力與「聽力」都不甚高明，聽別人發言往往未能掌握重點，或只能選擇性吸收，甚至斷章取義。教師必須經常將學生發言內容進行摘要，才能主導整體討論的方向，避免同學之間的發言無法連貫，難以聚焦。

　　第三，教師在提出任何問題之前，必須大致掌握答案的方向，才能產生「引導」的作用。但在聽到學生發言後，又不能過於拘泥或堅持自己原有的想法，應該隨時整合吸收有道理或有

創意的論述。換句話說，應有自己看法卻又保持彈性、不流於僵化，在態度上又要樂於接納不同見解，這是有難度的。對於學問好、地位崇高，向來「一言九鼎」的學者而言，或許更不習慣。

第四，要有一定程度的幽默感與人際處理能力，來化解在互動過程中隨時可能產生的摩擦甚至衝突。同學間意見相左，或有人發言內容未受肯定而感到挫折，甚至也有學生因為難得擁有了發言機會而挑戰教師的權威，這些都要教師以四兩撥千斤的方式迅速轉變教室中的氛圍，調劑一下因話題嚴肅而帶來的壓力。

第五，以上種種，其實大部分都建立在教師對相關學理的透徹理解與掌握上。易言之，針對學生形形色色的發言，如何摘要整理、如何整合吸納、如何從不斷修正自己的架構中構思出新的道理並進而提出有啟發性的問題，引導學生朝有趣又有挑戰性的方向去思考，這些都奠基於教師平日所累積的學理基礎。教師對某一學科的知識存量若無相當的掌握與內化，討論就會像聊天，在深度上無法滿足高水準學生的期望。

以上所言，都是理想的境界。我個人也還在努力學習當中。

教師提問的關鍵原則

在個案教學中，教師的提問除了必須以自己所理解的學理為基礎來構思心中的想法，再將想法轉化為誘導性的問題之外，另外一項重要觀念就是提問必須對準學生的「知識前緣」。換言之，太容易的題目對學生而言缺乏挑戰性，甚至「懶得回答」；太難的題目，學生對應答的方向無從捉摸，徒然造成學生心理上的挫折。因此提問最好能讓學生覺得似乎有個答案，但還沒有想清楚，在被持續追問或聆聽同學作答的過程中，會「突然想通」。這種經由引導而在知識上「豁然開朗」的感覺，是互動式

167

個案中極為有價值的一部分。

　　然而每位學生針對每項議題的「知識前緣」，不僅教師不知道，甚至學生本人也不清楚，因此需要教師在一連串的提問中，經由探索才能逐漸發現。此一過程可以簡稱為「從不會的問到會」，也就是在每次聽到學生對問題的回答後，若發現答案不正確或不完整，教師就要從答案中推敲究竟這位學生在哪些關鍵上出現或存在著什麼困擾。這些困擾或問題，可能是對名詞的誤解，可能是對某些因果關係的認知不明，也可能是對某些資料的解讀錯誤。然後教師再依據自己推敲的結果，繼續追問，直到這位學生確實明白，或其他同學聽懂了，忍不住要替他解釋為止。

　　另外一項與之相對應的做法是「從會的問到不會」。有些學生反應快、想法也正確，並不表示他在獲此一「正確結論」之前的所有推理及前提都正確或無礙。為了讓這類學生在個案討論中也有成長的感覺，教師可以從他們的答案中不斷向上「溯源」，請回答者將自己的推理過程及所依賴的資訊，層次分明地交代清楚，一則讓他有機會將此議題想得更透徹，二來也是讓教師發掘他的「知識前緣」何在。這種高水準的對答過程，可以讓旁聽的學生受益甚多，同時當事人也會提高本身對自己知識結構的自省程度。

　　「從不會的問到會，從會的問到不會」，聽起來似乎是一句玩笑話，但背後卻蘊含十分嚴肅的道理，而且實行起來也很有挑戰性。

　　在本書〈內篇〉中，對教師的提問類型與方法，還有更多的討論。

如何鼓勵提問？

媒體報導，近來美國名校發現新一代的大學生不會發問，或不懂得如何提出有意義的問題。基於此，教育專家們開始檢討此一現象背後的原因何在。

事實上，普遍來說，台灣的學生也不見得知道怎麼提問。

我有時應邀到公開場合演講，為了希望能更符合聽眾的需求，我常保留大部分的時間進行「Q&A」，或乾脆一開始就將全部的時間設定為「Q&A」。換言之，就是讓大家在相關主題的範圍內提出有興趣的問題，再由我來作答。我的答案未必完整或高明，但至少可以針對在場聽眾的疑惑，盡可能提出我的見解以供參考。

多年實施下來，我發現其實大家都很喜歡發問，而且通常是愈問愈熱烈。可見學生或聽眾潛在的「提問意願」不低，只要經過適度誘導，即可將他們轉變為一群熱情的提問者與參與思考的學習群體。做法上大致應注意以下幾項重點：

第一，剛開始時必須鼓勵提問，甚至強力要求大家提問。因為多數人不容易在短時間內構思出完整的問題，也不習慣在大庭廣眾前提出自己的疑問，因此需要鼓勵。如果講者只是隨口請聽眾提問，然後在大家尚未準備好發問前，即斷言大家沒有問題，於是匆匆結束提問，這會使大家感覺得到主講人其實並不希望大家提問，而不是聽眾不願意提問。

第二，必須努力澄清提問者的問題，並設法以更結構化、更明確的方式來重述他的問題。因為大部分人對問題的說明未必清楚，若不徹底澄清，回答時可能文不對題，將使提問者失望。再者，「Q&A」也不是完全的「一對一問答」，而是希望藉著這些問答，向所有在場聽眾說明自己的理念或想法，並引發大家共

同參與思考。因此，必須使在場的所有人都能明瞭所提的問題為何。否則，提問者語意不清、答問者答非所問，聽眾感到不知所云，就不可能產生參與感及知性上的共鳴。如此的「Q&A」必然淪為枯燥無趣。

第三，答案要讓大家覺得有道理或至少有些啟發。許多人之所以不提問，是預期得不到合理的答案，或擔心講者因答不出來而受窘，造成場面尷尬。尤其是學生，若發現提問的結果，只是得到一些「應付」式的答案，或對老師構成挑戰而有所冒犯，若再加上教師以權威語氣指責學生提問的水準，則學生為了自己的分數，當然不願公開提問了。

第四，要歡迎大家針對答案繼續追問。第一次的答案可能未讓大家滿意，或尚未觸及所提問題的真正核心，因此要形成「互動式的連續問答」，亦即誠懇的請大家針對講者的回答內容再提出更多的問題，這樣才能真正充分發揮「Q&A」的價值。

依我的經驗，聽眾或學生不提問，應該不是他們的問題，而是講者或教師的問題。

鼓勵提問也是一種啟發式教學

通常教師提問、學生作答，是由教師針對學生的「知識前緣」，以提問方式來協助學生更進一步去構思原因、結果、更具體的做法，因此提問屬於一種啟發，應無疑義。

鼓勵學生或聽眾提問，則是希望他們在聽了教師或演講者的論述以後，設法找出這些論述與學生（聽眾）原有想法不同或無法銜接之處，然後整理出具體的問題，讓教師或演講者來為他們仔細解說這些因果關係或更詳細地解釋其背後更多或更細的道理。易言之，為了提問也不得不「想一想」，這也發揮了一些

「啟發」的效果。

　　在外進行演講時，當然不能強迫聽眾提問，但在學校上課，卻可以要求學生必須在聽完一段講課以後提出問題，甚至每人都必須現場提出書面問題，再由教師隨機抽取作答。為了擔心所提出的問題沒有水準，學生不得不專心聆聽、認真思考，此一過程也是一種啟發式教學。而事實上，這些提問累積起來，對教師或演講者自己，也能產生啟發作用。

　　有些教師或演講者不明白此一道理，因此不太鼓勵學生或聽眾提問，因而犧牲了不少自我成長的機會。

第三節　學生與上課的場地

　　學生的學習動機、素質水準、班級大小，都會影響個案教學的成效。配合不同水準的學生，個案教學方法應有所調整，教室的設計也有一些應該注意的事項。

學生的學習動機

　　在任何方式的教學中，學生學習動機高低都影響了教學的成效。然而在進行單向式教學時，由於學生是被動地在聽講，因此其學習動機水準不易被覺察。個案教學過程中，學生必須時時刻刻專心聆聽教師的提問、摘要以及同學的發言，並隨時準備提出自己的看法，因此若部分學生缺乏主動學習的心態，可能影響討論的順暢；若大部分學生對學習沒有興趣，則互動式討論幾乎完全無法進行。

　　然而學生若缺乏學習動機，並不是個案教學方法造成的，只是因為必須要從事互動，才會使部分學生缺乏學習動機與興趣的

事實被凸顯出來。更進一步說,「學習動機」是任何教學方法能產生效果的關鍵前提,若學生用功,對學習有高度興趣,就能從討論與互動中得到啟發;若缺乏學習動機,任何教學方法都難以成功。

從另一角度看,互動式個案教學如果運用得當,在討論過程中由於有挑戰、有對話、有表達意見的機會,又與實際問題關係更為密切,學生的學習動機極可能因而提高。

學生的口才與即時反應能力

互動式個案教學期望學生能有一定水準的口頭表達能力與即時反應能力。有些教師擔心若學生缺乏這些能力,是否表示無法運用個案教學。

我的想法與上述學習動機的議題有些接近,口才及即時反應的能力正是個案教學法希望能強化的項目。許多學生從小學開始就沒有被訓練在正式場合針對較為嚴肅的議題公開表示意見,因而造成這方面能力的不足,正應利用個案研討的課程來強化這方面的能力。而教師的尊重、聆聽、啟發、引導,甚至幽默感等,也是學生所迫切需要的。

有些教師提到,部分學生或許因為人格特質的關係,無法即時以口頭說明自己的看法,而且被公開詢問時,精神壓力很大。對此,我有兩點粗淺的意見:

第一,短期而言,教師可以破例讓這類學生不用當場回答問題,以免其太過緊張,再以書面等方式來做為其學期成績評分的依據。

第二,長期而言,可考慮建議他們不必留在「企業管理」領域。因為無論是成為創業家或擔任專業經理人,「聽」、「想」以

及在很短時間內思考與準備後做出明確的口頭表達，是十分必要的。如果真的是反應慢且不善言詞，將來進入職場後，這些方面的先天不足又無法積極強化，肯定會妨礙他們的事業發展，若轉到其他更需要「好學深思」，甚至可以「離群索居」的領域去，或許比較合乎他們的天性。

在高度互信中暢所欲言

在個案討論時，同學間要有高度互信才能深入互動。

一群陌生人在一起，想很快進行深入的意見交流並不容易。因為彼此不熟悉，難免有所保留甚至存有戒心。在這種氛圍之下，發言內容必然趨向保守，未成熟或即興的創意不會表露，更不可能與別人分享更深層的看法或自己刻骨銘心的經驗，於是只能講出一些四平八穩或無懈可擊的「官方說法」。

再者，個案討論需要大家對彼此的意見提出不同意見，包括教師對發言者的回應。彼此不熟或缺乏互信，自然無法進行這些互動，甚至教師也因為顧及學生或學員的顏面而不便對他們持續追問。

因此參與者之間的互信，包括師生之間的互信，是個案教學成功的先決條件。而營造這種互信的氛圍，也是個案教師的重要責任。教師鼓勵同學之間應該更注重聆聽、肯定、整合，以及彼此「支援」，是促進互信的基本方法。

小班教學有助培養學生思考能力

獨立思考、邏輯思維、自我成長等能力的培養，關鍵在於師生互動，唯有透過雙向或多向的討論，師生間才能進行思想的深入交流，學生的思考能力也才能逐漸養成。然而唯有小班教學才

173

能深度互動，深刻交流才能提升學生思考能力。班級人數太多，就難以利用互動式教學來培養學生的思考能力，以及「聽」與「說」方面的能力。

上課過程中，針對學生不明瞭之處，教師可以引導其他同學一起討論；對大家都已了解的觀念，教師則可以提出更深入的思考方向使學生獲得成長。學生若有獨到見解或創意，在互動式教學中才有發表的管道，並即時獲得鼓勵、修正或挑戰的機會。

師生互動過程中，其他未發言的同學也並未停止其學習活動。同學們必須仔細聆聽其他人的言論、其他人與教師之間的互動內容，同時還得在腦海中扮演著分析者與整合者的角色，而且還要隨時準備回應及發表自己的意見。而現場隨機抽點學生來發表意見的過程，又迫使學生隨時準備發言而培養良好口語表達能力，以及口語表達背後的組織、整合與歸納能力。

總而言之，經由這種互動式個案教學的設計，才可能培養出學生表達、聆聽、整合、批判、構思創意等「思考能力」，以及提出不同意見的勇氣和接受批評的胸襟。

假設每次學生發言，平均需一分鐘才能完整陳述其意見，教師接著的回應、引申、提出下一個問題，大約也需要兩分鐘，再加上提問後讓全班學生進行思考的三十秒，則一百五十分鐘的課堂中，至多只能有四十幾個「回合」。一班若有四十人，平均每人每次上課發言次數也只有一次而已。

一班若超過四十人，勢必有些學生沒有完整論述的機會。人數若更多，發言機會就更少，學生主動參與的意願也會大幅降低，畢竟即使抽卡片，被抽中機率也不高。結果之一是，一班只有少數愛講、會講的學生在發言，其他人則淪為旁觀者，或完全成為局外人。因此，在大班級進行互動教學，無法達到上述的教

學效果。

　　哈佛大學MBA必修課每班大約九十位學生，在九十分鐘一節課中，討論一個個案，其實學習效果不易掌握。所幸該校對課前分組討論十分重視，而且所有科目都使用個案教學，這兩項因素肯定有助於個案討論進行的效率，彌補了「人多而時間短」的缺點。

不具理論與實務基礎的學生也能討論個案

　　學生的程度與知識背景如何，其實與個案教學的可行性關係不大。

　　因為個案教學的核心是「決策」，只要學生對某些決策所需的知識有所掌握，或體會到在其生活中或工作中有進行決策的必要，都可以運用個案教學來強化他們的決策能力，以及決策背後的思考能力與聆聽、表達的能力。

　　就以大一新生而言，他們雖然對企業經營與管理理論毫無涉獵，亦無企業的實務經驗，但通常都參與過社團活動或團體生活，如果使用社團活動與團體生活為背景的個案（如何舉辦新生宿營活動、如何舉辦校際聯誼、如何處理宿舍中的人際關係、如何面對社團的管理議題等），在討論中學生不但不會感到陌生，而且可以更深入體認「規劃」、「組織分工」、「溝通協調」、「整合」，甚至「財務預算」等管理觀念。

　　對於這些不懂理論也欠缺實務經驗的年輕學生，運用個案教學當然有一定的挑戰，但從另一角度看，對這些學生若以「講課」或「自行閱讀」的方式，效果未必會更好。事實上，唯有運用互動式的討論，才能知道他們究竟在哪些觀念上已有所掌握、在哪些觀念上尚缺乏基本的了解，教師便得以針對那些不了解的

175

部分深入討論。這些都是單向式講課所不能做到的。

　　換言之，若是單向式講解，必須等到批閱考卷之後才知道學生懂了多少；個案討論則可以從討論中，察覺學生學習的情況與需要，隨即加以調整，提升學生的學習效果。

　　在選擇個案時，如果這些年輕學生學習動機強，可考慮選擇若干較完整而複雜的個案，讓用功的學生在研讀這些個案時，可以從中學習到各種產業的特色、企業的決策環境以及組織結構等平時不易接觸及了解的實務現象。面對這些較完整的個案，他們未必有能力發掘問題或制定決策，但至少可以在企業實務方面打下一些基礎，為後續課程做準備。

經驗豐富的高階人員如何提升知能？

　　如果是向高階人員介紹產業趨勢、政府政策或法規，甚至新科技的發展及應用等，以單向講課的方式是十分恰當的。然而若想提升經驗豐富的高階人員之管理知能，個案討論肯定是最有效果的教學方式。

　　如果上課學員都是高階經理人或企業家，我有幾項建議：

　　第一，除非類似哈佛大學的高階人員班次，能夠做到進修期間全體學員暫離工作崗位，住校三個月，否則這些學員不太可能投入太多時間深入準備個案，因此，所使用的個案，篇幅不宜太長，以便他們在較短的時間內研讀完畢。而且他們對產業生態、交易方式及組織運作等相關的互補知識十分豐富，即使個案篇幅不長也能討論。

　　其次，對年輕學生而言，有時需要較完整的決策，甚至到「評比方案的權重／方案的評估與選擇」的階段，但對高階人員而言，不必如此完整分析，只要推導出各方案的「有待驗證之

前提」即可，不必再進一步驗證。這樣可以保留更多時間，在觀念、視野及觀察分析的角度上進行探討。

高階人員與年輕學生可以激盪出火花

兩種迥然不同的人長期合班上課，有其特殊的價值。這些價值能否發揮出來，有賴教師的恰當安排與處理。

前述曾提到，上課班級必須形成良好的團隊氛圍，才有利個案討論的進行。當班上有半數學生是工作經驗豐富的企業家或專業經理人（簡稱「年長者」），另一半是沒有工作經驗的年輕學生（簡稱「年輕人」）時，團隊建立當然有其先天的困難。

這時要掌握的原則是：讓兩種人都感知到和對方一起學習的價值。這對無工作經驗的年輕人而言，問題不大；對經驗豐富、地位較高的年長者，就必須有一些實質的說服工作。

第一，要讓年長者學會耐心聆聽其他人不成熟的意見，並從這些不成熟的意見中歸納出一些可以進一步啟迪思想的觀點。上課時，教師可以要求年長者進行此一任務，讓他們體會到即使與沒有工作經驗的年輕人對話，自己也有很大的知能成長機會。透過這種練習，他們回到自己任職的企業，可能產生意想不到的正面效果，因為公司同仁會逐漸感到老闆更願意聆聽他們的意見，甚至會提出進一步的啟發性問題，這通常是過去從未見過的。

第二，發言時，教師應盡量請年輕人先講，一則可以避免年長者陳述後，年輕人無法超越其看法，也不便講評；一方面也便於年長者進行前述之整合與講評的工作。

第三，要讓年長者體認，與年輕人一起探討管理問題，可以藉機深入了解現代年輕人的想法與心態，這些有價值的資訊在自己組織內部其實不容易聽到。有些家族企業的領導人，和年輕

177

MBA一起上課、深入互動（包括課前的分組討論），一學期後，突然發現自己對子女（接班人）的想法與心態更為了解，兩代之間的溝通也大幅改善，這是參加個案討論課程的意外收穫。

第四，雖然理想上，課前人人必須詳讀個案資料，但事實上許多年長者無法投入太多時間深入研讀篇幅長而內容豐富的個案。再者，有些年長者只習慣於「聽」與「問」，平日早已很少逐字閱讀文件，使詳細研讀個案成為他們的一大負擔。若與年輕人合班上課，正好鼓勵雙方進行高度的互補合作。也就是說，在課前分組活動中，年輕人事先詳細閱讀並進行分析，年長者大致瀏覽過個案後，再聽取年輕人的口頭報告並提出質詢。這樣一來，一方面可以讓年輕人學會日後工作中必須的「重點摘要」技巧，一方面也可以從互動中學習這些年長者如何從片面資訊中，經由不斷提問而逐漸掌握整體問題重點的思維方式。

以上這些能否達成，與教師的教學風格息息相關。除了使這些高階年長者感到與年輕人一起進行個案討論「不虛此行」之外，教師也必須以身作則，使這些高階人員知道，如何以開放的心態向低階人員吸收知識，以及如何從啟發別人的過程中得到自我成長。

學歷水準不會影響學習效果

有些企業界人士受限於過去學歷，雖然在事業上也做到一定的地位（例如中基層主管），但他們不僅對學術上的名詞完全感到隔閡，而且在抽象思考方面，因為年輕時讀書少而未能充分掌握相關的能力。

有些教師認為，唯有當學生知識背景廣博，思考反應迅速，才能進行個案教學，其實不然。事實上，只要肯下工夫、願意學

習，即使程度不高的學生，也可以經由個案教學獲得成長。

面對一班學識程度不高的學員，當然對個案教師更具挑戰性。其挑戰在於：第一，學員發言內容可能缺乏條理，因此教師在聆聽學生發言時，必須更為專注，甚至必須投入更多精神為他們整理摘要。

第二，學員所提出的論點若不正確，可能原因很多，教師必須有能力與愛心，抽絲剝繭地找出其獲致此一結論的思考過程中，究竟是何處出了問題。而欲達此一目的，教師本身的邏輯能力與學理基礎就必須具有更佳的水準。

例如，當討論到「單項產品製造商在策略上應自設零售點或應運用別人現有的通路」此一議題時，所牽涉到的觀念可能包括「產品線的廣度與深度的意義」、「銷售的範疇經濟」、「配送的範疇經濟」、「針對不同類型產品，所需店員的推銷角色與能力不同」、「特殊品與選購品的意義及對通路長度選擇的意義」等。而所謂程度不佳的學員，可能尚不了解「範疇經濟」、「店員推銷的流程」、「通路長度的選項」的意思，而且從個案資料中，每人的解讀能力與詮釋方法又各有不同。因此，教師必須針對每位學生的言論，推敲出他思考上的障礙，究竟是數據解讀出了問題，還是未能掌握哪一項觀念或名詞的真正意義。

而當邏輯推理出現問題時，教師又必須有能力以適切的例子來釐清，或以類比舉例的方式，讓大家聽懂某一複雜的觀念、現象或因果關係。

有些學員，完全未接觸過學理，但實務經驗豐富，想法也極有道理，只是在名詞及架構上「自成一格」，完全與所謂的學理沒有關連。此時教師得設法擺脫學術的專有名詞，陪著學員用更質樸、更直接的語言來進行觀念的討論。而「質樸觀念」與「學

術名詞」間的轉換，本來即是教師的責任，也是教師最難得的自我成長機會。

　　若將這兩者間的轉換工作，交由學員在課後自行負責，效果一定不理想，因為將課堂上學到的抽象觀念，轉換為自己工作上的實用知能，對大部分學員而言十分困難。

　　聆聽條理不佳的論述、針對所有議題找出背後相關的觀念連結、在實務現象與抽象觀念之間靈活轉換，這些都是個案教學中的例行工作，但面對程度不佳的學員時，會形成對教師更嚴峻的挑戰。

　　而挑戰也代表著教師自我成長的契機。例如，若教師常有機會和這些「有豐富實務經驗，但未接觸過抽象學理」的學員互動，將來在公開演講的場合就較能使用一般人容易理解，甚至較為「本土」的表達方式來說明學理的內涵；為了學術研究而訪問企業界時，也能使雙方溝通的過程更順暢、更愉快。

修課人數太多的解決辦法

　　有些學校當局未能重視小班互動式教學的價值，或根本不重視教學活動，或因為成本考量，造成所有的班級人數都太多，無法進行真正的個案討論，也很難達到分析和思考的細緻程度。而且因為人數多，教師也不易要求全員都能在課前仔細準備個案。針對此一現實問題，大致有幾項解決辦法：

　　第一種方法是「分組輪流討論」，這是參考自國外某學校的經驗。

　　該校的做法是：如果一班九十人，可以分成九組，每組十人。一學期上課十八次，每次由一組成員坐到教師旁邊來進行深入的討論，每組成員每學期深入討論兩次。其他「非當值」的學

生，也可以參與討論；也可以僅看過個案，上課時完全旁聽；有些「非當值」的學生即使未研讀個案，教師亦不過問。

這種做法的好處在於每位學生每學期都至少有兩次與教師「一對十」的深入討論，為了這兩次個案，非得進行十分詳細的分析不可。這可能比每次都準備，但極少有發言機會更好。因為用心準備而未有機會發言，會造成學生期望落空以及隨之而來的失落感；若因同學人數眾多而心存僥倖，準備不周卻「不幸」被叫到，也會出現極為尷尬的場面。

再者，有興趣參與討論的人，可以每週都仔細研究個案後加入討論，或經由旁聽也能有所收穫。

換言之，可以用輪流上場的方式來彌補班級人數過多的缺點。這種方式遠優於「分組輪流報告」，因為教師在主持引導方面的「附加價值」比分組報告高出許多。

第二種方法是將學生分為「單數組」與「雙數組」，每隔一週輪流坐在教室的「內圈」，形成一個「小班」來進行深入討論；「外圈」同學以旁聽為主，當然也可以舉手發言。

第三種方法與前者類似，可稱之為「依志願與學習興趣來分群」。做法是：希望得到好成績，也願意投入時間準備個案、接受教師提問者，坐在「內圈」，其他人則坐在「外圈」。上課時內圈進行討論，外圈同學旁聽。事先言明，外圈學生以筆試來決定成績，因此還是必須要讀書或讀個案。

採取這種做法的理由是：有些必修課對某些學生的人生規劃而言，其實可有可無，不必強迫他們投入那麼多時間和心力，能吸收一些觀念即可。此外，若畢業在即，「人心惶惶」，有些人要準備高普考，有的要出國，有的忙著找工作或考研究所，他們既然不在乎高分，就請坐在旁聽席，讓真正有興趣、願意投入個

案預習與分組討論，並能承受討論壓力的學生享受「小班教學」的樂趣。

場地的設計

實體環境的結構，會影響師生間的互動，因而也影響了個案教學的效果。

首先談課桌椅的設計。個案討論著重在師生之間、學生之間的多向溝通，因此課桌椅的設計與單向講授式教學明顯不同。有幾項應注意的原則：

第一，課桌的布置應類似「環狀」或馬蹄形，也就是最好讓每一位同學都能輕鬆看到其他同學，因為目視發言者不僅是一種禮貌，而且也有助於從觀察表情或肢體語言中提升互相理解的程度。這是強調互動式討論的教室與單向演講式的「排排坐」最大的不同。

第二，為了讓大家能看到彼此，或不使少部分學生因座位所在位置太遠而被「邊緣化」，值得考慮將後排地板加高。

第三，椅子若能自由轉動，也有助於學生彼此的目光接觸與互動。

第四，每個座位不宜相距太遠，距離太遠則看不清楚也聽不清楚，心理距離較為疏遠，對多向溝通將形成障礙。

再來談到注意聲音的傳導性。多方向的口語溝通是個案教學的活動重點，加上有部分學生口語表達能力缺乏訓練，語焉不詳，因此教室不宜太大，以免聽不清楚。有些個案教室面積開闊、座位多，造成聲音傳達上的困難，兩端學生相距將近二十公尺，必須利用麥克風發言，使互動的感覺大打折扣。

個案教學過程中，教師必須仔細聽取每位學生的意見，自己

發言（包括整理、摘要、提問、引導等）至少也占三分之一以上的時間，因此教師所在位置也不能離學生太遠。有些大型研討教室依照西方人肺活量設計，迫使教師不得不使用麥克風，似乎也不甚理想。

另外還有黑板的運用。認真的個案教師，會有系統地在黑板上記錄學生的發言重點，為大家提供整體的觀念架構，因此黑板是必要的教學設備。哈佛大學商學院教室中至少有六面大型黑板，而且可以上下拉動，讓習慣在黑板上摘錄的教師充分利用。

為了便於學生觀看黑板上的文字，黑板距離學生座位亦不宜太遠。否則教師的字體必須相當大，才能讓後排學生看得清楚。

近年來，我偶爾使用「實物投影機」來取代黑板的功能，一來不必在教室中心與黑板之間不斷走動，可以節省體力；再者，在黑板上寫字，每個字至少得有十五公分平方才能讓後排學生看得清楚，而實物投影機則即可將平常寫字的大小投射在銀幕上，不費力又美觀；第三，黑板上的文字要請學生代為記錄或用手機拍照存檔，而使用實物投影機，則可將寫在白紙上的文字輕鬆保留，方便得多。

其他需要設計的還包括學生名牌、壁鐘、門等。課桌上放置學生名牌，有助於同學之間互相認識，也有助於教師認識學生。名牌字體應夠大夠清晰，當然不在話下。

教室中若安裝壁鐘，應放在學生座位後面，讓教師可以輕易看到，以控制教學進度，但不至於讓學生分心。

教室的進出口，應盡量設在教室後方，以免偶有學生遲到，影響其他學生的上課情緒。

從以上對場地設計的建議，可以看出學生人數的確不宜過多，因為不利於學生之間、師生之間視覺接觸與聲音傳達，又要

183

顧及黑板字體的大小，因此，班級人數太多肯定會影響互動式教學的效果。

第四節　個案教材的選擇

　　教學用的個案對教學效果當然十分重要。個案的選擇應考慮課程的需要、學生的特質，以及教師的教學風格與能力。

個案的類型

　　個案類型十分多元：依功能領域或主題區分，有行銷、財務、人力資源、策略、組織等；依表達方式分，有些是平鋪直述，有些主要引用書面資料，有些有如文藝小說或偵探小說，有些全是對話，有些甚至是當事人的獨白。

　　依教學的進行方式來看，個案又可大致分成以下類型：

　　第一種是以「決策」為核心的個案。個案中有具體待決的議題，甚至已有明確的幾個方案讓大家來進行分析與選擇。

　　第二種是以「發掘問題」為核心的個案。初次閱讀這種個案，感覺只是一些客觀現象與事實的陳述，再三研讀分析後，漸漸發現潛藏的問題其實很多，因此討論的重點是在發掘這些問題，界定其間的相互關係以及各自的重要性與迫切性。然後再針對這些問題，找出原因，研擬對策。

　　第三種是介紹某些事件或專案推動的過程，並以這些報導為基礎，進行詳細的省思與檢討，或希望根據此一經驗來策劃未來類似的活動。

　　第四種是環繞著某一特定理論與觀念來撰寫的個案，個案的目的主要在介紹此一理論或觀念，希望學生在分析此一個案後可

以對該理論的內涵與價值產生更多的了解與肯定，進而在此一特定理論的指導下，看出問題的核心或找出解決方法。有些為某一特定理論量身打造的個案，會讓學生體會到若缺乏此一理論架構的導引，勢必無法釐清此一複雜的現象或問題。

個案固然可以如此分類，但在實際教學上，在同一個案中（尤其是篇幅長而內容豐富完整的個案），各項特色並非全然互斥。亦即在「決策」型的個案中，也可以在既定的決策範圍之外，試圖發掘更多甚至更深層的問題；在「發掘問題」的過程中，也可以進行理性決策的程序，同時運用某些特定理論觀念來提升思考的邏輯水準。

易言之，在討論篇幅較長而內容完整複雜的個案時，幾乎從問題發掘到決策及理論運用都可以涵蓋，然而由於上課時間有限，教師通常只能配合教學進度與目的選擇重點來深入討論。而有經驗的教師，可以將討論的方式帶到任何一種方向，同一位教師，在不同的場合也可以將同一篇個案，呈現出完全不同的樣貌與教學程序。

連續型的個案

有些個案有「A」、「B」、「C」等針對不同階段的內容報導，希望學生針對不同階段的問題來進行分析與決策。通常「A」部分是篇幅長而完整的個案，課前即發給學生，要求學生在分析後對某些特定的議題做出抉擇；「B」個案通常較短，在大家討論完「A」個案以後再在班上當場發給大家。「B」個案內容是個案中的主角後來真正的抉擇，是希望學生評估主角的決策，並與剛才班上同學的決策方向相比較。「B」個案討論完後再提供「C」個案，通常是介紹「B」個案的後續發展或決策結果。

有些個案的「A」、「B」部分都有相當長度，是希望分成兩週來討論。例如「A」個案分析討論一項重大的策略抉擇，「B」個案則是若干年後，因為前一階段策略的選擇，帶來一些後續的課題。這種安排方式可以讓大家從討論中體會企業重大決策的長久衝擊，以及無論當前如何抉擇，爾後始終會有不斷出現的管理議題。

偶爾使用連續型個案，可以使討論更有變化，提升學習的興趣與動機，也可以滿足學生對個案公司及相關人物後來發展情況的好奇心。

影片個案

大部分教學用的個案都是書面個案。有些個案將重點放在溝通、談判、組織互動行為上，因此將個案或個案的一部分以影片方式呈現。目的在使學生可以對影片中的具體表現，包括肢體語言在內，進行討論。

這些影片大部分是提供個案的公司內部會議的過程，或個案撰寫者對幾位高階人員進行個別訪問的結果。實務上，企業願意提供自己的經驗與資料讓學校撰寫個案已相當不容易，若能允許不知名的使用者針對公司高階人員的溝通方式、用詞、表情，甚至潛在的內部矛盾等「品頭論足」，更是難能可貴。

有些教師偶爾使用編導及拍攝都十分用心的院線片來做為討論的教材，也可以增加上課的趣味性與變化性。至於劇情是否合乎真實世界的情況，以及演員的演出能否真正反映企業人士的行為語言，就不必深究了。

個案選擇與課程設計的關係

有些個案的使用時機只是針對特定對象，進行一、兩次授課，這時當然要選擇教師熟悉，又能配合學員興趣與程度的個案。但如果是一整學期的課程，個案選擇就應配合課程設計及教學目的。

在正式課程中使用個案教學，希望對學生產生兩種作用：第一是藉著個案討論以及教師的導引，提升學生在分析、思考、聆聽、整合、表達方面的能力，或簡稱為「聽說讀想」的能力。第二是藉著個案討論來掌握或體會某些理論或實務上的觀念。

如果純粹為了第一個目的，個案的次序就不必考慮理論的架構，甚至只要個案討論的次數夠多，學生自然逐漸改善思想能力甚至能形成一套自己的思想體系，然後憑著這個思想體系，再與各門各派的學理相互印證，並進而產生融會貫通、了然於胸的感覺。當然在此所謂的思想體系，極可能並不成熟，只能說是慢慢形成的對管理的一套想法。

為了第二項目的，教師在安排個案時，最好能參考課程的主旨與教學目的來設計個案的組合與順序。因此，雖然任何一個個案，都可能包含不只一個概念，但在課程設計時，應盡量將這些主要的概念與個案的編排構想結合在一起。

就以行銷管理這門課而言，一般教學或教科書會以類似「目標市場選擇」、「產品」、「定價」、「通路」這樣的架構去逐一介紹，因此個案的選擇當然應依序以這些主題來選擇個案。

但對企業實務略有了解的人都知道，這些主題的區別，主要是為了教科書的編排或學術研究的分工而訂定的，在真實世界中，與「目標市場」有關的決策，難免會與「產品政策」，甚至「定價」、「通路」等決策相互關連；以「定價」為主的決策，也

187

不能不考慮「消費行為」或競爭者的反應甚至產業的結構。換言之，很難在「其他條件不變」的假設下，進行其中任何一項決策的分析。因此，即使是針對某一特定主題（例如定價方法），也會考慮到其他的因素，不易單純就該主題的內容來思考或討論。

在選擇個案時，有一種值得考慮的方式是：學期開始時，先選用一、兩個較全面性，但內容及議題相對淺近的個案，讓學生對此一課程的知識體系以及各主題之間的關連有一較為整體的了解。其後各次上課再針對各個主題，分別聚焦進行一系列的討論，在學期結束時，再討論幾個較為複雜而全面性的個案，做為課程的總結。

個案選擇與教學對象的關係

個案的類型，若依教學對象區分，有些適合高階人員，有些適合中階主管，當然也有為基層人員撰寫的個案。

個案的議題最好能與學生或學員的學習需求密切相關。例如從大公司的CEO立場來進行分析決策，對年輕人而言當然有興趣，但事實上他們未必能體會在此一職位上的滋味；另一方面，若請高階人員從基層專案經理人的角度去看問題，他們也可能覺得用處不大。

如果針對學校以外的特定對象進行短期授課，應事先了解學習者的動機高低，以及是否有可能進行課前的分組討論，再依此決定個案的難度。易言之，有些機構對此次上課期望甚高，主辦單位或更高階主管也會要求學員的參與及課前準備，則上課時間雖短，也應選擇較有挑戰性，又能引起學員興趣（如類似產業）的個案。

此外，每個個案「結構化程度」高下不同，應配合學生的

管理知識與創意水準來決定個案的結構化程度。對程度略低的學生，宜用結構性高的個案，以利於他們只要仔細研讀個案，就不難順利找到問題進行分析；對程度高的學生，太結構化的個案所需要的推論較少，未免缺乏挑戰性，引不起熱烈討論的興趣。

何謂「好」個案？

「好」個案有幾項特色：

第一，由於任何分析或決策，都必須建立在許多事實前提上，因此「好」個案的第一個指標就是當進行分析或討論時，「該有的資料都有」，不需依賴大量的假設來做這些分析或決策。反過來說，所謂「不好」的個案，雖然篇幅很長、字數很多，課前研讀時十分辛苦，但無論從任何角度切入，大部分的資料都派不上用場，但所需要的許多關鍵資訊卻在個案中從缺，必須依賴各自的假設或學生（學員）所提供的補充資料甚至「馬路消息」才能進行有意義的討論。

第二，分析所需的資訊或決策的方向，不會在個案中「呼之欲出」。有些個案資料豐富完整，學生只要課前用功熟讀其內容，不需太多深入的思考就能得到答案；或資料陳述十分具體完整，大家對結論很快達到共識，過程中缺乏爭議性，這些都不算好個案。好的個案應該像「文藝小說」或「偵探小說」，對人物的個性、人與人之間的關係與感情、某些事件發生的經過等，都未直接明言，但仔細分析後，發現其實都有交代，只是需要讀者去詮釋與推論才能漸漸體會。而且因為大家詮釋與推論的結果各自不同，其過程的意見交流與討論也趣味無窮。

第三，決策有趣且具挑戰，因為決策的選擇若有高度的爭議性，大家可以從各個層面與角度進行不同的思考與分析。而且

189

不同角度或深度的思考，會讓大家對個案中的事實真相，逐漸明朗，可以不斷將學生帶到柳暗花明又一村的新境界。

第四，如果教師偏好運用理論架構來分析個案，則好的個案應該可以以許多理論都能套用，而不是為某一特定理論「量身訂做」的內容。有些幾十年前的舊個案，由於資料完整，試圖以新的理論來分析時，居然發現所要用到的資料，個案中全都齊備，這就算是好個案。配合某一特定理論「量身訂做」的個案，用另一個理論就無法分析，並不表示其他理論不好，而極可能是個案內容並未包括其他理論所需要的資料。

第五，個案的時代背景、經營模式，以及產業及組織特性，若能引起學生興趣，在研讀時會更用心。

以上是從個人經驗中，歸納出所謂好個案的若干特色。然而事實上，個案教學的成敗，除了與個案的好壞有關之外，其實與教師的學理素養與教學技巧關連更大。同樣的個案由不同教師來教，效果可能有天淵之別。即使平淡無奇的個案，甚至報紙上的一則新聞，如果教師會引導，學生水準高又願意發表，也能呈現一場精彩的討論。

因此，個案的品質與教師的教學能力是互補的，有時即使個案略弱，也可能因為教師的教學方法以及對相關學理的掌握而得到彌補。

個案的長短與新舊

在都是「好」個案的前提下，長個案與短個案應如何取決？

高品質的長個案中，包括了周延完整的資料，使用這種個案的好處在於，第一，因為要深入分析具體資料才能得到決策所需要的資訊，因此對學生分析資料的能力提升更有幫助；其次，對

實務經驗不足的年輕學生，用心仔細研讀長個案，可以從中吸收到許多實務上的背景資料及企業內部的做法。因此我一向認為，愈缺乏經驗的年輕學生，愈應該多使用長個案，因為對他們而言，投入時間雖然多，得到的益處也多。再者，完全沒有實務經驗的大一學生或碩一學生，如果在入學不久即有機會熟讀很多各種不同產業的長篇個案，在爾後學習其他科目時，也可以以這些個案素材彌補其實務經驗的不足，深化對這些科目學理的理解。

短個案的使用者必須從有限的文字中進行許多邏輯推演，因此對個案中管理議題或產業相關的「互補知識」必須相當豐富，因此比較適合有經驗的中高階經理人。

易言之，缺乏工作經驗的人應該用心研讀長個案，然後在複雜的情況下練習整合與重組資料、發掘問題，並依據資料分析的結果採取行動，此一程序對「練功」效果極好。使用短個案的前提則是學生或學員本來功力就有一定水準，而且由於必要的推論多，可以利用討論把他們的寶貴經驗萃取出來，尤其對忙碌的在職學員更是如此。

在整個學期的個案安排中，當然可以用長短個案搭配使用，以調節學生課前準備所投入的時間。

對新手教師而言，一開始可以採用課本中所附的短個案，討論方向比較容易掌控。

另一議題是新舊個案之搭配。有些新個案介紹的是新產業、新科技或新的商業模式，藉此拓展學生的視野，增加產業的新知。另外有些個案是很多年前的經典個案，從討論中可以帶出許多重要的管理觀念，再者其中所討論的問題並不因為年代而改變，因此可謂歷久彌新。

新舊個案，各有其價值，可以穿插使用。

有些個案，我使用了很多年，從來不換。除了這些個案在討論多年以後已成為許多重要觀念的「載具」之外，也希望經由這些經典個案，為歷屆的學生創造共同的記憶。

個案就像數學習題

個案的本質，用最簡單的譬喻來說，就像數學習題。大家都知道，學數學一定要做習題，好的習題不僅有啟發性，而且在解題的過程中，可以讓學習者一方面體會相關公式或學理的意義，一方面也訓練邏輯思考能力。易言之，做數學習題是將課本上冰冷的數學知識加以內化的重要途徑。經由這樣的「內化」過程，將來遇到各種不同甚至從未見過的題目，才能活學活用，構思出創新的解題方法。

個案教學就如同教師帶著學生逐步思索如何解題，進度緩慢，教學雙方都十分辛苦，但長期下來，必能提升學生的「理解」、「內化」以及活學活用的解決問題能力。此一比喻至少有兩項涵意：

第一，個案教材在教師引導下，只要能啟發大家的思考，或至少讓學生努力地「傷腦筋」，則個案的長短、新舊都不是問題。

第二，如果個案像數學習題，則管理教科書上的學理、組織內部累積而成的SOP，甚至成功企業家的演講分享，就類似別人針對形形色色題目所形成的「例題」或「習題解答」。數學參考書提供大量題解，學生可以逐題記下答案甚至解題技巧，考試時若遇到類似題目，即可快速從記憶中找到合適的答案或解題方法，只要題目與參考書上的範例相去不遠，考得高分也不難。然而，這樣的學習方法，即使得到高分，未必表示學生對這些數學知識已充分理解與內化。在企管教育上也相同，因為真實世界每

天出現的問題，並非都是過去經驗或SOP所能解決，因此組織必須要培養很多能自行解決問題，並為下屬設計SOP的主管與幹部，才能應付變化無窮的經營環境。

隱名個案與實名個案

　　了解「個案就像數學習題」的觀念以後，再討論隱名個案與實名個案的觀念就容易多了。以真名發表的個案，由於提供個案的「案主」未必願意將組織內部的問題或經營上的細節全部揭露，因此「選擇性報導」在所難免。然而學員甚至年輕學生中有不少人會對這些國內知名企業的內部營運有些了解，即使其了解的也未必都是「真相」，但在上課討論過程中，自然會提出來和大家分享。願意分享內部資訊的不只一人，結果在上課時可能形成各方對各種「事實前提」的辯證，不僅失去個案教學的基本用意，而且教師原訂的教學方向也極可能因而無法掌握。

　　通常隱名個案的好處就是學生或學員不至於在上課時一直提供新的「事實前提」，雖然這些事實前提究竟真相如何，未必與個案討論的主題或主軸有關。例如，為了隱藏企業的真名，有時不得不連「產品」都以「某產品」來表示。然而為了討論，個案中必須對產業的一些特性加以描述。就以「數學習題」的層次，以「多數知名品牌都已在大部分通路上架，在各通路中，產品定價維持一致，但貨架空間略嫌不足。各品牌常透過行銷活動輪流推特價以增加買氣。」這段話已足夠做為討論與分析時的事實前提。但若明確指出是什麼產品時，有實務經驗的人可能會基於自己的了解來補充或修正。各方意見不同，還有一番辯證。「愈辯愈明」當然也很好，但一、兩小時下來，大家對「經營管理」討論得少，更沒有機會練習「聽說讀想」，但對該產業的競爭情

況、消費行為、產品特性等的了解則大幅提高。

這不僅有違個案教學的基本目的，而且由於教師對此一產業未必比某些學員更了解，也無法判定各方意見的正確程度，使教師也無法發揮應有的附加價值。如果師生上課的主要目的是希望藉機多了解各種產業的情況，應另開設課程，而不應以個案教學的名義來吸收產業的資訊或常識。

第五節　鼓勵發言與互動

鼓勵學生踴躍發言並熱切互動，是個案教學中教師的重要責任，在此再進一步介紹一些個人的經驗。簡言之，教師要運用各種方法，從提問、摘要到舉手投票，來創造及維持教室中互信、交流、互相支持又能理性論證的氛圍。

應以具體的事實澄清或決策選擇開始

在前述所謂的「暖場」之後，建議應以具體的「澄清個案事實資料」或「決策選擇」開始，而不宜以開放式的提問開場。從具體的議題開始，可以讓討論迅速聚焦，並進入實質的討論，也可以藉此鼓勵學生在課前準備及分組討論時，投入更多時間在事實資料的解讀，以及決策方案的構思與評估和抉擇上。在學期的前期，為了確保學生課前深入準備，以及試圖了解學生對個案資料的理解程度，可以多從「摘要」或「澄清個案事實資料」著手，到了學期中，則可以從「決策選擇」下手，並及早進行各種決策方案的說明，以及各方案前提假設的推導和驗證等。

以開放式問題開場，可能帶動熱烈的討論氣氛，但大家發言內容未必與個案主軸有關，甚至天馬行空，十分發散。學生發言

後，教師若未必能針對這些發散的意見逐一處理，反而造成學生的期待落空或失落感。

要發揮隨機選人發言的效果

　　為了避免淪為教師與少數學生的討論，建議以抽卡的方式決定由誰來回答問題。以自由舉手的方式，雖然可以減少學生所感受的壓力，課堂上又顯得十分熱鬧，但對學生的學習效果是不好的（詳細解說可參閱本書其他部分的分析。）當學生主動參與的習慣已養成後，就可以逐漸降低抽卡發言的次數。

視學生程度決定「鼓勵」與「挑戰」之比重

　　前文談到教師應為學生摘要，甚至將學生言之未明的發言內容講得更有道理，是鼓勵學生並提升其自信心的方法。然而有些學生自信心已經很高，不僅勇於發言，而且口才很好，對他們就不必再運用這些提升自信心的方法，反而應針對他們的發言內容提出較具挑戰性的問題，鼓勵其他同學從不同角度來檢驗其發言內容的限制與前提假設。這種做法並非「打壓意見領袖」，而是希望經由此一過程，刺激他們想得更深、更廣，並感受到從個案討論中獲得知能的成長。這也是「因材施教」的另一項做法。

　　但要注意的是：即使用意在「挑戰」，教師在神情及語氣上也不應表現出「挑釁」或「挑毛病」的樣子。教師應維持理性平和的態度，向學生請教，才不會造成師生之間不必要的誤會。

請位階較低者先發言

　　如果學員屬於同一機構，為了避免組織內的位階關係影響發言的意願，應該請位階低、年紀輕者先發言。倘若長官先發言，

位階較低者通常不便提出更好或不同的意見，因而可能降低了討論的參與水準。同一班上有在職高階經理，也有年輕學生時，也必須有這方面的考慮。

若地位高者先舉手，教師甚至需要婉言「勸退」，以免大老們表示意見後，其他人不便表示異議，結果造成冷場。

若一開始就出現「好答案」

有些學生一開始就提出「好答案」，在其發言之後，可請其他人複述或未發言者講述理由，看看是否充分理解。

此一做法的目的有幾項。第一是對發言的內容表示重視與鼓勵。第二是「好答案」的理由並非顯而易見，要求其他人來解說，可以協助加強大家的思想深度。第三是提出「好答案」的人，可能只是基於創意，其實對此一方案或想法背後的理由尚未思考得十分透徹，經由此一過程可以使他們在聆聽別人為他們講述理由的過程中獲得進步。

有些教師擔心，萬一上課一開始就有學生提出接近預期的「好答案」，可能會造成剩下的時間大家無話可說、出現冷場，這其實是過慮了。

當學生答不出來時的處理方法

若學生答非所問，或無法作答，教師應針對不同原因採取不同的處理方式。因為被指定的學生未能回答，可能有很多種原因。如果是沒有聽清楚問題，或沒注意聽上一位同學的發言，則教師應再說明題意，或要求其他同學協助回顧剛才的討論過程；如果實際上都聽懂了，但只是無法想出答案，教師應給他一些時間（即使是一分鐘）來思考整理，讓他有學習及建立自信的機

會。若還是無法回答，教師應請他說明一下當前的想法，以及構思答案的困難（包括因為對個案不熟悉而形成的推理困難），然後針對這些困難，請其他同學或教師自己為他解說，以協助其思想上的提升。

教師針對學生思考上的困難，將問題「拆解」成更多但互有關連的小問題，方便學生進行分析思考，也是個案教學中重要的教學方法。

學生答不出來，教師不應責備，也不宜立即請其他學生來回答。針對學生感到困難之處積極「處理」，才不會打擊學生的自信心，也可以促進他們分析或表達能力的進步。

此外，讓學生有能力自省「自己為何想不出來」，也是訓練他們對自己的認知過程的思考能力。

利用計算題鼓勵表達力略弱的學生

有時教師可以利用計算題或較複雜的報表分析提高某些學生的參與感及自信心。

有些個案中必須用到較複雜的報表分析或在課前進行稍微複雜的計算。若不呈現這些數字，討論即無法順利進行。要求全員在課前準備，是最理想的，但萬一大家的課前準備都不深入，在教學上也會出現困難。建議可採用如下的方案：在正常的教學過程中，班上總有幾位雖然用功好學，但表達力或即時反應能力略弱的學生，進行即席回答或許不容易，為了讓他們有所表現或在同學間建立自信，教師可以在上課前幾天就私下請這些學生針對計算題或報表進行分析，到了課堂上再請他們上台解說。由於這幾位學生平常很少主動發言，教師可以將這種為大家進行課前計算或報表分析的工作，做為評分的基礎。如果教師的時間足夠，

能在課前先指導演練一下，效果更好。

投票是希望運用「公開承諾」的效果

讓學生投票是製造「建設性的矛盾」，有時有利於討論的進行。要求全班舉手表示對不同方案的支持程度，可以造成所謂「公開承諾」。有了公開承諾，就必須為該方案辯護，進而使學生不得不在課前將自己的主張仔細想清楚。教師也可以從舉手投票的過程中，找出適當人選來進行對話與辯論，或請意見相同的一群人互相推舉出代表來說明主張、進行對話。而雙方因為各有已經公開表態的支持者，肯定會讓討論更加熱烈。

以角色扮演提高學生對議題的涉入程度

討論進行中，教師可以指定學生扮演個案中的角色，進行自我處境的分析或彼此對話，藉此提高學生對議題的涉入程度，提升思考的深度以及討論的熱烈程度。「位置影響腦袋」在個案討論中也完全存在，在個案討論中，有時全班會一面倒的支持某一角色，這時教師可以邀請一位反應快、口才好的學生，請他從大家「不支持」的角色立場來進行分析。通常當他將自己置入該角色的情境，更設身處地地理解其在組織中的地位、本身被要求的績效或角色壓力等因素以後，會產生不同或更超然的視野，甚至改變了原先的立場。「換位思考」的做法，在個案教學中是可以實際操作的。

意見衝突的水準之管理

教師要仔細掌控或調整同學間意見衝突的水準。簡言之，若大家對任何議題都有高度共識，想法都一樣，則討論根本無法

進行。若某幾位同學之間總是意見相左，也可能影響班上的氣氛與友誼，而同學間的「互信」又是充分表達意見、開放交流的前提。因此教師有時要「挑撥離間」，創造可以討論的話題以促進各方能從更多角度想得更深入；有時則要「打圓場」來整合各方的矛盾，以確保衝突的程度維持在合理水準。這些都是從事單向講課的教師用不著去煩惱的。

第六節　對深化學習效果之補充意見

學生之間甚至師生之間彼此尊重與互相學習，是個案教學成功的前提。個案教師應依自己學理修養與個人風格創造這種動態的氛圍。為了深化學習效果，以下的原則與做法或許是可行的。

創造互相尊重的組織文化

個案討論的成敗，與師生所共同創造的學習環境與組織文化密切相關。而每位同學的發言，包括分析、解讀、方案提出，以及補充、反對、整合、創新、聆聽的專注程度等，共同形成了大家的學習環境。因此全員仔細聆聽每次的發言，是最基本的要求，此外尚有幾項建議：

第一，聽取其他人發言時，不只是「聽到」，而且應努力將其發言內容與自己心中的答案或架構互相比對或結合，才能聽到發言者言外之意或更深層的意念與思路。這種「用心聽」的習慣與態度，也表達了對發言者的尊重。

第二，每次發言應力求完整，確保發言內容能被大家清楚了解。因為無論聽者是否同意，意見的完整表達才能對整體討論與思考產生貢獻。發言者「用心講」，期望在場的每個人都能聽

懂，也是基於對大家的尊重。

　　第三，在同一議題的討論尚未結束之前，教師應協助或要求學生延續前面同學的觀點來進行發言，而非講自己的一套。所謂「延續前面同學的觀點」包括了整合、補充前人的論述，以及對不同意的部分提出質疑或評論等在內。有時學生會說：「他的說法我沒聽到，不過我的意見是……」，這種做法不該被允許。易言之，別人的發言內容，我們可以不同意，但不能因為不重視而充耳不聞。

　　第四，教師可以偶爾要求學生暫時扮演教師的角色，對前一段討論與對話進行摘要或小結。甚至可以將一部分「課後心得」的工作拿到課堂上，請學生針對剛才討論過程中曾觸及或獲致的主要觀念進行整理或簡要的心得報告。這種「萃取概念」的做法，接近質性研究的訓練，通常不會出現在個案討論的課程中，然而為了「深化學習效果」，若學生程度好且時間有餘裕，可以一試。有這樣的要求，學生在聆聽與整合方面所投入的心力也會提高。

　　學生的這些態度與行為模式，不僅有助於創造上課時良好的組織文化，而且對學生將來職場上的發展，也會產生極為正面的作用。

教師的「翻譯」功能

　　教師進行選擇性的「翻譯」，可以使討論更有方向和重點。有時教師的角色不只是摘要與小結而已，因為學生提出意見時，若牽涉到較為抽象的概念，往往在表達上會有一些障礙。各人之間用詞不同，概念的層次高低互異，教師應適時為他們做一些「翻譯」的工作，讓在場的同學都能明白彼此的想法與邏輯，不

至於使討論長時間陷入「雞同鴨講」的混亂場面。

　　當然，教師對學理的掌握與內化程度，是勝任此項任務的先決條件。

創造抽象觀念與實務現象間的交流

　　教師交叉運用「講出道理」與「舉個例子」的提問方式，可以深化學生的分析。有些學生提出不錯的方案，但支持此一方案背後的理由卻沒有想清楚，此時教師只要簡單地請他「講出道理」，就可以促使他的思路更向前一步。此外，有些學生喜歡在討論實務個案時，引用學理觀念或名詞，教師就可以請他「舉個例子」，協助其將抽象的學理和當下的實際問題連結在一起。

　　通常在教師進行這類提問以後，即使發言的學生一時無法回答，其他學生通常也可以幫他講出一些道理或舉出一些實例。

經由提問協助學生養成自省的習慣

　　教師的提問，除了前述之深化討論內容、引導大家做出結論，以及開啟新的討論方向之外，還可以協助學生養成「自省」的習慣。在此所謂自省，是指能夠清楚地知道自己形成決策或意見的過程中，對資料的引用與詮釋方法、因果關係的推斷，以及方案背後隱含且有待驗證的前提假設等。教師的提問，相當高比率是在探討這些方面，學生經常被問，或看到同學被問，自然會逐漸養成類似的「自問自答」的思維方式。這種思想習慣或能力，對學生長期的學習與知能成長會產生正面作用。

資料不足就指導研究設計

　　有時在進行決策選擇時，會發現個案中缺乏決策所需要的關

鍵資訊。此時可以請學生針對決策的需要，指出此一決策之正確
與否，以及是建立在哪些關鍵假設之上？甚至可以嘗試設計資訊
產生之流程及格式，以及這些研究結果對該決策的涵意。例如在
行銷決策時，發現「不同規模的經銷商占所有經銷商的比率」是
十分關鍵的資訊，但個案中並未報導。此時教師可以適時指導學
生思考，若獲得此一資訊，應如何分類比較，才能對當前的決策
有指導作用。例如，配合當前決策，經銷商的規模何謂大？何謂
小？為何如此區分？此一比率所呈現的高低，對此一行銷決策有
何涵意？

　　決策必須依賴正確的資訊，但在個案討論課程中未必可能要
求學生真的去進行資料蒐集的工作，但偶爾可藉機讓學生知道，
如果在實務上遇到此一情況，應蒐集什麼資料，以及資料的定
義、形式與分類應是如何才能對當下的決策發生指導作用。

測試學生對學理的理解與內化程度

　　教師可以利用個案討論來測驗學生是否能夠活學活用書本上
的學理，甚至運用不久前才學到的抽象原則。由於教師對這些學
理或原則應有較高的敏感度，因此在討論過程中，如果出現某些
情況恰好能應用到某些學理或原則，則教師可以引導學生朝這方
面思考。這樣一方面可以對理論與實務的結合產生正面效果，另
一方面則藉機提醒學生學理在實務上的潛在作用與貢獻。

　　以上所建議的幾項觀念或做法，只是原則上的參考而已，
並非個案教學中的必要內容。因為每一位教師的教學風格不同，
學生的素質也不一樣，教學方法本來就千變萬化而且可以自由調
整。例如，教師和學生發言的比例，或許每位教師的偏好相差很

大。如果只是將個案做為講課的輔助教材，藉個案內容來舉例說明書本上的學理，或許在某些場合或課程中，比師生問答的互動方式效果更好。此外，上課時究竟應讓學生承受多大的壓力，也是教師可以斟酌的。例如對同一位學生進行持續的提問，是否要將他逼到「牆角」，或答不出來就換人回答，這就是「壓力水準」的抉擇。

此外，教學重點究竟在提升「聽說讀想的能力」，還是「學理的傳授」，兩者相對比例應如何，也應視情況而定。只有一、兩次的個案研討，與整學期的課程不同，例如有時在學校以外的場合為企業界進行個案教學，由於上課時間有限，學員之間彼此十分熟悉，但大家對教師卻十分陌生，在這些情況下，學生間的互信、既有的組織文化、權力結構，以及對課程之期望皆不相同，教師必須視實際情形適度調整教學的方式與風格。

第七節　教師對自己教學角色的要求

教師以用心聆聽、要求複述、持續提問、摘要、小結等方式，使學生全神貫注於學習，也藉這些掌控討論的流程。同時，教師也要創造教室中開放與互信的氛圍，關注學生從表達意見到創造知識的過程，並鼓勵學生進行有意義的互動與討論。在個案研討的進行中，為了達到個案教學的目的，教師應盡量做到以下幾項重點。

專心聆聽並鼓舞學生

為了培養學生專心聆聽的能力與習慣，教師本身必須要有高水準的聆聽能力。專心聆聽並盡全力理解學生的發言內容，才能

針對發言內容提出有啟發性的問題；而且唯有教師專心聆聽，才能帶動全班學生專心聆聽的習慣，促進班上互動交流的組織文化與風氣。如果個案討論氣氛冷清，可能是大家沒有聆聽彼此發言的習慣，而這極可能是因為教師自己未能專心聆聽學生發言所造成的。

教師專心聆聽是基於對發言學生的尊重。在個案教學中，有許多方式都可以表示對學生的尊重。例如教師在仔細聆聽每位學生發言後，若能記住學生發言中有道理的部分，然後在後續的討論過程中再適當引用，則對學生的士氣與學習動機會產生極大的鼓舞作用。

充分理解學生發言內容

教師應鼓勵並誘導學生完整而清楚地表達意見，包括意見背後的推理過程或具體理由。教師不宜為了趕時間，僅要求學生進行簡單的回答，甚至只在「同意與否」之間做出選擇而已。因為唯有完整的回答或論述，對學生的思想、推理及表達能力才有具體幫助。

教師必須對每位學生的發言徹底了解，並以本身的學理為基礎，提出進一步的啟發性問題，或做出簡單的評論。有時教師自己未能掌握學生發言的重點，又不願請學生再講一次，於是以不置可否的方式來回應（例如當某一位學生發言後，若教師只提出「各位還有什麼意見」這類的問題，表示未運用自己的專業來創造討論過程中本身的附加價值）。教師的這種「不置可否」的態度可能使發言者產生「揮棒落空」的失落感，也使其他學生無法感受到教師期望的討論方向。

澄清與摘要

　　教師應適時為學生的發言進行澄清以及整理摘要。有時大家對某一段發言不表示意見，似乎陷入冷場，很可能是因為發言者語意不明，大家都沒聽清楚發言的內容；或內容稍嫌艱深，使大家來不及思考與回應。此時教師就應為大家進行摘要，或請發言者針對其發言內容進行澄清。經常這麼做，才能造成全班學生普遍地參與和投入。若教師未能時常為學生的發言進行澄清與摘要，很可能班上有些人完全沒跟上討論的步調，不僅被問到時不知所措，也失去了參與思考的機會。

　　教師對學生的參與以及有價值的觀點應有正面的鼓勵。依據個人經驗，教師其實不必刻意表揚學生的發言，只需要仔細聆聽、用心摘要，而摘要的過程中讓其他同學感到此一說法很有道理，就已足夠。

　　若還要進一步提高「肯定」的水準，可以抽選學生針對此一發言摘要並複述，若講述得不明白，就換人來摘要，甚至請原來的發言者再說一次，要求大家仔細聽。這樣可以表現出教師對這次發言的重視與肯定，對學生的激勵效果是最好的。很多高水準的學生，對修課成績表現或分數高低其實根本不在乎，但對上述教師的肯定與鼓勵方式卻很重視。甚至數十年後談起來，還回味無窮。

務必使大家都聽懂

　　由於教師的學理基礎較佳或對個案內容熟悉，因此應該較容易聽懂學生的發言內容。然而班上有部分學生對彼此的發言內容未必充分理解，教師應發揮「一個都不能少」的精神，以更精準的文句，為大家進行摘要，以利全員的積極參與。若教師未顧及

或根本未覺察部分學生在理解上的困難，而僅與進入狀況的部分學生進行討論，是個案教學效果不如預期的原因之一。教師為學生的發言內容摘要，一方面可以確保大家（包括教師自己）充分且正確地了解發言內容，同時也使全員有時間思考、吸收或檢視此項意見，這是使討論過程能做到主軸清楚，避免議題發散的重要方法。

掌控進度與適時進行小結

當一項議題的討論已接近「飽和」時，教師及時切斷針對此一議題過於冗長的討論，是維持上課流程順暢的重要手段。此一做法可以避免全班為某一議題糾結太久，並使有限的上課時間能涵蓋更多議題，對準備周全、關心議題較為廣博的學生，也有激勵作用。

教師在「切斷」大家的討論時，態度要婉轉，用詞也不應太嚴肅。此外，在每一回合討論之後，教師要試圖整理每位學生發言的主要觀點，並進行小結。此一動作的作用之一是向學生示範如何從多元且紛擾的發言中，整理出一些結論；另一個作用是讓學生知道此一議題的討論已告一段落，即使意猶未盡，也不宜再針對此議題提出看法，以便教師導引至下一個討論議題。

要求學生複述或重點摘要

要求學生複述或重點摘要前一位同學發言內容，是個案教學過程中十分重要的做法，因為學生預期可能被要求複述或摘要，會大幅提升聆聽的專注程度；經由此一過程，可以了解大部分學生在聆聽能力與理解能力的水準，如果好幾位學生都沒有聽懂，表示有必要請發言者再講一次，或由教師為大家進行更精準的摘

要說明。而學生複述的過程，也有助於教師對發言內容的理解，並獲得更多時間來準備與構思自己將要進行的摘要或後續提問的方向。

教師要求學生進行複述或摘要時，應請學生在複述中不要加入自己的意見或評論。教師可以從「單純而完整的複述」中了解複述者對發言者思維邏輯的理解程度。此一了解有助於後續的提問或小結。此外，要求學生先完整聽懂別人的論述而不急著加入自己的意見或評論，也可以培養學生以更開放的心態來聆聽他人意見的習慣。

以提問主導討論方向並配合學生興趣調整主軸

教師應經由提問，引導學生發言方向以期符合教學目的並避免議題發散。除了要求澄清及複述等動作之外，教師必須在學生發言結束，並確保大家都聽懂以後，提出讓大家進一步思考與分析的問題。提問內容決定了下一階段大家思考和發言的方向，因此教師應配合學生現階段的學習目標，在內容廣泛的發言內容中選擇恰當的議題，再轉化為提問來主導討論方向。有時討論流於發散，是因為教師未能有效掌握「經由提問主導討論方向」的機會，或所選擇的議題無法引起大家的共鳴。

議題的選擇有時應視當下學員希望討論的方向順勢調整。由於每班學生發言內容可能大不相同，因此應盡量配合學生這堂課中有興趣的部分來深化分析。雖然這樣一來，有可能使此一個案中原本希望涵蓋的議題無法在下課前獲得充分討論。但我個人的想法是，為了探討當時大家都有興趣的議題，寧可犧牲一部分原來計畫中的議題。易言之，個案教學是以學生的學習為中心，教師不宜因為太貪心，為了想傳授太多觀念而減少學生具有創意的

思考與發言；更不宜為了使所有相關觀念都被提到，而在有限時間裡將有關議題匆匆帶過，使個案討論接近傳統講課的方式。

另外要特別提醒一件事：提問應聚焦於分析思考，而非澄清個案中的資料，除了開始上課的一小段時間內，為了確保大家熟悉個案內容而針對「事實資料」部分提問之外，教師的提問主要應是提出有挑戰性，值得分析推論或表現創意的問題，以啟發學生的思考與討論。有些教師偏好使用原文個案或篇幅太長的個案，然而由於大部分學生課前未能充分準備或理解，上課時不得不投入許多時間於澄清個案中的內容，澄清完畢後已無時間進行較深入的解讀、分析，以及方案構思與評估。結果看似發言踴躍，教師也一直在澄清學生發言的內容，但實質上是真正的個案討論尚未開始，就已經結束了。

以愛心與耐心來因材施教

通常教師若對個案熟悉，很容易對學生不完整或缺乏系統的發言感到不耐煩。教師應秉持愛心與耐心，仔細聆聽學生的發言，盡量不搶話，也不應迫不及待地將「答案」告訴大家，因為學生參與個案討論的目的不是要獲得「標準答案」，而是來練習「聽說讀想」的。

針對學生不盡合理的邏輯，教師也不應直指其非，而應努力設計一些引導性的問題，讓發言者及其他學生在教師的引導下，慢慢體會到相關邏輯細節或推理過程上的偏差。

總之，教師應努力做到「因材施教」。同一班裡每位學生的聰明才智，或針對各議題的知能水準大不相同。了解各人專長（例如正在撰寫的學位論文或過去的專業或產業經驗），並在適當時機讓他們在討論過程中扮演「專家」或「resource person」的角

色，讓他們有所發揮，對學生的士氣和知能成長都有正面作用。因此教師有必要盡可能記得每位學生的專長、專業與產業經驗，並在討論過程中能夠隨時聯想到針對此一議題可以發揮貢獻的人，使其有所表現。

要隨時掌握學生的「壓力前緣」

每位學生的「知識前緣」不同，心理素質上能承受壓力的程度也不同，因此造成各人「壓力前緣」有所差異。教師提問時，要隨時掌握學生的「壓力前緣」，使學生感受到知能成長，卻沒有太多的挫折感。所謂掌握「壓力前緣」是指教師所提問題以及提問題時的態度，對被問的學生而言要恰如其分。既不會因為太簡單、「太客氣」而缺乏挑戰性，也不會因為太難而讓學生「腦中一片空白」，無從進行更進一步的思考。最理想的方式是，學生聽到問題後，內心隱約浮現答案，但似乎又不是很確定。在教師給予適當壓力或一連串的提問以後，不得不經由專心思考，從腦海中找到線索，甚至對此一問題的答案豁然開朗。

在這種情況下，學生時時感受到的知能成長，以及想到答案以後的「壓力釋放」，是互動式個案教學中讓他們印象最深刻的。

教師應節制自己的發言時間

互動式個案教學中，教師發言占太多時間是常見的問題。理想上，三小時的課程中，教師發言的時間應占一半左右，而且應該大半用在摘要以及對「提問內容」的解說，而非學理或「答案」的說明。然而有些教師為了避免學生發言太多，自己無法掌控局面；或擔心學生發言占用太多時間而無法介紹相關的學理以及個案的「標準答案」，於是限縮了學生發言的時間與機會。

209

如果教師偏好講解其所熟悉的內容，就不必在仔細聆聽學生發言後構思提問方向；若學生也不喜歡上課時用心聽、用心想，也不喜歡被要求當眾回答問題，則兩全其美的最佳方式似乎是教師多講，學生不必被要求發言，雙方都省得「傷腦筋」。然而這樣一來卻嚴重違背了個案教學的基本理念。如果以「師生都不傷腦筋」為指標，建議還是回歸到單向講授或分組報告的方式，最合乎理想。

善加處理教師多重角色所帶來的衝突

　　教師要求學生針對問題作答，對偏差的說法又要提出更有挑戰性的問題，同時又要維持主動發言的氣氛以及同學間互信交流的文化。易言之，既要創造壓力，又必須維持自由開放、主動交流的文化，這些潛在矛盾如何化解，需要每位教師配合自己的性格逐漸調適，並無標準答案。初次採用個案教學的教師，一旦發現這種因多重角色所帶來的困擾或挑戰時，才真正明白，單向式的講授相對是多麼單純而輕鬆。

第八節　教師的學理素養

　　個案教學的目的在於提升學生「聽說讀想」等各方面的知能。若欲達到此一目的，教師本身的「聽說讀想」能力必須在某一水準之上。簡言之，教師自己要能夠聽得十分仔細，才能要求學生聽得仔細；教師要能夠言簡意賅地摘要整合各方發言內容，才能成為學生講清楚說明白的典範；教師要能快速地連結理論與實務，才能隨時提出具有啟發性的問題，引導學生朝更深入的方向去思考。教師在幾小時的上課時間裡，要能聚精會神在每一次

的對答與互動，才能要求學生以高度的專注來參與討論或聆聽同學的發言。上述這些能達到什麼樣的水準，都與教師的學理素養以及相關能力息息相關。

而此處所談的學理素養，不只是熟讀理論而已，還必須對廣泛的學理有透徹的了解及高度的內化，才足以應付主持討論時必須快速反應的時間壓力。

個案教學需要堅實的學理基礎

有人誤以為主持個案教學十分輕鬆（以為個案教學就是「叫學生講講就好了」），其實正好相反，個案教學是最需要全神貫注，也是最耗費精神的教學方式。

如果個案教學只是「學生分組報告」或「學生分組辯論」，教師當然不必太勞心。然而這些方式固然有助學生的自我學習與成長，但教師所能提供的協助，只在於報告或辯論結束後幾分鐘的講評，可以發揮的空間以及所能創造附加價值十分有限。

如果是教師與學生一問一答的密集互動——學生針對教師的提問作答，教師將學生的答案或想法摘要整理後，再提出進一步的問題，讓發言的學生或全班同學一起進行更深入或不同角度的思考，則教師不僅要投入更多的心力，而且還要有相當的學理基礎才能做得好。

個案教學的道理不複雜，可以觀察到的教學過程也很容易複製，然而在實際教學時，教師最大的困難有兩點：首先，當學生針對問題，提出一項教師未曾聽過的想法或建議時，教師當下應如何回應；其次，若兩位學生想法不同，卻都各有其道理時，教師應如何整合，甚至如何運用持續提問的方式讓大家體會到雙方意見的推理過程與前提假設的差異所在。

211

此時教師能否立即整理出各方意見的脈絡、各種主張背後的推理過程及隱藏的前提假設，並提出具有一定「高度」的問題，關鍵完全繫於其對相關學理的掌握與內化程度。因為學生發言內容極為分歧，通常也不完整，主持討論的教師必須在澄清其發言內容後，立即從自己腦海中的知識存量或過去所學所知中，搜尋出相對應或相關的學理來解讀或補充這些發言內容，並同時利用這些發言內容來「活化」自己的既存知識。「發言內容」、「個案教材」，以及主持討論教師所擁有的知識，這三者經過快速而密集的激盪後，才進一步形成主持人的觀點。

此外，在啟發式個案教學的理念下，教師即使構思出更高明的想法，卻不應直接將想法講出來，應該將這些想法或觀點，再轉化為提問，引導學生朝這些想法的方向去思考。

此一過程可能只有幾秒鐘，在這短暫的時間裡，面對全班學生期待的目光，教師所能依賴者，唯有自己過去所學而已。有些教師沒有耐心聆聽學生完整的發言；有些則習於權威式教導，在聽完學生簡短的發言以後，就提出「正確答案」，或直接介紹相關的學理，這些做法都會減低個案教學的特色與基本價值 ——「啟發思考」、「活化知識」及「培養建構知識的能力」。

事實上，教師從聆聽各方意見中，針對當下的發言內容整合出一套道理，並提出啟發性的問題，比直接提供標準答案，需要更淵博的學術基礎。而且每次的師生對答，答案雖然未必是最佳的，卻分分秒秒都在教學雙方（包括所有專心聆聽的學生）的腦海中展開一段知識探索的歷程。

若是單向式講課，教師可以在課前針對上課主題充分準備，而且課堂上學生可以提問或提出不同見解的機會很少，因此對教師「功力」的測試壓力不大。個案教學則完全不同，因為當學生

（其中可能包括許多有豐富實務經驗的學員）提出意見以後，全班同學都在聆聽、思考，也都試著形成自己的想法，這時教師若無法有效回應，或其歸納的結果或提問背後的觀點不夠高明，則教師「引導討論」、「啟發思考」的作用肯定大為減弱。

能活用學理是個案教學的先決條件

　　個案教學的教師不必（也不應）從事長篇大論的解說，因此不太需要條理分明又活潑生動地為學生進行深入講解，然而卻必須時時刻刻注意聆聽學生發言的內容，並隨時提出具有啟發性的問題，協助學生對當前的議題想得更深入、更正確或考慮得更周詳。有時教師也需要整理學生發言的內容，讓同學之間更能掌握彼此發言的重點，並藉此促進大家討論時的溝通效率。基於對教師這些方面作為的觀察，很多人認為個案教師必須「聽力」很好，「反應」很快，而且擁有一定水準以上的「邏輯能力」。

　　如果再進一步探討，這些所謂的「聽力」、「反應」、「邏輯能力」，甚至將眾人發言內容「化繁為簡」的摘要能力，除了一小部分與天分有關，另外也有一部分可以藉由「個案教學法訓練」來培訓與發展，但大部分與教師對相關學理的掌握，以及能否能活學活用學理高度相關。

　　以下首先簡單介紹什麼是「學理」。廣義的學理並非僅指書上或學術論述中的理論，而是指與當前議題或決策有關的各種道理、因果關係與決策的考量。所謂「人情練達即文章」，有許多高階經理人或企業家，對該產業在經營管理上的各種因果關係、考慮因素、利弊得失、適用情況、潛藏風險，已經十分通透，即使沒有正式受過任何學術培訓，也算是懂得了這些方面的學理或道理。

213

學術界沒有機會在高階實務上長期歷練，只好經由閱讀書籍、文章來了解這些道理、因果關係以及考慮因素。其實經營管理方面的學理，絕大多數也都是萃取自實務經驗，因此，如果能大量閱讀，並將知識有效內化，則學習這些道理的效率應更優於實務中的歷練。

　　其次說明「活用」的必要。學理與經驗既多且廣，而面對的問題與決策則變化無窮，即使篇幅有限的書面個案，也難以在討論之前，就預想好所有可能提出來的「因果關係、考慮因素、利弊得失、適用情況、潛藏風險」，因此教師不得不見招拆招，隨時將過去所學的各種學術理論或聽到看到的經驗法則，從記憶中「調度」出來，協助自己進行所謂聆聽、整理、摘要與提問。

　　然而所謂「活用」，絕非刻意「套用」。若在主持討論時，只努力想要大家「套用」某一理論，反而有礙於「活用」學理。換言之，教師在聽到各種不同的發言內容後，必須借助各種想得到的學理來提升自己理解的程度，甚至聽出發言者言之未出的思考邏輯；借助各種相關的學理來將各人缺乏系統的發言摘出重點；根據與此一發言或討論有關的學理，來提出具有啟發性的問題，並將大家的討論朝有意義的方向推動。

　　當然，此處所說的學理，也包括企業界人士從實務的磨練與嘗試錯誤中所自行發展的因果關係、經營方法或做人做事的道理等在內。而對學術界而言，只要真能將所學（包括學術理論及對實務的觀察、本身的思辨結果在內）內化，主持本身專業範圍內的個案討論就不會感到困難。

　　有些年輕的教師，在主持個案討論時，偶爾會對學生的發言不知如何整理、因應或向前提問，而被「卡」在當場。面臨此一現象的第一個感覺，多半是「書到用時方恨少」。然而由於「用

214

而後知不足」，有此經歷才知道自己在哪些學理上尚有不足，下課後再仔細思考，肯定有所進步。在單向式講授時，教師幾乎永遠不會被「卡」到，經由教學而獲致進步的機會就少多了。

個案教學有助於教師對學理的理解與內化

教師對學理的掌握程度是確保個案教學品質的必要條件。而長期用心從事個案教學，也會使教師對學理產生深化、活化與內化的作用。

個案教師在每次回應的當下，必須從自己腦海中努力快速搜尋相關的道理來協助整理或支持本身的思考、論述與提問，此一過程是教師深化、活化與內化本身學理素養最有效的方式。因為教師未必能將過去所學的許多抽象學理常常記掛在心頭，時間久了，甚至還會忘了它們的存在。然而在個案教學過程中，為了要回應學生的意見，教師不得不隨時進行上述搜尋與整理的心智活動，進而驗證這些學理在特定議題上的可行性與局限性。久而久之，不僅可以對各門各派的學理在實務上的應用價值產生更深刻的體會，而且也能強化學理與自己思想的連結，甚至也可能因此而想到在學術研究方面創新且有實務意涵的研究議題。

215

有時候，實務經驗豐富的學員針對個案中的議題，提出一項十分「質樸」（完全沒有引用學術名詞或理論）的意見，乍聽之下不易理解，釐清其思緒以後才發現其實與某些學理竟然若合符節。此時教師不僅心中產生恍然大悟的感覺，對該學理的認識與內化肯定又提升到更高的層次。

教學、研究、實務，以及學理的內化、教師的自我成長，是可以經由這樣的過程互相結合的。

第九節　教師的心態

以單向講授方式上課，教師當然也必須十分投入於課前的準備，並且充滿熱情地以學生易於理解的表達方式，去為他們進行講解。

個案教學的教師，由於教學方法不同，在心態上也有不同。這些心態對教學效果絕對有正面作用，也是每位個案教師應該努力的方向，我自己也在努力培養及調適。

個案教學的主角是學生

個案教學的主角是學生，不是教師。因此教師應努力了解每位學生在相關知能上的不足與需求，再配合他們目前的知能水準，針對其需要去啟發及協助他們的成長。教學的目的在於學生的成長，而不是展現教師的學問。有了這樣的心態或認識，才能體會為何在個案教學裡，教師的「愛心與耐心」是如此重要。因為每位學生的才智高下不同，有些學生對某一觀念無法順暢地以口語表達，教師必須要有耐心地聆聽與引導，協助他們講清楚；有些學生對某些觀念無法理解，教師應試著從不同的角度提問或說明，希望他們能深入體會這些觀念。配合學生的程度，做到「一個也不能少」、「一個也不放棄」，是值得追求的理想。

和學生一起成長與學習

單向式講課是由教師準備好教學內容，在課堂上將「學問」傳授給學生。個案教學則主張教師雖然學識水準必須高於學生，但上課時常常是與學生共同探索一些自己尚未完全明白的現象或道理。換言之，個案教學的教師在教學過程中應該不斷學習、吸

收、研究,並建構與強化自己的知識體系。有很多教師表示自己「不喜歡教學,只喜歡研究」,其所謂的「教學」應指千篇一律的單向式講課。殊不知在個案教學中,每次上課過程中隨時都會出現意想不到的「研究」議題以及探索答案的機會,比嚴謹的學術研究刺激有趣多了。

虛心開放,向學生學習

教師和學生一樣,都應該有氣度與習慣去時時反省、檢討自己的想法,並在不斷修正、補充中追求進步。教師必須從內心深處承認,學生的某些觀點極可能比自己更高明。肯定學生的意見,甚至有時要向他們學習,是十分自然的。

個案教師不能有「權威人格」。換言之,不會因為學生提出更高明的意見而感到不快或覺得地位受到威脅。有這樣的心態,在與學生討論時,才能秉持公平開放的態度,而不以權威與地位來壓倒。這樣的心態以及伴之而來的「平等尊重」主持風格,才能提升學生的自信,鼓勵學生的發言,教師本人也才能經由教學而獲致知能的成長。

從內心深處關懷學生

個案教師應對學生擁有出自內心的關懷,包括在乎學生的理解程度、進步程度,以及對學生心智模式與知識體系的好奇。個案教師若想要記住每位學生的資料和過去曾經提出的關鍵觀點,未必全靠記憶力,而是隨時專心聆聽學生發言,加上對學生心智模式的關注與了解,這些都建立在教師對學生的關懷之上。

如果缺乏出自內心的關懷,教師不會費神去聆聽那些自己早已熟悉的觀點,也不必用心去發掘學生論述中不完整或不合邏輯

之處，再費心設計出具有啟發性的問題，甚至也不必在乎學生有沒有聽懂這一回合的討論內容，更不必費力氣去協助建立班上的團隊精神以及同學間的互信水準。

許多單向式講課的教師，也十分關心學生的成長，但在講課過程中，卻不容易表現出關懷的程度。個案教師因為時時刻刻都在與學生互動之中，因此關懷的程度以及所有其他的心態，都會表現在言談舉止之間，長期中不僅影響了教學的效果，也塑造了課堂中學生的心態與組織文化。

教師應盡量以平等的態度對待聰明才智不同、反應快慢不一，以及事業成就高下不同的學生或學員。基於人性，教師當然對聰明、反應快、事業成就大的學生或學員更有好感，但若過於明顯，也會引起其他人心中的不平。如果是單向式教學，這種心理上的差別待遇不易表露，但在互動式教學中卻不易掩飾，這也是個案教師應該注意的細節。

第十節　教師的成長與收穫

與其他教學方式相較，個案教學可以使教師在許多方面都有更大的成長與收穫，包括內化知能、產生創意、了解實務，以及從充滿變化的教學過程所感受到的樂趣。

知能的成長與內化

知能成長當然必須靠讀書，然而擔任個案教學的教師除了讀書之外，上課時每一回合的對答，都相當於對自己知識體系的挑戰與重新檢視。教學過程中，教師必須隨時將原訂的教學方向、學生的發言內容，以及自己過去的所學所知，三者間不斷比對融

合，才知道如何整合各方意見並持續提出有意義的引導問題。此
一過程中所產生的知識內化效果肯定高於純粹的讀書。

努力對學生意見的理解、重新整理，以及對這些意見的回
應，也會對自己產生啟發作用，因而對廣泛的學理會產生更深
入、更多角度的體會。

產生學術創意

經常主持個案討論容易產生學術上的創意，至少在企管領域
中是如此。學術研究最困難的部分是創意發想，在與高水準企業
界學員或優秀的年輕學生研討個案時，隨時可能聯想到某些學理
上的不同解釋角度或可以補充的觀點，這些都可做為學術研究創
意的來源。

219

學者如果只從閱讀文獻中去尋找可以突破前人觀點的論述或
創意，十分困難。與企業界經常進行深度的思想交流，才有超越
現有文獻內容的可能。而互動式個案教學是獲得創意的最有效來
源之一。

深化對社會或群眾的了解

學者若長期身處「象牙塔」，難免對外界社會的動態有所隔
閡，然而社會科學的學者似乎又應該有若干社會的體驗。但純粹
社交活動所獲得的體驗，在深度上遠不如個案教學中所能得到
的，因為在一般社交活動中其實很難觀察到彼此較深層的思維模
式，或企業界究竟是怎樣在「想事情」的。

個案教師長期與學生或企業界學員進行研討交流，教師又可
以隨時進行主動的提問，並藉此有效增進教師對他們思維方式的
認識。以這種認識或了解為基礎，教師在進行公開演講之類活動

時，由於對聽眾的思想結構與層次更能掌握，在解說、舉例、用詞等方面就可以更配合大家的水準與需要，在進行學術研究時，也更能理解及預測企業界的想法和做法。我甚至認為，除了個案討論，商管學院的教師幾乎沒有其他更好的管道或方式可以如此深入地廣泛了解企業界較深層的思維模式。

增加工作中的挑戰與樂趣

個案教學中，富變化的教學內容使工作中充滿了挑戰與樂趣。教師如果年復一年講述同樣的課程內容，其實十分枯燥乏味。即使每年新增一些教學內容，但所講授的基本上不會有太大改變，教師教久了，難免出現心理上的疲乏，造成資深教師不易對教學工作維持長期的高度熱忱。一旦學生感覺台上的教師對教學工作或教學內容缺乏熱忱，學生就不可能對此一課程的學習產生高度興趣。

互動式教學，包括個案討論及文章討論在內，都會使教學的內容與過程充滿變化與挑戰。相同的個案可以引發完全不同的討論內容，即使討論的主軸與結論相差不遠，但討論過程肯定變化無窮。變化會帶來新的挑戰，面對挑戰並成功處理，將使教師的工作內容充滿驚奇、樂趣，甚至帶來成就感。

培養進行實務研究或顧問諮詢的功力

商管學院的教師有時會為企業界從事諮詢顧問，或擔任實務研究、組織診斷等工作。個案教學可以培養教師在面對複雜實務問題時的理解與分析能力，以及掌握企業界的思想層次與表達方式。這些能力或經驗有助於教師在聽到實務問題時，更能活學活用所知的學理，因而對教師在實務研究或諮詢顧問方面的功力也

極有幫助。不常和企業界深入討論個案的商管教師，在面對複雜的實務問題時，想將學理用在這些實際問題上，往往存在不少需要努力克服的障礙。

　　透過個案教學的磨練，以及與在職學生的互動，使個案教師更能掌握學術與實務界間的雙向溝通能力與觀念間的轉換。

第 6 章

個案寫作與個案教師之培訓

　　成功的個案教學與個案教材的品質高度相關，因此個案教師自然應該朝「教而優則寫」的方向努力。此外，個案的教學方法，除了旁聽、觀摩，以及從實際教學中慢慢累積經驗之外，也應有更系統化的途徑來培養或提升年輕教師或未來教師的個案教學能力。本章即針對個案寫作及個案教學的教學，提供我的一些經驗供大家參考。

　　質性研究和個案寫作的關係十分密切且相輔相成。以前我曾對此寫過一些心得與想法，放在本章第四節，希望能讓重視學術研究的學者更了解個案寫作與質性研究的關係。

第一節　個案寫作

　　教師在教學中，除了使用其他人發展的個案，也可以使用自己撰寫的個案。自己寫好的個案當然也能提供其他教師使用或出版發行。撰寫個案在本質上與質性研究十分接近，教師可藉此更深入了解產業的實際運作，以及各階層、各部門管理者對實際決

策的思維方式，同時也能藉著訪問各階層的管理者來驗證學理在實務上的可行性與潛在限制。

有些相當好的個案，撰寫者並未經過訪問，而是在閱讀與分析大量書面資料後，將這些次級資料依據某些架構整理後而成。但在此所討論的個案寫作，僅針對撰寫者親自訪問而成的個案，不包括依次級資料整理而成的個案。

傳統上的個案寫作方法

傳統上的個案寫作方法，較接近「新聞採訪」，也就是撰寫者從認識的企業界朋友或學員中得知其企業曾發生過某些有趣的管理議題；或從新聞媒體中得知某企業近來出現過一些有討論價值的管理事件，即在初步進行次級資料研究以後，再依本身對問題的理解及相關的學理觀念，列出一系列的採訪問題，請對方同意接受採訪，再寫成上課用的個案。

每次採訪完畢，回來應檢視訪問所得的「逐字稿」，然後再提出下一波的問題，當幾次採訪結束以後，就整理成初稿，得到提供個案之「案主」同意後開始「試教」，試教後再補充更多所需要的內容。

如果能夠與案主維持長期的良好關係，則過一段時間後，還可以針對個案中的事件與決策，再增加後續發展的報導。這些後續發展，也可以寫成一篇短篇的個案（例如前述連續型個案中的「B」個案或「C」個案），在上課討論完畢後再當場發給學生進行更多的討論。

從以上的訪問與寫作過程，可以得知在傳統個案寫作中，個案的品質繫於個案主題的重要性、趣味性、案主所能提供資料的多寡、撰寫的文字功力，以及訪問者對相關學理深入掌握的程

223

度。而所謂「對相關學理深入掌握的程度」則表現在每次訪問前所列出的訪問問題的深度、廣度與攸關性（relevancy）之中。

如何評斷個案的優劣？

評斷一個個案的好壞，究竟有哪些標準？除了「資料完整」、「合乎實際」、「有啟發性」等較抽象的指標外，其實最簡單的答案就是「從任何合理的角度著手分析，在個案裡都能找到或推導出可用的資料」，同時「個案中不會有太多各種分析都用不著的資訊」。反過來說，失敗的個案就是「許多分析或決策方案，都難以從個案中找到可以運用或評估的資料，必須借助各種假設或現場學員提供的資料；個案篇幅十分冗長，其中卻有太多根本用不到的內容」。簡言之，如果句句都是重點、沒有一句廢話，而且能從中找得到或推論得出任何分析所需的資訊，是好個案最基本的要求。

此一判定標準，與個案教學的道理息息相關。

管理個案的主要目的，除了訓練「聽說讀想」這幾項基本能力之外，就是要讓學生有機會練習分析與決策。而決策時，除了需要創意和學理，也必須建立在許多事實前提上，決策過程就是憑藉著邏輯，將這些「創意」、「事實資料」與以學理和常識為基礎的「因果關係」串連在一起。教學用的個案教材即是提供與分析和決策有關的事實資料，使學生能根據它們來進行上述的心智過程。因此，個案中應包括各種決策上可能需要的資料（事實前提），而各種決策都不會用到的資料則不應占用太多篇幅。個案中有關產學分析方面資料的報導，也應秉持此一原則，納入決策所需要的資訊。與個案中決策無關者即不必報導，以節省個案的篇幅。

學生在分析個案時，因為必須充分運用上述這些創意、學理、邏輯來整合運用多元而複雜的事實資料，比起純粹的聽講或讀書，學習的效果極為不同。

個案素材的來源

新聞事件、聽聞來的管理故事、朋友或學員提供的資料，甚至改編舊個案等，都是個案的來源。然而從以上的寫作邏輯，個案來源最好是「曾經有過有趣（或有挑戰性）的決策經驗，決策時曾經過理性分析，與個案寫作者彼此有高度互信，又樂於分享的案主」。

這些條件若無法滿足，結果可能是找不到可以聚焦的決策點，或案主對過去的決策背景無法詳細描述，或不願提供足夠的真實考量因素，這些都會造成個案寫作的失敗。有些個案篇幅很長，從產業介紹到公司組織架構似乎相當完整，但不知從何討論起；資料雖多，卻都是公司年報上或產業分析報告中的公開資料，與個案中的決策關係不大。此一現象很可能與此處所談的個案來源有關係。

換言之，撰寫個案的過程，與分析討論個案十分類似，有關鍵資料的提供與解讀、分析、創意，以及相關學理的靈活運用。也會出現許多可行的方案，以及對這些方案的檢驗與評估。如果提供個案的「案主」對這些決策的理由與背景十分清楚，而且無所保留的知無不言，言無不盡，則這種提問與討論會十分熱烈又充滿知性。

個案寫作的邏輯與進行方式

基於以上「好」個案的標準，撰寫個案最好是從具體的決策

開始，能有一系列的決策當然更好。然後以有限的資料背景為基礎，進行分析與提出方案構想。同時再請提供個案的「案主」進一步針對分析與取捨這些方案時所需要的具體資訊，提供更深入的說明與解釋。在說明與解釋的過程中，教師們就會了解將來個案中必須包括哪些材料，才能讓使用個案的學生進行類似的理性分析。

如果提供個案的企業能夠將當年與此一決策有關的人士都邀請出席，撰寫個案的研究團隊也有好幾位各有專長的學者教師參加，則此一「多對多」的討論可以呈現出極為多元的分析角度，提供資料的一方也因為有多人出席，因記憶力、感受角度、立場及其他因素所造成的資訊偏差也會大幅減少。撰寫個案的研究團隊因為彼此專業不同，各人的提問不僅對其他人的後續提問產生高度的啟發作用，也是每一位參與者知能成長的極佳機會。這種以多對多方式提問與回答、補充的討論過程，往往比上課討論個案更為精彩有趣。

原則上，個案撰寫的最基本動作就是把在討論過程中出現的各種攸關「事實資訊」記錄整理，並依合理的大綱架構（例如產業特性、公司的產品與行銷等等）予以呈現。

理想上，這樣的討論應該有若干次。不同的參與者會有不同的思考角度以及提問方向，因此幾個回合以後，可能用得到的資訊應已充分浮現，這樣寫出來的個案，就不太會出現「在個案中找不到關鍵資訊」的情況。

以具體決策為核心的個案寫作方式，不僅寫作效率高，內容精簡，而且寫出來的個案中也包括了分析與決策必要的資訊，甚至教學手冊都可以比個案本文先行完成。在此一寫作邏輯之下，許多有關個案寫作的疑問也可以輕易地獲得解答。

外國學者建議的個案撰寫方式是在每次訪問前，提列完整的訪問大綱之類，當然也十分嚴謹，但我所建議的方法，既熱鬧又有趣，產生書面個案甚至教學手冊的效率又高。值得大家嘗試。

教學手冊的形成

從前述「個案寫作的邏輯進行方式」中，第一版的「教學手冊」，其實就是在「多對多」訪問之後，對各種決策的建議方案與這些方案背後的理由與所依據的事實前提。採用這種邏輯來撰寫個案，其實是「先有教學手冊，再依教學手冊來撰寫個案本文」。易言之，在訪問後，通常在案主的協助下，都會產生一套或幾套頗為可行的決策、解決辦法、背後的推理過程以及所需要的事實資料，這些可以做為轉換為個案本文的依據，也可提供將來使用本個案的其他教師參考。

教學手冊中的參考答案，並不是「標準答案」，而是可能的答案之一，未參與此一個案寫作的其他教師，在開始使用之前，讀了這份手冊，至少知道寫作當時的原始想法為何，以及至少有一套或幾套答案做為開始使用此一個案時的起點。

依據經驗，任何個案的討論方向與重點都不是單一的，會隨著教師的學術背景及教學目標，重點有所不同。同一個案，同一教師教久了，也會從與學生的互動交流中產生許多新的分析角度與結論。易言之，個案其實是「活的」，其可以涵蓋的議題及觀念，會隨著時間以及教師的知能成長而不斷增加和改變。

自己寫個案的價值與作用

撰寫個案的過程 —— 構思答案、驗證可行性、再蒐集更多資料，其實和討論書面個案相差不大。然而後者面對的是書面資

227

料，需要不斷從資料中找出蛛絲馬跡，經過解讀後，再將之匯入決策思考的流程；而撰寫個案時，面對的是一位或幾位對這些決策有親身經驗，對決策的背景又充分了解的高階主管，問答之間，效率提高很多。快問快答，聽到答案後就必須整理出下個有待澄清的事實，然後繼續提問。因此在分析時的挑戰性及趣味性，甚至學習效果，比討論書面個案更深刻，感覺更真實。至於「撰寫個案可以被列為學術發表紀錄」這一層次的理由，還不包括在內。

訪問進行中常見的問題

簡言之，上述依據「個案寫作的邏輯」的個案寫作，就是先有相關的決策課題，然後寫作者或寫作團隊在為這些決策尋找答案過程中，設法從案主身上蒐集決策時所需要考慮的資料。這些資料都是決策的重要事實前提，等資料蒐集到相當程度即可依大綱編成個案初稿。以此一邏輯為基礎，就可以對若干與個案寫作有關的問題，產生清楚的答案。

針對我所建議的個案寫作方式，嘗試執行的人可能會想到一些疑問：

第一，訪問時的提問，有一定順序嗎？

有些書籍建議先將問題列成清單，請受訪的案主事先準備，再進行訪問。事實上，先提供問題清單是一種禮貌，真正在進行訪問時，所提出的問題其實完全是訪問者依其本身的學理思維或經驗為基礎，在聽到一些決策背景並構思可能答案時，所欲澄清的事實前提。因此提問應沒有先後次序，乍聽之下似乎是「隨機」的，但其實背後有其邏輯體系在引導提問的方向與內容。

聽到同樣的故事或回答，由於每個人過去所學不同，提出來

的問題也大不相同。有人聽完個案的初步介紹以後，提不出什麼有道理的問題，或即使提出問題，別人很難從其所提問題中猜想到他提問方向背後的道理。聽完案主的報導與說明之後，若想不出值得進一步請教的問題，可能表示此一個案的主題與提問者的專業領域關連比較少。

其次，若案主完全無法提出其決策背後的事實資料，該怎麼辦？

個案教學強調的是以事實資料為基礎的理性決策。然而實務界並非所有人都具有理性分析與決策的能力與習慣。如果案主對許多問題的答案都是「我覺得市場的需求會朝這方向走」、「我覺得這個產業有前途，我就投資了」、「我覺得這個人有潛力就大力栽培」等，一切決策都建立在他的「感覺」上，無法提出更進一步的決策依據或理由，表示他的決策即使正確，但思維過程卻高度「內隱」，不適合做為個案寫作的資料提供者。因為他的決策完全無法以理性分析的方式來模擬，即使事後證明決策正確，也只能得到「決策者英明果斷，有前瞻性」之類的結論，對管理教學作用不大。

有些企業家其實心中的分析十分客觀理性，但不願透露自己決策思維的方式，因此也不可能提供太多決策背景的事實資料。他們參與個案提供其實只是為了企業的公關宣傳，或塑造個人英明睿智、愛護員工又重視公益的形象，這樣的個案當然沒有討論的價值。

第三，若訪談中，發現案主明顯前後矛盾或與彼此描述不一致，應如何澄清比較恰當？此外，一家公司大約要訪問幾個人，幾個層級的資料才夠？

為撰寫個案而進行訪問是十分耗費腦力的工作，這對訪問

229

者和被訪問者而言，都是如此。因此「一對一」的訪問，時常會「卡住」，無法聚焦地深入探討，導致效果不佳。若「卡住」後轉而聊些輕鬆但與主題無關的話題，對雙方而言，也是浪費時間。

因此，最有效的個案寫作方式是前述「多對多」的討論，幾位教師一起訪問幾位公司的經理人。這樣一來，由於相關的經理人都在場，若有記憶不清或表達意見時令聽者產生誤解，其他人可以立即更正或補充，不必事後再印證誰說了什麼，以及誰講的比較完整正確。再者，訪問者可以團隊合作，「接力」進行提問，不會出現冷場。各具不同專長背景的訪問者，也可以從彼此的提問中學習到其他人的觀點或思維方式，這比一般的學術研討會的知識交流效果好得多。

第四，究竟有哪些值得注意的決策，以及每項決策所需要的事實背景資料，在文字表達上「明顯」的程度應如何取決？

資料展現得太明顯，答案似乎已呼之欲出；太隱晦，則使用者不容易猜到重點，各種線索究竟要「埋」得多深，是寫作藝術的問題，無法以簡單的原則來說明。但建議初稿完成後，不妨在課堂上試用幾次，就會發現有些文句交代不清，有些重要決策所需要的關鍵資訊並未包含在個案中。因此持續的修訂補充，甚至向案主進一步請教，都是個案寫作的必要程序。

第五，個案寫作需要投入多少時間？

個案寫作最重要的是掌握主軸。如果是「多對多」的問答，撰寫個案的訪問團隊也思慮周延，能提出關鍵問題；案主（及其出席同仁）在決策時資料完備、推理清楚，對這些關鍵問題都能提供相關資訊，則大約三至六小時可以得到與決策有關的主要資訊，整理出一個長度適中、有教學價值的個案之教學目的、討論主軸及初步大綱。

「多對多」訪談之後，必須深入進行更具方向性的訪問並請案主再行修訂，爾後的寫作、文字修潤，以及「試教」等，則視各人的功力及時間掌控而定。

有關「多對多」的訪談實際進行方式，在下一節有更完整的介紹。

第二節　個案主

在競爭激烈，大家的策略思維與管理方法仍有必要維持相當程度「隱密性」的情況下，能找到願意提供較完整個案資料的企業，實屬不易。但如果願意參與「多對多」形式的個案寫作，提供個案的企業也可以在廣義的管理知能上有所獲益，有助提升個案主的分享意願。

有些企業只想到利用個案從事企業或個人的文宣活動，未能提供深入的決策資訊，則寫出來的個案使用價值有限，而且因為形象包裝太多甚至「一味美言」，相當於為他們「背書保證」，對撰寫者的聲譽也有一定風險。

願意提供完整資訊的企業，值得肯定

企業願意將本身決策的成敗經驗完整提供給學校撰寫個案，是十分不容易的事。很多年以前，美國企業界似乎比現在更樂意將自己過去的經驗及決策考量，完整的讓大家分享。但近年來很多企業似乎發現由名校出版個案，不僅可以行銷全球，而且對企業的形象也有正面作用，基於這種形象塑造的動機，近年來的個案似乎更強調報導本身的成功故事，或推動某一項專案的成功經驗。敏感而深入的問題，例如決策者真正的思維模式、深層的策

略構想、部門間的矛盾等，盡量避而不談，內部具機密性，但對決策分析十分關鍵的資料也不太願意提供。這樣一來，使個案分析的真實性與深度都大受影響，也間接降低了個案教學的價值。

　　台灣企業內部擁有的客觀資料本來就少，外部競爭又十分激烈，因此對提供個案教材的態度更為保守。我十分理解他們的考慮，因此近年來比較傾向撰寫隱名的個案，不僅保護了提供個案的案主，而且也避免學生或在企業界有工作經驗的學員，在課堂上爭相提供「更真實、更內幕」的資訊，干擾了正常教學活動的進行。

　　願意提供較完整資訊的企業，有一些值得肯定的特色，然而提供個案雖然是對社會的貢獻，但對其本身也有一些正面作用，尤其是本書介紹的「多對多」訪問與寫作方式，也相當於對本身高階人員的教育訓練，甚至企業診斷，其實也有不少價值，有意願提供個案教材的企業家或可參考。

怎樣的企業才樂於分享個案？

　　有些企業樂於分享本身的個案，有些則否。近年來，台灣開始有企業樂於分享其經營管理的經驗，這是好現象。樂於對外分享個案的企業，大致有以下特性：

　　第一，組織內部對過去的決策情境與過程有比較完整的記憶，甚至有書面紀錄。這其實也代表他們的決策經過深思熟慮，不僅基於完整資料，也經過理性思辨。有些企業在進行決策的過程中沒有想清楚，事後也說不明白，即使成功，極可能是運氣好或誤打誤撞使然。這種企業即使有心分享，也無法提供有價值的個案。

　　第二，組織內部對這些決策過程有相當一致的認知，而且在

組織文化上，也鼓勵大家對公司的各項業務公開討論。有些企業則大部分決策都讓同仁不明所以，以重重禁忌嚇阻了大家的好奇心。這種企業的各級主管當然很難完整描述一個事件的始末，或每個人各自有不同解讀，無法呈現當時決策過程的真相。

第三，願意分享個案的企業，其組織所擁有的內隱知能豐富，根本不擔心同業可能從個案中偷學什麼。反之，只有一招半式的企業，「家有敝帚，享之千金」，沒什麼大不了的做法，也被當做營業機密，不敢告訴別人，深怕「動搖國本」。

第四，有些企業天天追求進步，也有系統化創造經營知能的方法，他們不介意將今天辛苦獲得的管理經驗分享他人，因為知道明天還會構思出更好、更新的方法。再者，因為有能力「教學相長」，因此在將經驗整理出來的過程中，自己也會對這些經驗有更深刻的體會、詮釋與反省。反之，愈無法在策略或管理上自行創新的企業，愈不願分享；愈不分享，就愈故步自封。

第五，通常愈有自信的人，愈敢以真面目示人，愈不需要依賴「形象包裝」。擁有此一特質的企業，比較不怕別人在個案資料中，看到自己過去在某些方面的決策失誤、能力不足或由於因緣際會而獲致的成功。嚴重缺乏自信的企業，處處希望在外人面前表現出完美無瑕的形象，一切對外報導，都必須將本身塑造成最佳實務的典範，這種企業同意發表的個案，其實都是「文宣政策」的一環，在教學上的價值十分有限。

第六，企業要對國家社會有所關懷，才會願意分享自己的經驗。因為好的個案教材是管理教育成功的重要前提，而提供個案素材，是為國家管理人才的培養盡一份力量。因此企業家要有「利他主義」的精神，才能樂於向社會大眾分享自己的成敗經驗。

能夠將自己的決策經驗，和盤托出與大眾分享，是難能可貴

233

的。這些企業和企業家真的值得我們的肯定與感謝。因為絕大多數的企管學理來自實務的觀察、體驗與歸納，而個案教學則是管理教育中最具實效的教學方法，對教師的知能與實務知能成長也會有關鍵性的作用。這些都需要企業界無私地分享本身的經驗或個案。如果大家不願分享，個案教學不易實施，管理理論難有進展，教師的成長也會受到限制。

分享決策經驗，利人利已

管理教育十分需要個案教材，因此亟需企業界無私地分享他們過去的決策經驗。前述以「多對多」方式的訪問與個案寫作，進一步說明如下：

企業負責人率同各部門主管，由其中一位部門主管提供個案素材，與一群教師進行互動答問。該部門主管負責提出過去曾面臨的某些問題；教師群則針對這些問題提出有待澄清的事實，並請教「為了解決這些問題或進行決策所需要的背景資訊」或「是否可以採取某些解決方法」等。而聽到企業界的回答後又會引發教師們更多提問。教師群的學術背景不同，考慮角度極為分歧，輪流提問可以讓大家從不同的觀點對此一決策情境產生更為全面的理解。三小時討論與提問，得以形成相當完整的個案架構與主軸，甚至包括未來教學時的大致討論方向。當負責撰寫個案的教師到企業進行後續參訪時，也因而更能掌握重點。

運用此一方式撰寫個案，除了產出的效率高、讓教師有機會深入了解企業實務、在學術觀念上可以彼此交流外，對提供個案素材的企業其實也有不少好處：

首先，包括領導人在內的企業各級主管可藉此討論過程對內部許多部門的運作細節產生更深入的了解。

其次，教師群的提問可以擴大各級主管分析問題的視野、了解其他部門主管對當時此一決策的認知與感覺，甚至對過去的決策及決策過程產生深入反省的機會。

第三，為了提供個案，「案主」（部門主管或企業負責人）必須整理出足夠且有系統的資料，甚至事先準備當教師群提出一堆「為什麼」時該如何回答。進行這些事項對他們思路的強化，比聆聽任何大師演講都更有幫助。

勿為企業過度包裝而賠上聲譽

有些企業對分享決策成敗經驗並無意願，只希望經由大學的個案出版，為自己或為企業塑造及提升形象。他們對當時的決策困境以及當時考慮的方案與因素，都無法或不願提供。由於亟需個案素材，有些教師也不得不委曲求全，同意進行這種個案的寫作與出版，結果呈現的幾乎全是企業文宣或對其領導人的歌功頌德，甚至引用一些教科書上介紹的制度，當做自己的做法來向個案撰寫人介紹說明。這種個案與真實情況相去太遠，在課堂上肯定會有人提供更多與個案內容完全不同的內幕消息，這樣一來，同學們樂得聽故事而不必討論，而教師因為內幕消息少，顯得難以發揮，更無法扮演應有的「提問」、「啟發」等角色。

再者，如果在個案中將該企業描述得太完美，等於是以學術機構的地位來為其「背書保證」。如果使用個案的學員指出個案中所報導的與事實不符，甚至將來此一企業發生任何負面消息，或許對個案撰寫者及其學術機構的聲譽也會造成不良影響。

隱名的個案

近年來，我傾向主張應撰寫不具真名的個案。因為很多企業

235

都願意分享其一部分的經驗，但未必願意將其經營的全貌攤開在公眾之前。其願意分享的部分經驗或故事，十分有趣而且具有相當高的管理涵意，若成為上課用的個案教材，將極有價值。

折衷的辦法是將其寫成一個較短而不列出真名的個案，與主要議題關係不大的資訊可以完全不交代，只提供必要的資料，足夠學生針對個案中的特定議題進行分析與討論即可，但這種做法也有缺點：

第一，提供個案材料的案主，無法列名在個案上，使其付出與貢獻無法讓大家知道。

第二，當前有許多人還將個案研討視為「了解企業內部消息」的機制，因此偏好實名個案。隱名個案（例如「A公司」之類），不容易引起大家使用的動機。有些教師寧可使用一些知名大公司的「官方報導」，課前學員們不必費心分組討論，上課時也不必師生答問，大家只要針對這些大公司的內幕消息各抒己見即可。教師輕鬆，學員愉快，而且聽到很多有趣的資訊。至於「聽說讀想」之類，當然相對都不重要了。

第三節　個案教學法之教學

本書主要目的在介紹個案教學法的原理原則。然而即使充分了解這些原則，與可以「上場實作」之間還有一段距離。此外，旁聽其他教師主持個案研討，雖然也有其價值，但在旁聽過程中，旁聽者的注意力主要集中在觀察台上教師如何引導討論，未必能隨時想到「遇到這種情況，我該怎樣去引導和提問」，因此心理上的「介入程度」不高，效果也有其限制。因此如何進行個案教學法的教學，值得探討。

近年來，有些大學投入不少資源，選派教師前往國外名校聆聽教學經驗豐富的教師講解個案教學的原則與理念，並觀摩互動式的個案討論過程。然而大家都知道，從觀摩別人到自行操作，中間尚有一大段距離。換言之，明白了個案教學的道理，又看過別人的教學過程，並不表示自己就能依樣畫葫蘆，足以上台主持充滿變化與挑戰性的個案教學工作。

　　在先進國家的商管學院中，傳統上培訓個案教師的方法是請資深教師坐在教室中觀察新進教師的上課方式，課後再針對後者教學的過程，進行回顧與檢討。此一方法當然比新進教師從旁聽來學習更有效，但投入成本及時間則略嫌太高。

　　有鑑於此，為了協助未來的教師及年輕學者提升主持討論的實作能力，我在政大博士班開授「個案教學法研討」的課程，同時，為了推動「企業內部個案教學」，也偶爾在EMBA和「企業家班」開授類似的課。學校也主辦了幾次跨校的活動，邀請各校對個案教學有興趣的教師來參加。課程進行的方式還算創新，效果也不錯，在此向讀者報告一下做法和心得。

　　簡言之，即是請修課的學生上台主持一個小型個案的討論，現場錄影，並當場將剛才個案討論的過程，逐段逐句重播回顧，將整個主持與討論的過程當做個案素材來研討。

　　在執行上，主持的學生必須事先仔細策劃討論的方向並構思預期的教學目標與討論結果，並列出可能的討論問題，甚至在課前邀集同組同學先行「試教」一番。用錄影機來學習個案教學，雖然會使「實習主持人」在主持時必須面對鏡頭所產生的壓力，但有助於教學經驗的快速累積。

　　錄影完畢後，首先要求實習主持人回顧在教學過程中的感受、想法，並對教學效果進行整體的回顧。其後的「重播」

237

（replay）則是大家學習活動的重點。

　　重播時，大家會針對主持人的每次提問、每次聆聽同學發言後的摘要與整合、口語表達的條理與清晰程度，甚至每次發言前內心的想法以及發言的預期目的，逐一檢視。全班同學也毫無保留地將當下的所見所聞所思，提出問題或詢問，並進行有深度的意見交流。

　　這些參與討論個案的「學生」，有時就以同班同學來擔任，有時為求更「逼真」，也會請一些碩士班或大學部的學生來擔任「學生」的角色。

　　如此每週由不同的人來分別主持不同的個案，長期下來，教學雙方都感到收穫良多。

　　在錄影回顧時，常發現有些主持人提問不夠明確，造成同學發言的發散；有些主持人「聽力」不佳，無法掌握發言者發言的主要內容；有些人面對來自各方的意見時，無法及時歸納整理；有些人在聆聽同學發言後，無法摘出其中與教學目的有關的部分，並將之匯整到討論的主流之中。有些人好奇心重，聽到有趣的意見，就偏離原先設定的討論主軸與教學目的；有些人在試圖整合各方意見時，才發現自己在學理上的廣度不夠或內化程度不足。事實上，這些都是剛開始從事個案教學的教師們經常遇見的挑戰。

　　在回顧的過程中，大家除了一起觀摩檢討主持人的表現之外，每個人（包括我自己）也能藉機反省自己在這些方面是否也有相同的問題。甚至也可以模擬一下，如果當時自己是主持人，遇到此一情境應該如何處理。

　　個案教學和很多實務上的工作一樣，講道理不難，但培養實際操作的「熟手」卻極不容易。此一課程的目的，是希望更多的

教師，可以經由這一過程，更深入體會互動式個案教學的精髓，並在教學上獲得更好的效果、樂趣與自我成長。

有些認真又追求精進的年輕教師，每次上課時都將自己主持的討論過程全程錄影，課後再自行回顧，這對個案教學的功力提升，效果也相當宏大。

就長期而言，如果過去曾在個案教學中做為「學生」的角色，未來擔任個案教學的教師會更容易進入狀況。因此，有志於從事個案教學的年輕教師，除了「旁聽」資深教師的教學之外，若能和學生一起討論個案，深入體會一下「當學生」的感覺，學習效果會更好。

第四節　個案教學、個案寫作與質性研究

個案教學、個案寫作及質性研究三者之間，有著密切的關係，不僅相輔相成，彼此之間也存在著互相增強與補益的作用。

三者之間關係概述

互動式個案教學中，教師要能針對學生的論述及答案，構思自己的想法，然後以這些想法為基礎設計問題，進行提問。在此一心智流程中，教師會不斷從自己的知識庫中搜尋有關的因果關係網及調節變項等，進行重組及整合，做為進一步思考與提問的基礎。

其次是個案寫作。檢視個案品質的重點，不在於格式與文字技巧，而是內容能否引發學生不同的思考方向，並提出各種可能的推理，而在反覆研讀後，又可以在個案中發現進一步分析或驗證時所需要的資料與線索。再者，這些資料的解讀並無單一的明

確答案，而且在解讀過程中可以有效地反映出每個人內心深處的思考邏輯與價值取向。所謂不好的個案，是指資料雖多，但無論用什麼架構切入，這些資訊都沒什麼用處；但在做決策時，卻無法從個案中找到關鍵的資訊，必須借重大量無從驗證的假設來進行推理，甚至導致個案討論與個案內容完全無關。此一觀念已經在前文中指出。

個案教學與個案寫作所仰賴的都是以相關學理為基礎的邏輯思維，教師在累積了相當多的個案教學經驗後，才能逐漸掌握這些邏輯思維方式，再運用這些思維方式進行個案寫作中資料的取捨。換言之，必須對個案教學相當熟悉，才可能寫出資訊完整、可供學生再三研讀，既有爭議性又有包容性的好個案。

這就像研習數學一樣，懂得數學定理還不夠，還必須勤做習題，等到習題做多了，相關觀念也完全掌握了，才有可能「編製習題」。雖然會教個案的人未必寫得出好個案，但未經常從事個案教學的人，通常所撰寫的個案，品質不會太好。

而個案教學與個案寫作其實又建立在質性研究的基礎上。不同於廣發問卷或運用電子資料庫再做統計分析的量化研究，質性研究者必須投入大量時間，訪問實務界人士，並針對他們的回答，持續提出更深入的請教問題，然後再從這些訪談的內容中整理出前人所未見的道理。此種研究雖然未必能提出什麼偉大的見解，但其過程卻是訓練訪問者思維能力的極佳方式。這種訓練對個案教學與個案寫作十分重要，曾經從事過質性研究的學者，在個案教學與寫作上，肯定更得心應手。

為什麼要從事學術研究？

教育當局近年不斷大力鼓勵學者從事研究發表，然而，為何

要投入大量資源與時間進行學術研究？尤其就社會科學而言，基礎學術研究與教學品質、國計民生，甚至「國家競爭力」有何關係？青年學者除了在意論文發表數量對求職與升等之影響外，在進行學術研究時還應該關心哪些事？

我認為學術研究至少有兩項重要的預期貢獻：

第一是知識的創造與累積。單一的研究，在知識上雖然極難有所突破，但結合了數百位、數千位學者針對相關主題的研究成果，就會逐漸帶動知識的進步，讓人類能夠從更多元的角度、更深刻地了解這個世界，甚至能更有智慧地導引人類文明的方向。

第二是對學者思考力的訓練。在學術研究過程中，學者有機會瀏覽或咀嚼別人的研究成果，並經由觀察、實驗、思辨，提出自己的觀點。在此一過程中，縝密的思考與合乎邏輯的推理能力，都將因為經常運用而有所進步。

訓練思考力的方式不只一種。精讀經典以揣摩前輩學者的思路歷程、上課時針對文章或個案進行互動式對答討論，以及從事學術研究，都是訓練思考力的有效方法。至少在與企業管理有關的學術研究方面，我個人認為，與量化研究相比，質性研究由於缺乏數理工具的協助，因此對研究者的思考力更具挑戰性，也更能產生正面作用。

學者思考力的訓練與成長

學術工作者被期許可以創新知識、指導學生，甚至能分析複雜的社會、經濟、組織現象，除了他們擁有豐富的知識之外，最重要的還是因為大家相信學者有「思考能力」。事實上，知識日新月異，書籍不斷推陳出新，搜尋引擎與電子資料庫的功能也愈來愈強大，使「擁有知識」的重要性遠遠不如「思考力」。而且

知識創新的品質與效率，也與學者的思考力息息相關。如果一個國家的學者，普遍只能以追隨者的角色，投入大量心力，蒐集資料來驗證外國學者所提出的理論，或只能轉述外國學者的觀點，則此一國家的知識創新力肯定不高。

身為學者，當然要不斷吸收其他學者的新觀點，但思考力的訓練，則必須依賴本身的學術研究。易言之，必須在學術研究過程中不斷磨練和提升思考力，有了思考力，才能從現象中看到社會運作背後的真相與道理；了解各種決策與行為成敗的原因；洞察企業、組織，乃至於朝代興衰的法則。有了思考力，才能活化書籍與文章中的學問，使之成為解決問題或互動式教學的後盾。

質性研究

質性研究的主要管道是訪談與觀察，當然還必須輔以資料閱讀。在企業管理的研究中（尤其是高階的策略與組織議題），長時間的深入觀察十分不易，因此取得資訊的方式主要是訪談。質性研究的訪談，不同於一般泛泛的訪問，因為既是「研究」，就不能局限於純粹事實資料或受訪者意見的報導，而是要從訪談中，找出「道理」來。而「找出道理」的過程，就是學者訓練思考力的最佳途徑。

在質性研究的過程中，不同的受訪對象，針對相關的議題所提出的觀點或「事實」，可能是互補的，也可能互相矛盾。如何利用互補資料，構思出更完整、更深層的真相或道理；如何從互相矛盾的陳述或資料之間，找出值得更進一步分析探討的疑問或有待驗證的假設；如何從不同的方案中，整合出兼容並蓄、既深入又周延合理的解釋，這些都是考驗或訓練思考力的過程。

易言之，從現象中找出因果、從矛盾中找出進一步驗證的

切入角度、從訪談對象的言論中，不斷提出有意義的問題，處處都展現了研究者思考力的力道與深度。而質性研究的主要活動即是研究者針對有意義的議題，不斷地向不同的人提問，再從答案中找出更進一步的問題，在進行中逐漸浮現出前人（包括相關主題之學術研究者及高度熟悉此一問題的所有受訪者）從未想過，但卻又能欣然接受的解釋。然後，設法將此一解釋或「道理」與現存理論連結及比對，以融入理論的體系中。這不僅是研究的程序，也是人類知識系統化累積的程序。

質性研究者的條件

量化研究雖然也必須以理論為依歸，但也必須（或「可以」）依賴嚴謹的抽樣方法、大量的資料（例如資料庫或問卷調查）、高深的統計或數理技巧、快速的電腦運算能力，以結構化的方式來獲致結論。質性研究者無法仰賴這些資料處理工具，因此，對研究者的條件有不同的要求。

質性研究者必須與各方人士進行長時間的訪談，基本要件是要對知識擁有高度的好奇心，以及具有親和力，讓對方願意分享與傾吐。此外，必須要有聆聽、觀察的能力與習慣，而且要能聽得深入、聽出言外之意，並在鬆散的論述中理出頭緒、找出矛盾之處。

再者，由於訪談的對象是人，所以難免有情緒、有自己的意圖、有表達能力上的不足，甚至對許多經歷有其難言之隱。因此，訪談者必須有高度的同理心，可以從表面的言詞中體會出對方內心更深層的想法；甚至要能透析人性，才能從轉述的故事中，猜想、模擬當時的時空背景與人際互動過程。

理論的素養當然十分關鍵。訪談者必須對相關學理有廣泛

且相當「內化」的理解，以支持訪談時的多元角度及問答深度。易言之，相較於一般人，一位研究學者在針對相同主題訪談相同對象時，其訪談的進行內容及結果必然大不相同。研究學者的訪談品質如果較高，或更能掌握問題的核心，主要應該是借助於其「理論背景」的指引與支持。亦即，在訪談過程中，訪談者心中必須不斷地進行「資料與理論的對話」，讓聽到的資料所引發的悸動，喚起腦海裡現有知識存量中隱約的關連，同時也經由對理論的觀照，將零散、線性、平面、混雜的資料，賦予鮮活而立體的生命。此一過程在質性研究中，一再地反覆進行，也是質性研究最令人興奮的部分，曾從事質性研究的人，必然有此同感。

理論背景指引並支持了訪談者對資料的認知、選擇與詮釋，然而也極可能局限觀察與思考的角度，如何適時適度打破理論架構對思想所造成的限制，避免成為自己「思想的囚犯」，也是一大挑戰。其他研究方法當然也有類似的處境，但質性研究在整個過程中都高度依賴腦力的運作，因此，更必須注意避免陷入「老生常談」（過度制約於現有理論）與「漫無章法」（過度脫離現有理論的啟發）這兩種極端。

事實上，若不考慮「流派」或投稿難易的問題，質性研究其實大可擺脫一切理論所創造的前提，背棄所有的「典範」或「哲學觀」，以多元而自由的方式，讓心靈進行毫無拘束地探索與馳騁。此時，過去所學的種種理論學說、前輩大師開示的金玉良言，固然孕育研究者今日的心智與視野，卻對眼前現象的觀察、解讀，甚至思想的創新，絲毫不形成任何拘束或障礙。

受訪者回答的意願影響整個研究的進度與品質。從經驗得知，「會問」是「願答」的重要先決條件。若能快速從受訪者的回答中，找出有待詮釋的矛盾，提出深刻的問題，甚至受訪者未

曾想過，但又隱約覺得應該重新省思的疑問，訪問才容易順利進行。易言之，要問到重點，「搔到癢處」，才能引出對方較深層的思考與回答，可見思考力的水準與品質，也會影響訪談結果的品質。

思考力與質性研究的雙向關係

　　質性研究提升了思考力，思考力也決定了質性研究的水準。除此之外，經由質性研究所培養的思考力，對讀書也有幫助。因為所謂讀書，其實也就是與作者在進行一場深度的對話。有了思考力，更能體會作者的思想脈絡，可以看出作者文字背後的架構，推論作者言之未出的思想精華。因此質性研究的訓練過程，也是培養讀書與學習能力的過程。

質性研究與個案教學及個案寫作的雙向關係

　　質性研究所培養的思考力，更是主持個案教學成敗的關鍵。事實上，質性研究相當於「進階版」的個案討論；而互動式個案教學的思辨過程，則近似於一個小型的質性研究。因此，個案教學有助於提升師生雙方進行質性研究的能力，而質性研究所培養的思考力，則有助於教師在個案教學中的各類思考與提問。簡言之，個案教學過程中，教師必須不斷地仔細聆聽，再從聽到的內容中，賦予意義，提出可以促使學生更深入思考的問題。完全沒有質性研究經驗的教師，如果想要有效進行此一高度細緻的心智活動，其實也不容易。

　　多從事質性研究，對個案教學方法的掌握絕對大有助益，而質性研究與個案寫作兩者之間，更是相輔相成，相得益彰。

內篇

緒論

本書〈內篇〉共七章。將從「知識」、「學習」、「思考（想）」這些更基本的觀念進行說明與分析。希望讀者在了解個案教學的心智流程與背後的道理以後，可以對個案教學方法的原則以及其實施上的「常與變」有更好的掌握。

這些「內隱心智流程」，主要包括所謂「第一類的想」與「第二類的想」以及各種「思辨能力」在內，而心智流程的主體則同時包括了學生與教師雙方。為了說明這些心智流程，就必須先介紹「實用知識」以及狹義與廣義兩種知識的意義與內涵。

當我們了解這些「內隱心智流程」以後，應該可以對個案教學的目的與實施上的細節、「聽說讀想」的重要性、學習與讀書的意義，甚至個案教師的角色等產生更深入的理解。也就是說，當我們明白了這些道理以後，就能夠更深入理解本書〈外篇〉中的各項主張與建議。

了解師生在互動與討論過程中的心智流程以後，就可以更深入地

探討教師的提問原則與方法。提問是個案教學中教師創造附加價值的主要作為，也可能是剛開始從事個案教學的教師感到最有挑戰性的部分。提問背後也有許多「內隱心智流程」，而提問內容也反映教師對教學目標的取向以及對個案分析方向的主張，在第十一章舉出一些想法與實例來解釋說明。

當我們了解這些「內隱心智流程」之後，應更能體會個案教學過程中，教師在學理上的素養、開放而謙虛的心態，以及愛心與耐心的重要性。這些都使「個案教學」成為一項值得所有希望能經由教學提升學生思辨能力，甚至提升自己思辨能力的教師，終身追求的志業。

本書所介紹的與個案教學有關的「內隱心智流程」，主要係歸納自我個人從事個案教學的親身經驗與自我反省。其中當然也參考了部分學理，但本書在理論認證上，甚至名詞定義等方面並不嚴謹，因此只是一些我個人相信且認為有用的「道理」，並不能被視為個案教學的「理論」。

第 7 章

知識與知能

　　個案教學的主要目的在培養或強化學生「聽說讀想」的能力，而非傳授具體的知識，也不在介紹廣義知識中的「資訊」。然而「聽說讀想」的標的是知識或知能，而且我們希望能靈活運用、系統化存取，以及創造與強化的，也是知識或知能，因此若希望對個案教學背後的道理有更多的了解，勢必對知識及知能的意義有所掌握。

　　本書的目的之一是希望知識或企業管理方面的知識能對實際問題的分析與決策有所助益，因此所討論的知識，僅限於實用知識。在實用知識中，本章又將與個案討論或企業管理有關的知識分為狹義的知識與廣義的知識這兩大類。

第一節　實用知識

　　為了說明「個案教學的內隱心智流程」，首先要談的是「知識」。從宇宙萬物到人生百態，處處都是學問，目前人類擁有的知識已經浩瀚無涯，未知世界更是無窮無盡。然而本書所能關心

的只是其中一小部分的「實用知識」，尤其是與企業管理有關的實用知識。

易言之，學理上對知識的定義及界定的範圍極為廣泛而多樣，本書係由企業管理教學的經驗出發，因此所界定的知識僅限於「實用知識」，甚至與「管理」有關的實用知識，不包括抽象學理、基礎科學或人生哲學。這些實用知識的作用除了可以指導決策與改善行動品質與效率，也可能指導並修正解決問題的思想方法。

當出現有待處理的問題或決策時，我們會希望這些實用知識對解決問題或決策有具體的幫助。以下是幾項與實用知識有關的觀念：

第一，知識是否實用，其實在「用」之前也很難辨別，因此不可能將各種知識都加以「標籤化」，並依其實用程度加以排列或分類。因此，除了企管有關的學科，或經濟、會計、統計、法律、心理學等之外，哲學、數學、歷史、地理、藝術等學問或觀念，都有可能對某些議題的思考或決策產生若干具有實際價值的啟發或指導作用。

第二，即使面對同樣的問題、擁有同樣的知識，有些人就是比較會「用」，有些人則不會。可見是否實用，也與使用者或當事人「運用知識的能力」有關。更進一步想，這種「能力」也未必全靠天分，因為用進廢退，如果有人將這些知識試著用或常常用，運用知識的能力便會提升，進而可能覺得許多領域的知識都很「實用」。反過來說，有人「運用知識的能力」不高，會覺得書上的知識都沒有用。經由練習來提升這種能力，是個案教學的主要目的之一，在後文將會進一步說明。

第三，為了「解決實際問題、指導決策與行動」，還需要很

多「資訊」，因此就實用的角度，廣義的實用知識也應包括有用的「資訊」在內。例如就以企業管理而言，如果一位企管學者，即使學富五車，熟知各種學理的觀念，但若對某一產業的特性、產品或技術的意義以及某一組織內部的運作方式完全不了解，則對此一企業也不可能提出什麼有深度的建議。必須對所謂的「產業特性」與「產品或技術的意義」與「組織內部運作方式」等充分了解以後，他的「學理」才能有所發揮。在此，「學理」是所謂的知識，本書中歸類為狹義的知識，而「產業特性」與「產品或技術的意義」、「組織內部運作方式」則相當於「資訊」，本書中將其歸類為廣義知識的一環。廣義的知識中當然不只包括「資訊」而已，還有許多其他重要的元素在內（例如過去曾出現過的各種問題以及相關的解決方案），這將在本章後文中再行說明。

第四，有許多實用知識是當事人經由長期的「做中學」而來，既非從書本中學到，也不完全是別人教的。而能否有效的「做中學」，也與某些能力有關。

依據以上分析，可見廣義的實用知識應該包括知識、資訊、解決方案與能力在內。而其中所謂的能力則包括了活用知識與資訊的能力，以及從實作中學習或創造知識與知能的能力。本文中將它們稱之為「知能」或「思辨能力」，以與純粹的肌肉或技巧方面的能力有所區別。

第二節　狹義知識的三種類型

狹義的知識可以分為「結構性知識」與「程序性知識」（知能），而後者又包括為達成具體目標而採取行動時所需要的知

能，以及在心智層面進行分析與診斷的程序性知能。

　　用一個簡單的實例來說明這幾項概念：與廣告有關的決策很多，它們和廣告效果之間複雜的因果關係以及背後的道理，可稱為「結構性知識」；從訴求設計直到廣告推出的一系列具體做法，所需要的是「行動的程序性知能」；廣告推出以後，如果效果不甚理想，想找出原因，此一過程則需要用到「診斷的程序性知能」。

結構性知識

　　本書簡單將結構性知識定義為各種因果關係網、因果關係的適用情況，以及形成這些因果關係背後的道理。

　　以「命題」方式來表達變項之間的因果關係，是結構性知識的基本元素。然而這些因果關係並非單獨存在，而是「原因之前尚有許多原因、後果之後還有許多後果」，以及「原因與後果之間尚有許多因果關係」，因而構成一個可以無限延伸的「因果關係網」。除了「變項與變項間的因果關係」之外，結構性知識還應包括「變項的定義」、「變項水準與選項」、「觀察與衡量變項的方法」、「形成因果關係的理由」、「影響因果關係的調節變項」等所形成的龐大而複雜的體系。

　　例如，價格影響需求，「價格」是因，是自變項；「需求」是果，是應變項，影響的方向與強度就是這兩個變項間的「因果關係」。在某些情況下，價格對需求的影響很大，亦即價格稍高，消費者的需求就會大幅減少；在另一些情況下，則價格對需求的影響有限，甚至價格愈高，大家反而更搶著買。這些影響因果關係強度與方向的「情況」就稱之為「調節變項」（moderator）。

　　除了價格之外，「品質」、「品牌形象」也都影響需求，而且又有許多因素（變項）影響品質、許多因素影響品牌形象；再者，前述的「應變項」，即需求的增減又影響了許多因素（例如備貨的水準），成為其他因素的「前因」。這許多的變項和關係，加上調節變項，就形成了一個略為複雜的「因果關係網」。

　　價格高低容易了解，但「品質」是什麼？「形象」又是什麼？如何定義？如何衡量？這些也是結構性知識的一部分。而「品質高低」可以分成幾種？為什麼應該這樣區分？這就是「變項水準與選項」要界定或說明的內容。

　　而「為何品牌形象會影響需求」、「在什麼情況下，品牌形象對需求的影響大，什麼情況下影響小」，甚至「為什麼價格高低會影響需求水準」，背後的道理需要許多理由和解釋。這些理由和解釋又構成了更多的因果關係網。有些變項間的關係是「互為因果」，也是因果關係的型態之一。

　　許多學術領域中的學理或研究成果，其實就是以這種因果關係或複雜的因果關係網來呈現。而學術創新的主要方向即是相關因果關係網的深化、複雜化與精緻化，包括上述變項的重新定義、衡量方式的改變，或調節變項的增加等。此外，因果關係網可以不斷擴大延伸，往往會連接到其他學術領域，造成各個學術領域之間的互相支援強化，甚至互相爭取理論的解釋權與「所有權」。

　　學理中所傳達的知識，大部分都屬於此一結構性知識，我們在這方面掌握的因果關係網日益完整、周延、合理與細緻，就表示在相關知識方面有所成長。

行動的程序性知能

　　所謂程序，大致上可分為行動的程序與診斷的程序這兩大類。它們雖然在作用上不同，但其呈現形態頗為類似，而且兩者之間也關係密切，互為表裡。由於它們指導了具體的行動或分析思維，因此不僅包括「知識」的認知，也包括思考或指導行動方向的「能力」在內，因此在此稱之為程序性「知能」。

　　其中的「行動程序」是指達到某些成果或解決某一問題之行動次序與步驟。主要是指邁向目標時，每一項行動之後應採取哪些下一步行動，以及在某一行動開始前，必須先完成哪些行動。其相關的「知識」除了要知道每一項行動的先後順序之外，更應掌握在行動進行中若出現某些問題或狀況時，下一步共有哪些可能的選項，以及在什麼情況下，下一步應如何去做。因此行動的程序應該包括了「如何」（how）和「在何種情況下，應該如何」（if…then）這兩類知識在內。

　　這些行動程序，也可以表現在工作的流程。組織中的低階工作可以使用SOP來指導工作的進行，但稍微複雜的流程或程序，例如主持會議、舉辦大型晚會、到海外設立據點、決定資源分配等，不是記熟SOP就能照表操課，其決策者或參與者除了要熟悉SOP的基本程序之外，還必須有能力在各種預期之外或突發狀況下，想到該如何處理並推動工作的進行。

　　產品製造、機具維修、通路開發、人員選訓、生產排程、採購來源的尋找與評估，乃至於策略規劃等，都是「行動程序」，而幾乎所有組織中要完成的任務，都是透過許多流程或程序加以完成的。

　　進行或完成這些「行動程序」所需要的知識及能力，稱之為「行動的程序性知能」。

253

診斷的程序性知能

簡言之，診斷即是針對現象找出原因。亦即以前述結構性知識的因果關係網為基礎，從若干片斷的現象或資料中推斷造成此一現象的原因。在實際問題的診斷中，造成表面現象的原因不只一項，因此必須針對各種可能的因果關係，不斷提出新的假設，然後再進一步蒐集資料、解讀資料以驗證這些假設，並逐漸發現問題的核心或全貌。

在企業管理方面，最淺顯的實例是財務報表分析，分析者看到某一個數字或比率後，心裡會浮現一些疑惑，然後再依其所懷疑的方向，找到適當的數字或比率來驗證。不斷重複此一心智過程後，應可對此一報表做出合理的解讀，或找出財報所反映出來的經營體質與問題。

程序性知能的獲得與學習

學習SOP以及近身觀察其他有經驗者的做法，是學習程序性知能必要的步驟。然而對稍具複雜性的工作而言，即使熟記SOP或長期觀察別人的做法，通常只能做到「形似」，不易做到精熟，未必能自行解決過程中的困難與障礙，更不可能有所創新或突破。

程序性知能的學習，必須親自在實際的情況背景（context）中「操作」，經由不斷的嘗試錯誤、解決問題與自我反省，然後才能逐漸累積這些知能。在解決問題的過程中，當事人會從自己所擁有「結構性知識」裡的因果關係網中，尋找可行方案或驗證方案的可行性。對相關學理（結構性知識）的深入掌握，有助於程序性知識的學習，但不保證可以將結構性知識順利轉換成可以靈活運用的程序性知能。

254

這種學習與成長的方式，使得即使擁有高水準實作表現的人有時也無法解釋清楚這些知識或知能的內涵，例如許多廚藝大師、運動高手、藝術家，自己雖然做得到，卻未必講得出其中的道理或與眾不同的「秘訣」。由於程序性知識難以言傳，必須靠當事人自己的試誤與揣摩，因此常被歸於「內隱知識」。而這方面知能的成長與累積是漸進的，甚至是「不知不覺」中突然感到進步或有跳躍式的成長。

從以上的說明可知，教師的講授以及書本上的學理，雖然有一定的價值與幫助，但對掌握這些「內隱的程序性知能」肯定有所不足。而互動式的個案教學正是期望在這方面發揮若干作用。

程序性知能與SOP之關係

完整可行的SOP的確可以取代一部分程序性知能，而且熟悉許多相關的SOP也有助於程序性知能的發展。但若僅有SOP卻無足夠的程序性知能，可能出現幾項問題：

第一，依據SOP採取行動時，往往呆板而不靈活，只會照章行事，無法隨機應變或視情況調整行動。

第二，對略為複雜的SOP，至多只能「得其形」而無法「得其神」，例如按照策略規劃的程序或策略計畫書的綱目去進行策略規劃，規劃結果即使四平八穩，面面俱到，但「策略思考」的精神或「insight」可能完全闕如。

第三，學習別人設計的SOP當然有其價值，但若沒有能力自行設計SOP，則永遠無法超越別人，自成一家。而此所稱「自行設計的能力」，主要即是基於本身擁有甚至自行發展的程序性知能。用通俗的話說，就是指「從武功秘笈中學習」和「發明武功秘笈」兩者層次與境界的差異，如果每一代弟子都只能沿襲上代

的傳承而無法自行創新,則「一代不如一代」勢難避免。

　　「運用武功」和「創造新的武功」雖然都屬於「程序性知能」,但我們應很容易了解兩者難度是不同的。個案教學希望經由模擬實作的深入討論,可以培養出能夠運用自己的思考力來解決問題、創造制度、提出獨創經營模式的經營者或管理者。

三種狹義知識或知能的互補

　　「結構性知識」、「行動性程序知能」,以及「診斷性程序知能」三者之間關連密切,互為表裡而且互補。除了上述「診斷是從因果關係網中推測目前現象之前因」之外,三者間還有一些其他關連。

　　例如,在「行動性程序知能」的運用上,下一步大致有哪些可行的方案,以及下一步應採取什麼行動會有較佳的成本效益,需要參考「結構性知識」中的因果關係以了解各種方案的可能作用與效果;而「行動的程序性知能」中重要的元素「if…then」,其實是在採取行動時,依據前一步行動的初步結果或造成的變化進行「診斷」,再依診斷結果來判斷前一步行動的正確程度,以及下一步應朝什麼方向去行動。

　　此外,結構性知識的因果關係網中,新變項或新因果關係的出現,都需要類似學術研究的假設提出與驗證,而這種用來使結構性知識日趨豐富化的「研究」,也必須有某些「程序性知能」,包括診斷與行動的交互運用在內。在此必須強調的是,所謂「研究」並非學者的專利,善於從做中學的人,在每天工作與生活中,其實隨時都在觀察思考,學習與改進自己「行動」或「診斷」上的知能,甚至從實際經驗中發展出自己所認知的「因果關係」或「道理」。在實務界,這種人其實為數頗多。

上述三種「狹義的知識」（或知能）關係密切而互補，因此雖然為了說明的方便，將三種知識或知能加以分類，但它們不可能獨立存在，而且三者皆不可或缺，彼此間也有互相增強與替代的效果。

第三節　廣義的知識 ── 知識庫的內涵

實務決策與個案研討，都與「知識」及「思考」密切相關。然而前文所介紹的「狹義知識」，無論是「結構性知識」或「程序性知能」，在解決真實而複雜的問題時，顯然還不足夠，決策者必須擁有更多知識內涵，才有助於問題解決與決策。

這些內涵可稱之為「廣義的知識」（其中當然也包括狹義的知識在內），構成了每個人腦中「知識庫」的內容。「知識庫」對決策、學習、思考、創新都十分關鍵，個案教學法背後的道理與它的作用也關係密切。

每人腦中的知識庫

每個人的腦海中，都記得或隱約記得許多「因果關係」或道理（相當於結構性知識）、做事或解決問題的方法（相當於程序性知能）、對世間各種人與事的認知（相當於「資訊」，雖然其真實性未必經過驗證），以及許多曾經聽過、想過或用過的各種成敗經驗與「解決方案」，當然也包含來自正式教育或人生經驗所累積的各種價值觀。就企業管理而言，除了解決方案之外，曾經經歷過或聽說過的「各種類型的管理問題」，也屬於知識庫中的內涵。

這些既然被認定是「知識庫」的內涵，因此也可以統稱為

「廣義的知識」。雖然在更精準的定義下,「知識」應不同於「資訊」,也不應包括「價值觀」在內。

這些廣義的知識都是來自從小到大的讀書、聽課、見聞與生活體驗,形成了我們自己個人所擁有且與眾不同、獨一無二的「知識庫」內涵。知識庫愈廣,就知道得愈多,對思考和決策當然有幫助。所謂「讀萬卷書、行萬里路」,其目的就是要努力充實自己知識庫的內容。每個人的知識庫存量不同,讀書多少、讀書是否得法、人生經驗多寡,甚至天生的記憶力與理解力,都可能影響知識庫容量的水準。

知識庫中的知識,包括資訊及價值觀在內,由於來源多元,因此其「存放」的方式通常十分雜亂。此外,前述所謂「隱約記得」是指有些人的某些知識、資訊或方案,在其知識庫中不是不存在,而是不容易一下想起來。但當聽到相關論述或別人提問以後,很可能可以從知識庫中經過聯想或「喚起」的過程,調度出這些知識或資訊。

由於來源多元,又不常反省檢視,所以知識庫中的各種因果關係之間、各種資訊之間,甚至各種價值觀之間其實充滿矛盾。我們常做出前後矛盾的決策,或經常在決策或行動之後產生「後悔」的感覺,主要原因即是知識庫中的這些內容彼此間存在的矛盾所造成的。

資訊

知識庫中極大部分存放的是「資訊」,而非狹義的知識。在實際工作甚至決策時,資訊是否充分、是否正確,其重要性可能還高於狹義的知識。

所謂「資訊」,是指在決策過程中對客觀環境的認知,亦可

稱之為決策時的「事實前提」（factual premises），它們是否正確完整，對決策的成敗影響很大。例如，世界政治與經濟前景、產業變化趨勢、政府政策走向、競爭對手和上下游廠商的策略布局、目標市場中的消費行為、對產品與技術的基本了解（什麼是「滾珠螺桿」、什麼是「基因改造」），甚至組織內同仁的心態等，對許多決策而言，都屬於十分重要的事實前提。如果無法掌握這些事實前提的真實情況，很難做出正確的決策。

媒體上針對時事的評論，甚至對經濟情勢的預測，內容其實大部分是「資訊」而非「狹義的知識」，因為其中對於「因果關係」的道理其實談得十分簡單，但由於他們掌握了極為豐富的資訊，因此可以用「一分」狹義知識來串連「九分」資訊，就顯得相當生動而有說服力。由此可見，在經營管理上，如果談的都是學理（因果關係及其背後的道理，或程序性的知能），而未配合豐富的「資訊」，則其講解內容必然十分抽象空洞或枯燥無味，因此教師在教學時勢必用許多實例來解釋才容易將道理說明白。很多學生會覺得有實務經驗的經理人講起課來比專業教師更有趣，內容又容易吸收，原因就是前者親身經驗豐富，故事俯拾即是使然。

然而學校不可能也不適合將介紹「資訊」做為教學的主軸，因為這些資訊或事實前提，會隨著時代、產業或組織不同而改變，在實務上為了決策固然需要經常檢討驗證，甚至系統化地蒐集分析，卻不是一般教學中所能提供或介紹的。

運用個案教學，目的之一也就是讓教師和學生在「對各種事實前提擁有共同認知的情況下」，針對具體的個案教材內容進行分析討論，練習對各種「廣義知識」（當然也包括了「狹義知識」在內）的活用，以及以下第九章所談「思辨能力」的培養。

259

在知識庫中，狹義知識的總量在比重上雖然不如「資訊」，但狹義的知識卻可以協助我們在決策或分析問題的過程中，找出關鍵的事實前提。換言之，在進行某項決策時，究竟哪些資訊必須深入查證，要靠狹義的知識（尤其是結構性知識）來指引方向。本書後續還會針對「找出前提、驗證前提」的觀念做進一步說明。

資訊與狹義知識之分別是程度上的

本書將「資訊」與「狹義知識」分為兩類，是從運用這些實用知識來進行診斷與決策者的立場來看。實際上，每一項「資訊」的背後都極可能存在著許多複雜的「因果關係」（結構性知識）或「運作程序」（程序性知能），本身也存在著極為龐大的知識體系。例如企業在進行投資決策時可以將「未來景氣變化趨勢」視為必須考慮到的「事實前提」或「資訊」，但在總體經濟學領域，與「景氣變化趨勢」有關的學理、因果關係、演進階段等，本來就擁有十分豐富的學說與研究成果。企業決策者無法深入了解這些道理，因此只能將某些機構所提供的景氣預測視為「資訊」，來做為自己決策的依據或參考。

同理，「消費行為」、「基因改造」等，本身也有許多深奧的學理，企業決策者未必有能力去深入了解或驗證這些資訊背後的因果關係，因此不得不將它們視為「資訊」來納入其決策的思維過程。當然，有些資訊真假難辨，決策者對其背後的道理或推理過程了解得愈透徹，其決策正確的可能性就愈高。

從此一說明，更讓我們明白，若深入去研究，會發現世上所有事物背後都有一大堆學問，包括它們的「定義」、「作用」、「因果關係」、「運作程序」，以及改變因果關係或運作程序的因

素等，可以用「無窮無盡」來形容。

　　本書是從個案教學或企業決策的經驗出發，而且通常個案篇幅有限，對許多重要「資訊」背後的道理或產生的過程無法仔細介紹分析，因此不得不將許多其他領域（如總體經濟學、生物科技、消費行為）中，某些機構或專家依其相關「狹義知識」所產生的結論視為企業決策中的「資訊」。

　　在真實世界中，由於決策者的「有限理性」，的確有許多決策是建立在無數「知其然而不知其所以然」的「資訊」上。

解決方案

　　我們從書本、個案、媒體報導、業界見聞、自身工作經驗或觀察中，吸收累積了大量的「解決方案」。例如，有哪些可能的辦法來激勵員工？如何利用組織設計來解決資源分配的問題？生產流程不順，可能有哪些調整的方式？希望維持經銷商的忠誠度，可以採取哪些手段？諸如此類，都屬於「解決方案」。在出現有待解決的問題時，這些方案未必能直接套用，但至少可以成為思考的起點，或為我們提供有參考價值的啟發。

　　「解決方案」的背後當然有許多因果關係的主張，不僅組合了多項因果關係，而且比單純的學理更接近實際的行動。

　　通常知識庫中儲存的「解決方案」愈多，解決問題的效率也愈高。工作經驗豐富又用心學習的人，其知識庫中擁有各式各樣的解決方案；而職場新人遇到問題不知如何處理，主要也是因為其知識庫中的解決方案存量太少。

　　「各種類型的管理問題」和「解決方案」往往是互相對應的。實務經驗豐富的人，看到一些徵兆，就可以迅速想到問題點可能在哪裡，以及可能的解決辦法，這會讓經驗不足的年輕人感

261

到十分佩服。

然而這種快速歸類以及近乎SOP方式的解決方法，也有其風險。因為管理問題十分多元，各有其複雜性，經驗雖然可以帶來效率，但也可能讓決策者誤判，使他們在尚未真正了解問題本質以前，即快速將問題歸類並做出決策。

在個案教學過程中，常有一些成功的高階人員，對個案的內容與資訊只進行選擇性的吸收，迅速歸類以後即提出自己過去熟悉而成功的解決辦法。經過討論之後才發現個案中的問題與自己經驗之間，雖然只有毫釐之差，但套用的解決辦法完全不可行。顯見有深度的個案討論對破除經驗豐富者的思考慣性，可以發揮相當良好的效果。

262

價值觀

每個人對一切「人、事、物」都存有一些價值判斷或信念，例如什麼是好、什麼是壞；哪些值得追求、哪些不值一顧。再加上更深層的人生觀或自我形象（「像我這樣的人，什麼事情是可以做的、什麼事是不能做的、什麼事是必須堅持的」），都會影響我們的決策方向，或成為決策的「價值前提」（value premises）。這些價值觀也構成了知識庫中廣義的知識的一環。

文化、次文化、家庭教育、學校教育、宗教、同儕、社會經驗都會影響人的價值觀。目前所屬組織的組織文化，也可能影響了我們決策時的價值取向；如果換了一個工作機構，有可能價值觀或決策時的價值前提也會隨著改變。

由於價值觀的來源多元而分歧，因此一個人的知識庫中極可能存有許多互相矛盾的價值觀。而且許多價值觀或價值取向十分內隱，不僅外人不易知悉，甚至當事人也未必明白或未曾注意到

自己究竟對某些事的價值取向是什麼。

　　許多人在深入的個案討論時，和同學比對，才突然發現大家的價值觀竟然是如此分歧，而自己與眾不同的價值觀竟然對決策產生如此重大的影響。

編碼系統

　　圖書館學中的「分類編目學」（cataloging），作用是使任何一本書籍都可以在廣博浩繁的知識體系中有多種歸類與編碼方式，以便於讀者能不費力地找到這本書。

　　我們腦中的知識庫顯然也有類似的需要。知識庫中廣義知識數量龐大又相當零散，因此需要一些觀念架構或「編碼系統」來協助各種知識的存取與整合。若沒有編碼系統，則新的知識進來，不知如何存放；面對問題與決策，也不容易從知識庫中搜尋、擷取或整合相關或有用的知識。無論智慧高低、學問大小，其實任何人都擁有類似的知識存取機制，只是效率或合理性高下不同而已。

　　編碼系統是連結或整合多元觀念、因果關係、「變項」以及各種資訊或解決方案的思想體系與架構，最基本的來源是每個人過去所受的正式教育或學習經驗。編碼系統作用在提升知識存取與聯想的效率，因此好的編碼系統涵蓋面要廣博、靈活、有連結效率，而且要有辦法和外界的一般用語相互溝通交流。有了好的編碼系統，將有助於知識與資訊解讀、聯想、抽象化、觀念化與記憶。

　　編碼系統是各種觀念、知識、資訊等之層層歸類方式或「分類編目」方式。經由編碼系統，這些觀念與知識等可以被簡化或符號化，提升存取之效率，作用有些接近思考的SOP。我們透過

263

編碼系統了解世界、詮釋新接收的資訊。世上沒有任何編碼系統是絕對客觀而完整的，因此我們的編碼系統極可能讓我們對一些事物產生刻板印象，或出現選擇性的吸收與記憶。

針對不同的知識領域，每個人都有多重編碼系統，有矛盾也有重複。一個觀念可能出現在許多知識系統中，當前用哪一個，也未必有一定邏輯，不同的專業，有不同的知識庫內涵及編碼系統。例如從成本會計來看「定價」，和從消費行為來看「定價」，思考角度完全不同，肯定會影響到後續之資訊吸收、擷取、歸類及思考方向。而當下之聯想方向也會影響我們對編碼系統的選擇，以及後續對問題的詮釋，甚至解決辦法的構思。

在個案教學過程中，教師之提問內容、語氣，甚至表情也會引起學生不同之聯想方向以及編碼系統的選擇。

我們通常會試著用自己原有的編碼系統或觀念架構來詮釋及吸收新的資訊，或對這些資訊或現象進行解讀。然而有時原有的編碼系統無法處理這些新的資訊，久而久之，就可能會試著調整編碼系統或形成新的編碼系統來解釋新現象或新知識。

各學科的學理基礎提供了相對良好而完整的觀念架構、編碼系統、名詞定義，以及名詞間的系統關係。然而即使閱讀相同的書籍與文章，每位學者的觀念架構與編碼系統也未必相同，可見得在長時間運作之後，每人會逐漸發展出自己的編碼系統。

沒有接觸過學理，但十分成功的實務界人士，通常都有自己的一套架構或編碼系統，但這些自行發展出來的系統，往往自成一格，不易與外界溝通。他們到在職進修班學習，重要的學習成果之一，就是學到這些名詞定義以及名詞或觀念之間的編碼系統。例如，學過行銷管理的人都知道「目標市場區隔方式與選擇」的意義，但對某些實務界人士而言，可能要教師再三舉例說

264

明以後，才明白「原來就是這個」。因為他們只是不知道學理上的說法，以及和這些觀念相關連的其他觀念而已。實際上，這些想法或做法，他們在實務上早已運用多年。

他們對「邊際效益」、「交易成本」、「範疇經濟」、「角色衝突」、「月暈效果」等許多名詞和觀念，往往也在教師的解說後，有豁然開朗的感覺。

第 **8** 章

「第一類的想」與「第二類的想」

　　個案教學的主要目的是希望提升學生在「聽說讀想」方面的能力，而「想」又是這些能力的核心或重要基礎，因為高水準的「想」或思考力，對「聽說讀」三者的品質有決定性的影響，而經由良好的「聽說讀」又能改善「想」的能力與效率。

　　然而什麼是「想」？本書中所談的「想」，就是「思考」，也代表「心智流動的狀態」，因此是一個動態的過程。「想」既然是一種「心智流動的狀態」，除了「胡思亂想」之外，此一狀態中就應包括想的目的、過程中的作為，以及構成「想」的內涵。了解這些以後，就可以從中歸納出若干可能會影響思考品質與效率的因素。

　　有關於「想」或「思考」的意義，在哲學及心理學方面探討甚多，十分深奧，遠超過我能理解的範圍。以下僅從個案分析、個案研討，以及實務上的決策過程中所獲得的觀察與體會，提出相對粗淺但合乎常識的解釋。

　　本書將「想」分成兩類，希望經由對這兩類「想」的說明，讓大家知道何謂「想」？「想」的過程是什麼？應如何強化

「想」？各種學習對「想」的作用？以及個案教學應掌握哪些重點，才能達到訓練「想」的目的。

第一節 「第一類的想」

「第一類的想」，主要是指針對問題在知識庫中進行搜尋、擷取、組合並構思決策。

當我們發現環境中有些值得注意的變化，或出現問題時，就會啟動「第一類的想」。尤其針對非例行性的問題，就需要解讀或詮釋這些現象或問題的意義，從自己的知識庫中找到相關的因果關係、資訊或解決方案等，進行知識的「綜合與重組」。

在這「內隱心智流程」中，我們會不斷地問自己：

「發生了什麼問題？」
「問題的原因或本質是什麼？」
「這些原因背後更深層的原因有哪些？」
「有哪些可能的解決方法？」
「每個解決方法的成本效益如何？」
「在確定問題以及決定解決方案的過程中，需要運用哪些資訊來驗證問題的本質及解決方法的有效性？」
「這些解決方案有沒有什麼副作用？」
「在選擇解決方案時，哪些事實前提與價值前提是最關鍵考慮因素？」

換言之，經過這種不斷地「自問自答」，我們就會持續經由自己的「編碼系統」，從知識庫中廣泛地搜尋、擷取各種相關的

因果關係、資訊及方案等，經過組合後做出抉擇。

在此過程中的關鍵詞是「搜尋、擷取、組合、抉擇」，而知識庫中的內容能否被「活用」，與「搜尋、擷取、組合」的效率密切相關。而影響其效率的最重要因素，第一是要有合理而周延的編碼系統，第二是要常常「用」，經常針對形形色色的問題，搜尋、擷取、綜合、重組各種知識與資訊，肯定有助活用知識能力之提升。

當然，每次「用」過之後，還應該依結果（外界回應或決策成敗）再行檢討，在自己知識庫中加入新的資訊與知識，甚至再修正編碼系統使其更趨完整、合理而周延。

以下棋時的思考為例

為了進一步介紹與「第一類的想」有關的觀念，以下即以「下圍棋」為例，來解析「想」或「思考」的過程。

兩人對弈，雙方盯著棋盤，不說、不動，這時他們都在「想」。想的目的，當然是做決策，也就是決定將棋子下到什麼地方。為了這項決策，下棋者必須進行診斷，因此要蒐集資訊，這些資訊蒐集的項目包括解讀對手下這一步的意圖、分析目前盤面上的局勢、猜測對手的整體戰略、評估對手的棋力水準與風險偏好等。如果這些方面有誤讀或遺漏，肯定會影響其決策的品質。

接著下棋者會開始構思各種可行方案，可行方案未必只針對下一個棋子該放在哪裡，因為每一步都是整體戰略的一環，因此看到對手落子之後，可能需要檢視自己的整體戰略是否需要調整。進而他會在心中模擬，如果自己採用某些方案，對手可能會如何回應；而針對這些可能的回應，自己又應如何面對。可行方案不止一個，因此他必須要在心中快速進行模擬，估計每一項方

案可能的後續發展結果，進而計算不同方案大致的成功機率。

　　然而這些資訊蒐集、解讀、猜測、評估、構思方案、戰略調整、模擬、計算機率等動作背後，其實有更多「內隱心智流程」；這些「內隱心智流程」才是真正決定勝負的關鍵。

棋手的「內隱心智流程」

　　這些「內隱心智流程」用最簡單的描述，就是「從所知中運用創意來形成方案」。每位棋手的記憶中都擁有一個與下棋有關的「知識庫」，知識庫中保存著許多曾經學過的原理原則、定石、棋譜、自己過去對弈的成敗經驗，以及對這位對手「棋風」的認識與解讀等。在進行上述「資訊蒐集、解讀、猜測、評估、構思方案、戰略調整、模擬、計算機率」等一連串內心活動時，棋手會從自己的知識庫中快速搜尋相關內容，再與目前新發展的情勢（對方下的這一步棋）互相對照，找出此一最新情勢對自己未來決策的涵意，並指導從進一步「蒐集資料」（再看一眼盤面局勢）直到「模擬與計算機率」在內的心智活動，循環過幾次以後，再根據這些結果，指導當下的決策。

　　而這些決策，除了「棋子下在哪裡」之外，可能還包括整體戰略思維方向的調整、「攻守」之間的取決，甚至為了干擾對手「心智流程」中對資訊的解讀，偶爾要採取一些「佯攻」或「欺敵」的作為。

　　再往深層分析，此一「內隱心智流程」的品質與效率，又取決於更深一層的因素。而這些因素大部分就隱含在上述「從知識庫中快速搜尋相關內容，再與目前新發展的情勢互相對照結合，找出對決策的涵意」這句話之中。

269

首先是「知識庫」，知識庫內容的豐富程度代表這位棋手在知識和經驗上的存量。經常讀棋書、打譜，每次對弈全力以赴，事後仔細「復盤」檢討反省，並將以上種種，用心記憶，知識庫就會日益充實。

其次是「針對新發展的情勢快速搜尋與擷取相關的內容」。知識庫的內容如果有良好的架構體系或編碼系統，就比較容易針對新情勢，有效率、有方向地進行這項工作；知識庫中所掌握的現成戰法多（可能的解決方案），或常練習「搜尋與檢索」，也可以提高此項工作的效率。若對方的手法創新，出現一些以前從來沒想過的步數，則對搜尋與檢索就更有挑戰性。

第三是「與目前新發展的情勢互相對照結合，找出對決策的涵意」。也就是根據目前出現的最新情勢，以及知識庫中搜尋檢索出來的相關內容（包括原則、因果關係、方案等），構思對當下決策的涵意。所謂「對決策的涵意」並不等於「決策」，因為思考的流程不只一輪，必須不斷地往返重複，持續進行以上的心智流程，檢視初步決策方案的可行性，或評比各決策方案的優劣，再做出具體的決策。

第四是從所知中「運用創意」來形成方案。每次下棋的局勢不會完全相同，即使「知識庫」中內容極為豐富，也不可能找出現成的對應方法。因此在搜尋到相關知識或現成的方案以後，還應針對現在情勢，運用「創意」將它們「綜合與重組」（合稱「組合」，其意義將在下一章說明）以後，形成一個具體的方案。下棋的決策似乎很單純，只要決定棋子下在哪裡即可，但事實上，背後或許牽涉到整體作戰策略的重新檢討與設計，這時所謂「具體方案」就相對複雜得多，「以創意來組合」的角色也就顯得更重要。

第五，決策之後，對手會有回應。因此下棋者應針對對手的回應，再回來檢視剛才的想法或「心智流程」是否正確，若不全然正確，應設法修正對相關資訊的解讀、猜測或模擬等的方向，或調整構思方案的考慮因素，或改進「搜尋與檢索」的方式與方向，並希望從這些調整與改進中追求進步的空間。

　　第六，應盡量將此一決策過程中產生的所有做法，包括搜尋與檢索的過程、新的資訊、新的因果關係，以及反省檢討出來的其他結果，再以系統化的方式（運用某些編碼系統）在自己的知識庫中歸檔更新。

　　簡言之，要有系統地建立與充實自己的知識庫；要經常與高手對弈，用心思考，全力以赴，以提升搜尋與檢索的效率；要從經驗中累積各種方案與因果關係，而且要累積「組合」與「運用創意」的能力；更要不斷反省與檢討，提升上述各項「動作」或「內隱心智流程」的理性程度、效率與品質，同時也應將這些改進的結果持續納入自己的知識庫之中。

　　以上是我對下棋思考過程的剖析與理解。這些思考過程，我自己全都做不到，也沒有投入精神去建立初階的「下棋知識庫」，下棋時當然「想」不過別人。

　　然而對下棋思考過程的分析，可以讓我們更容易理解企業管理及個案研討時的思考方式。

管理決策過程中的「想」

　　管理決策的思考過程，本質上與下棋相去不遠。因此在個案研討中，如果學生自認為「想不出來」，意思其實就是「不知問題的根源在哪裡」、「不知該做哪些決策」、「找不出支持決策的理由」、「不知如何解讀資訊」、「不知如何從已知的知識（知識

庫）中找出可以用的道理（搜尋、檢索及擷取所需的知識）」，甚至「知識庫中有關的道理及解決方案存量太少，找不到有幫助的材料」，或「無法設計出一個有說服力的方案」。

　　然而管理決策的思考過程，在許多方面比下棋還要複雜而多元。而且愈高階的管理決策，愈是如此。

　　就以「決策」而言，下棋的決策相對單純，即使牽涉到整體的作戰策略，所需要構思的時間也不過短短幾分鐘而已。然而在管理決策方面，當前究竟有哪些可能的決策要做、優先順序如何，本身就是要審慎地分析思考。而且對較高階層的管理決策者而言，許多決策與決策之間並非獨立存在，而是互有關連，甚至牽一髮而動全身。每個決策可能的抉擇方向也十分多元而複雜。

　　其次是資訊的搜尋、擷取與解讀。企業決策所需要的資訊範圍當然比棋盤更廣，蒐集、解讀與詮釋也更困難而主觀。

　　下棋時只有一位對手，企業決策的「博奕對手」就太多了。決定是否購買的顧客、制定遊戲規則的國內外政府、目前或潛在的競爭者、上下游廠商、勞工團體，甚至內部同仁，他們的想法、期望、行動，都影響了企業決策的有效性。

　　企業決策的可能「方案」以及本身或其他相關對手的「策略」，以及後續的利弊得失，都高度複雜甚至難以捉摸。

　　「知識庫」當然是指企業管理的相關學理、決策者曾想過、看過或採行過的方案、各種資訊與價值觀，以及他過去在進行類似「心智流程」時累積的成敗經驗與對因果關係的信念。

　　在決策過程中，持續從自己心中的知識進行「搜尋與檢索」，以及決策與行動後的檢討與反省，本質上也與下棋十分相似。只是管理決策所面對的情境變化萬千，無一雷同，除了具體方案更需要運用創意來組合之外，在「搜尋與檢索」過程中，也

必須更依賴觀念上的抽象化與轉化，才能從知識庫中找到合適的內容來與當前的情勢結合，進而發展出一些對決策方向的涵意或指導。

在此所謂的「觀念上抽象化與轉化」可以簡單舉例說明。例如，我們從歷史上知道秦始皇「廢封建，行郡縣」；在新聞上看過「（中央與地方）財政收支劃分法」的討論。相關過程與道理、各方的主張，以及實施後的結果等，在我們的「知識庫」中都留有印象。當我們在討論多角化公司事業部制度時，或許可以從這些印象中找到類似的觀念來協助思考。而這三者在許多方面都不相同，但如果我們有能力將相關觀念提升到某一抽象的層次，理解到這三種現象或問題背後的共同本質，就比較容易產生聯想，因而擴大了知識庫中各種廣義知識可以應用的範圍。當然這些聯想的方向是否正確，另當別論。

事實上，書上的學理、其他產業的經驗，甚至自己過去的經驗，都不容易從「知識庫」中直接找出來就能套用，或多或少都需要經過類似的「觀念上抽象化與轉化」以及「聯想」的過程。這與下棋這種規則明確又相對單純的決策過程，相當不同。

當我們熟悉了「觀念上抽象化與轉化」的意義，就更應該試著在將經驗或見聞「歸檔與更新」之前，就進行這項工作。這樣得以更有效率地在知識庫中有系統地收存大量能高速連結又互相參照的觀念。學術上的訓練主要目的之一也是希望能養成這樣的能力，而知識庫中的編碼系統如果十分良好，肯定也有助於觀念的抽象化與轉化。

管理決策由於考慮因素太多而相對複雜，因此決策者對事實認知上的錯誤解讀，或對某些價值觀上的堅持，都可能造成資訊解讀的偏差或限制了方案的選擇範圍。而且愈高階的管理決策，

273

牽涉到的人愈多，各方期望不同，加上決策者本人也有自己的人生目標與考量，使得這些決策連背後真正的「目標」都難以決定，甚至必須隨時因應情況的演進而修改。而且由於問題複雜，基於人性，組織更傾向於利用「套裝的解決辦法」來加速分析及簡化思考的過程，因此也極可能基於過去的成功經驗而形成固定的決策模式或整體組織的慣性，這在實務上也可能產生潛在的負面作用，需要注意。

其他專業領域中的「想」

醫師、律師、會計師、建築師等專業人士，其工作中當然需要想或思考。這些思考的「心智流動狀態」與下棋或經營管理，在本質上應該十分類似。他們各自有其心中的「知識庫」，也有必須下定的決策。他們在面對決策時，也必須搜集資訊、解讀資訊、構思方案，也必須經過「搜尋與檢索」的心智過程，並從知識庫中找到合適的內容，與這些經過解讀後的資料相互綜合及重組，再進行決策。

然而每種專業，其「知識庫」的結構化程度或嚴謹程度不同，使「知識庫的豐富程度」與「搜尋與檢索效率」兩者之間，相對重要性相差很大。

換言之，有些專業的知識庫或「結構性的知識存量」不僅量多、系統化程度高、其知識不易從常識中獲得，而且知識庫內容與「問題性質」及「解決辦法」之間有較高的對應關係。在這種專業中，知識庫相對重要，雖然「搜尋與檢索」也不能少，但其效率高下，影響相對有限。醫學應該比較接近這種專業，因為醫師必須對「治病的科學」這項專業十分熟悉，而且同一專科的醫師所學的內容應十分相近；沒有正式學過這些知識，不可能行

醫，而且除了遇到疑難雜症，大部分的醫療工作都不太需要太複雜的「解讀、搜尋、檢索、擷取、綜合重組、比對整合」，但一定要遵照專業中既有的SOP去做。

比起其他專業，甚至企業管理領域中的其他知識，高階管理的「想」，則似乎接近另一極端。企業管理領域中的許多其他專業，例如行銷管理中對品牌定位的衡量、消費動機的分析，或財務管理、作業管理中各種數量模式的運用等，在執行上雖然也需要不少「想」的過程，未必能完全依照知識庫或學理中的SOP就能照表操課，但其「學理」或「結構性知識」所扮演的角色應比高階管理更重要。

個案教學如何協助「第一類的想」

「第一類的想」，其核心是不斷地「自問自答」，針對當前的問題或決策，從自己知識庫中廣泛地搜尋、擷取各種相關的因果關係、資訊以及方案等。然而有些人不太習慣這種「自問自答」的思考過程，因此在互動式個案教學中，教師就運用持續的提問來協助他們更有效率地進行此一過程。

在〈外篇〉曾提到，我在大四時準備個案的情況。當時讀過的書少，又無實務經驗，「知識庫」內容貧乏，只能在用心記住個案內容後，從教科書裡一頁一頁地「搜尋」相關的學理。這種做法也應算是「第一類的想」的權宜運用方法。

高階管理的教學更需要個案教學，主要是因為其相關的議題極為多元複雜，卻很少有「沒有聽過完整講解就無法理解的道理」，使搜尋、檢索、資訊解讀、抽象化、觀念化、運用創意形成方案等思考過程相對重要，因此更需要教師運用提問、啟發等協助他們去活化（或想起、組合）過去的經驗或所知。而編碼系

統的整理與強化，也需要在不斷運用這些「內隱心智流程」中去落實。

在較高階的管理工作上，僅依賴讀書或單向講課，在「第一類的想」上能創造的效果其實十分有限。

第二節 「第二類的想」

除了上述「第一類的想」之外，我們還常會使用另一種「第二類的想」。「第二類的想」主要是經由和其他人想法的「比對」而補強自己的知識內涵、強化自己建構知識的能力，甚至經由整合別人意見，創造更多新知識，或層次更高的知識。此外，很多創新的方案，也是和別人想法比對過，再經由整合而形成的。

在此所謂其他人或別人，是泛指別人寫的文章、書籍、老師或教練的指導，以及一起參與討論的同儕，甚至是針鋒相對的辯論對手。由於每個人所主張的方案，以及支持該方案的道理，包括考慮因素、因果關係、調節變項、資訊解讀、價值前提、方案次序，甚至編碼系統等都不盡相同，在相互比對之後，就可以截長補短、吸收學習，並進一步反省自己、了解自己，並經由「整合」（屬於思辨能力的一環，將在下一章再說明），構思出新的想法或方案。而且在此一過程中，自然也能夠在自己的知識庫裡加入新的因果關係、調節變項、資訊與知識，並修正編碼系統。

其實「比對」的對象，除了「別人」之外，也可能包括自己過去的想法或做法。例如同樣的事，自己做了好幾次，最後的效果都不盡相同。有些人就會有習慣或能力仔細回顧自己每一次做法的不同，然後找出影響效果的原因，進而逐漸提升自己效果的水準。這種拿自己的做法或論述來「做實驗」的過程，也屬於

「比對」的一種類型。

　　一般來說，如果針對此一議題，自己原來並沒有具體的想法，則聽到或讀到別人意見時，不容易出現「比對」的效果，至多只能做到「吸收」而已。如果自己已有相對成熟的意見，這種經由比對而建構知識的方法效果會好得多。

　　當然，所謂「創造新知識」的結果多半不是真正的創新，可能在某些書上或某些人早已講過了。因此，在此所謂的「建構知識」或「創造新知識」的重點不在知識本身，而是掌握或熟悉此一過程之後，我們在創造知識、整合知識，以及構思出創新的方案方面，「想」的能力與習慣因此而提升強化。

經由比對建構知識

　　知識不可能憑空而來，因此任何人在一項知識領域中，大多必須從「向其他人學習」開始。觀察、模仿、聽講、閱讀都是學習與吸收知識不可或缺的重要途徑。因此傳統上認為，書讀得多且融會貫通，見聞廣博又可得到明師指點，是獲得知識或學問的關鍵。

　　然而在所謂實用知識的領域（例如企業管理、業務行銷、領導談判，乃至於公共政策的制定或推動等）中，卻發現有許多人雖然在這方面讀的書不多，或並非相關專業出身，但從實務歷練中卻能練就一身本事，不僅做法創新成功，所提出的觀念也深受社會推崇，甚至成為學術界學習與研究的對象。可見得有些知識的獲得或產生，未必要經過上述「讀書、聽講」的過程。

　　而有更多專業領域，例如醫學、法律、會計、建築設計等，雖然各有一套嚴謹完整的知識體系，其內容是領域中人深入了解與熟記的，但他們也知道讀完書、考過執照以後，還必須經過一

段時間的實習才能執業，而且這些專業人士的專業知能水準，還會隨著工作經驗而不斷提升。這些專業人士也知道，若想有創新的想法或觀念，僅憑熟讀前人所累積的知識肯定不夠，必須在擁有相當豐富的實務經驗後才有可能產生自己獨到的想法。

學歷相同且同時進入職場的年輕人，數十年後的事業成就與知能水準差異可能很大。而許多事業有成的人士，大部分的知能都來自工作中的自我學習，在學校中所學固然提供若干基礎，但並非關鍵。由此可見，無論是結構性知識或程序性知能，讀書聽講雖然有其價值，但「實作」或「做中學」可能是更關鍵的學習成長方法。

為何每個人在工作中學習的效率或自我成長的速度大不相同？極可能是每個人從實作經驗中建構知識的能力與習慣不同，影響了專業知能成長的效率。以下簡單介紹建構知識相關的基本觀念。

建構知識的心智過程

我們可以從分析一位新手工廠作業員或新手餐廳服務員如何學習、成長，然後成為一位熟手的過程，解析最初階的「做中學」的道理。

這位新手通常會經由閱讀SOP或聽前輩傳授經驗，知道此一工作應如何完成。但僅憑這些「記問之學」肯定做不好，因此他必須觀察或模仿，才能著手工作。剛開始的表現通常不太理想，因此需要「師父」指出其做法中不盡恰當的部分，然後在下一次動作時改進。而需要改進的方向，可能包括他對各項解說內容的理解、行動的方法、速度、輕重等。在好的「師父」不斷提點下，如果這位新手有足夠的「悟性」，不久就可以漸漸熟悉工作

的方法與竅門。

如果這項工作相對簡單而且可以從外部觀察，則較能大量依賴「師父」的角色；如果這項工作牽涉到較為內隱的思維或分析，則自己「悟性」的重要性就相對影響較大。換言之，比對自己的做法和「正確的做法」之差異，找出造成差異的原因與改進方向等，就十分需要這位新手自己負責進行。

在工作中學習成長的效果，顯然與這種「悟性」息息相關，而這種「悟性」，與學校考試中所強調的記憶力或數字運算能力等未必是同一件事，而是一種「從學習吸收到建構知識的能力」，或簡稱為建構知識的能力。

有高度悟性或建構知識能力的人，可以將每一次行動或解決問題的過程視為一項「實驗」，同時有能力從實驗結果中對現有知識的意義產生更深的體會，不僅能夠逐步修正做法，而且可能會想出新的道理，包括新的考慮因素（變項）以及新的因果關係（道理），甚至修正補充自己的編碼系統。而此一「從比對到自己想出個道理來」的心智過程，就是建構知識或創新知識的核心。

我們可以依據本書前述知識的類型及內涵，進一步說明建構知識的意義。所謂建構知識，就是針對結構性知識與程序性知能中的變項、意義、詮釋、因果關係、行動次序、行動選項等，以及資訊、方案、價值觀念等，進行「比對、反省、補足、增強、整合、創新，並經由聯想再通則化」的心智過程。

而「比對」的對象，當然不限於「『師父』所教的做法」與「自己做法」之間的比對，還包括自己這一次做法與上一次做法之間、自己做法與同儕做法之間、做法與理論之間、方案與方案之間、想法與想法之間，甚至理論與理論之間的比對。

例如針對待解決的問題，在討論中可能出現幾個不同的方

279

案。在詳細比對各方案的理由與依據以後，會發現各方案結論之不同，是因為在因果關係或前提假設、資料詮釋、價值取向等方面存在著若干原本相對「內隱」的差異。經過深入比對，原先支持不同方案的人，除了可以從彼此的方案內容及理由中，增加本身對考慮變項、因果關係、價值觀念、資料詮釋等的認識之外，甚至還可以運用更高層次的觀念來包容吸納各方推理與論述，並設計出可以顧及各方利益，又能包含各種優點的創新方案。

除了經由這種知識整合而設計出更創新的方案之外，如果善用此一過程，可以同時使各方所認知與理解的「因果關係網」、行動與分析診斷的「程序性知能」、「if⋯then」、資訊等更為豐富化、深化與精緻化，亦即參與的各方，其知能都因為互相比對與反省而獲得了成長。

經由「比對」來建構知識的優點

其實包括因果關係網、程序性知能，以及對資訊解讀的過程與結果等知識，並非不能經由文字閱讀或講解來傳授。然而經由「比對」來建構知識，至少有兩項優點：

首先，由於自己曾經針對此一問題或解決方案用心從事深入思考，已經擁有一個略具系統化的架構，因此聽到架構中未包括的內容，較容易將這些新的考量存放於心中的架構裡。反過來說，如果自己事前沒有用心想過，聽到其他人不同的意見後，感受不深，也不易儲存在自己的架構中，更不容易與自己原有架構或編碼系統裡的內容互相整合。

第二，由於自己事先已經運用「第一類的想」，從本身知識庫中努力構思出一個「自認為」相當不錯的方案，當發現別人竟提出與己不同但更有道理的方案與論述時，心裡難免會產生挫折

或「認知失調」（cognitive dissonance）的感覺。如果當事人心理夠堅強，不會為了逃避認知失調而抗拒這些與原先想法不同的觀念，則這種認知失調甚至「痛苦」，將有助於新觀念的吸收與記憶。許多問題若自己曾努力試著解決，然後再聽到相關的學理，更容易產生心領神會的感覺，基本上與此一道理有關。

換言之，讀書或聽講所學到的道理，可能比自己能想到的，高明很多，然而「自己曾經努力想過，再聽到別人不同的說法以後，自己再想出一個道理的能力與習慣」不僅在分析與決策上更有用處，而且對各種方式的學習（例如讀書或聽講）也能產生正面作用。

以上說明了所謂「比對」的相關觀念。比對時，自己反思檢討本身想法或做法與別人相比的優劣，謂之「反省」；吸收別人的優點，彌補自己思慮未周之處，謂之「補足」；若別人方案和自己的相似，但是基於不同的角度或有更具說服力的理由，則吸收內化以強化自己方案的說服力甚至思想體系的內涵，謂之「增強」；為了化解不同意見之間的矛盾而努力找出新的因果關係、新的調節變項，或可以使各方觀點都變得有道理的「道理」，則是一種「整合」與「創新」。新想出來的道理，若並非只能應用在此一議題，而是經過推論與聯想，形成一般性可以應用在其他議題的通則，這就是「通則化」（generalization）。

其中「補足」與「增強」比較接近「第一類的想」中的「綜合」與「重組」，而「整合」與「創新」則是「第二類的想」的核心。這兩類想通常是同時運作、交互進行的，其意義及做法將在下一章中再行說明。

許多新的實用知識，其實都是經過此一歷程而出現的，而且這種藉由比對（理論對理論、實務對實務、實務對理論），本

281

來就是創造知識或理論的重要途徑。然而這方面的心智鍛鍊，除了在寫論文時可能被要求，在大學或碩士班課堂上（包括在職的EMBA），除了互動式個案教學之外，似乎都未強調。

建構知識以及整合各方觀點以形成創新方案等，都是十分內隱的心智過程，通常沒有人教，也不容易傳授給別人。事實上，每個人都多少有一些建構知識與形成創新方案的經驗，但每個人在這方面的能力與習慣高下不同，但一般而言，這方面能力較高者，「讀書考試」雖然未必出色，但在工作上的成長應該較快。

建構知識和經由整合以形成創新方案的原則與途徑

基於以上所描述建構知識的心理過程，可歸納出一些建構知識以及經由整合以形成創新方案的基本原則或做法。

第一，憑藉本身原有知識與其他人的知識或知識體系對話。所謂知識體系，很高的比率是記載於文字或書籍。因此在讀書時要檢視一下自己原有的想法，再看看書籍文章的內容，包括推理過程與考量因素，甚至編碼系統等，與自己的異同；聽到別人不同的意見，也應虛心請教其背後的道理。

第二，試著將自己的知識（包括自己原來已掌握的方案及因果關係）與「解決問題中所遇到的挑戰以及解決辦法」進行對話。哪些問題可以用原有的知識來解決或解釋？哪些則不行？為什麼？

第三，在進行上述兩項思考時，試著檢視自己當前擁有知識庫的內涵，反省自己究竟知道些什麼？不知道什麼？自己現有的編碼系統在存取這些新知時，效率是否良好？進而微調自己所擁有的編碼系統或觀念架構，久而久之，可以逐漸建立自己的思想架構。

第四，在進行第一項和第二項思考時，不斷從對話、閱讀以及解決問題的方法中，檢視、反省其間的共同性與矛盾。進而補足、增強、修正自己的知識體系。

　　第五，知識與知識、道理與道理之間若有不同，可能存在著更基本的矛盾，這些矛盾若不化解，則不容易將別人的知識全盤吸收為己用。因此針對這些矛盾，應找出究竟是由於詮釋或定義的不同，或是衡量方法的不同，或是存在某些隱含的「調節變項」所致。

　　第六，當面對不同方案時，經由比對發現各方案背後所追求的目標、所依據的資訊以及因果關係的前提，試著提出更完整、同時能滿足各方期望，又能解釋在什麼情況之下哪些方案較為可行（找出調節變項）的方案。

　　例如若發現某一企業十分成功的管理辦法，引用到本企業中卻遭遇困難，在解決問題時可能體會到原來「組織文化」的不同影響了管理制度的適用性。再進一步了解又發現兩家企業的「中階以上主管平均年資」，以及「機構領導人領導風格」是形成組織文化的重要因素。在此簡例中，「組織文化」就是一項影響因果關係的「調節變項」，而「中階以上主管平均年資」與「機構領導人領導風格」就是新發現的「自變項」（影響了「組織文化」）。至於什麼因素影響這兩個變項，以及背後道理是什麼，又需要再進一步探討。

　　這種不斷重新詮釋觀念、發現變項，並找出化解矛盾背後更深層道理的思維過程，即是「知識的整合」，其實和學術研究十分相近，經常會持續出現在建構知識的過程中。

　　由於對各方案的價值前提（深層目標）、事實前提（對資訊的解讀）、因果關係的信念等，已進行了深入的分析，就有辦法

構思出考慮因素更完整、各方較能接受的創新方案。

「原有知識」的獲得方式

在討論「第二類的想」時，曾多次提到「自己的原有知識」。這些本來即存在於知識庫中的「原有知識」，有些是來自純粹的吸收，例如當對此項知識尚處「一片空白」時期的閱讀；有些是當問題出現後，經由「第一類的想」而搜尋、擷取、組合出來的；有些則是過去經由「第二類的想」，和某些知識體系比對整合出來的。

每個人的知識來源都十分多元豐富。但若希望經由「第二類的想」而進行高層次的知識整合，或獲得更創新的想法，其先決條件是前述的「用心想過」或「用心從事深入思考」。原有知識的獲得過程愈用心投入，和其他知識的比對效果愈好。

如果自己未曾用心想過或試著做過，只是比對其他人的想法，也算是「第二類的想」，但效果肯定比較差。這是個案教學時，為了確保學習效果，要求學生課前必須深入構思自己方案的原因。

第三節 「兩類的想」是相輔相成的

「第一類的想」主要是在自己的知識庫中去進行活化與深化，除了經由「綜合與重組」來構思決策方案之外，還可以利用解決問題的心智流程來擴大與強化知識庫的內涵。「第二類的想」是經由比對自己和其他人的想法來整合知識、建構知識、提出創新的方案，進而培養自己建構知識的能力與習慣。

這兩種「想」，在生活中無處不在。例如遇到問題時，自己

284

回去閉關好好想一想，想到更多的因果關係或方案，這是「第一類的想」；回顧自己過去的經驗，進行比較，因而想到更多解決方法，則屬於「第二類的想」。如果「找個可信的好朋友聊一聊，聽聽人家的想法」，也屬於「第二類的想」。

然而實際上，這兩類「想」的過程，無論是平時或在個案討論中，都是交替進行的。例如，「第二類的想」中的比對過程，勢必運用到「第一類的想」的搜尋、擷取、組合等，當發現有矛盾存在時，才能進行較深入的比對；而「第二類的想」的比對結果，在整合之後，肯定要回到「第一類的想」的編碼系統中，才能成為自己知識庫中的內容。

個案教學過程中，「第一類的想」也未必僅存在教師與某位學生一對一的答問，因為教師有時也可以要求其他學生為這位學生的論述提出更深層的理由，這就是以一對多的方式來訓練「第一類的想」。而且「第二類的想」也不一定是一對多，因為教師可以針對同一學生，從其論述中找出矛盾（「你現在講的和剛才講的理由不一樣」），然後進行對比，這就是以一對一的方式來訓練「第二類的想」。

而且，「比對」與「比對」之間，還可以進行比對。因為每個人的知識庫與相關心智流程都不相同，在進行「第二類的想」時，比對的結果可能相差很大。針對這個差異再來比對造成差異的原因，也十分有挑戰性。

285

第 9 章

思辨能力

286

　　前文說明了狹義知識和廣義知識的內涵，以及兩類「想」的意義與進行方式。知識庫內容愈豐富、存取知識的編碼系統愈周延良好，加上「想」的能力強，則知識對解決問題與決策就愈能發揮更大的作用，此事應無疑義。

　　「知識」、「想」和「想的能力」三者在觀念上並不相同，但密切相關，在分別解說的過程中，有時因為無法明確劃分，難免出現交集甚至重複的情況。以下用一個比較容易了解的例子說明它們之間的關連與不同。其中「跑」、「跳」只是企圖形容兩種「各有技巧（能力）的做法（程序）」，若用「游泳」與「擲鉛球」來取代也可以。

　　所謂「知識」相當於「力學」、「肌肉」、「關節運動」的基本觀念；「第一類的想」則相當於描述「跑」的動作與過程；「第二類的想」相當於描述「跳」的動作與過程；「想的能力」則類似「如何跑得快、跳得高」的原因和做法。跑跳的能力雖然與跑跳的「過程」不一樣，但在解說時不得不提到跑跳的過程；在介紹跑跳過程時，也會觸及能力的議題。因此它們之間是不容易

以嚴謹方式切割的。

　　所謂「想的能力」和學理上的「思辨能力」（critical thinking）十分接近，雖然後者在學理上也並未有統一的定義標準。本書以下將用「思辨能力」來形容在想的過程中，應如何做，或應注意些什麼，才能發揮「想」的效果，使得在活用知識、解決問題，以及創造知識上做得更好。了解了「知識」、「想」以及「思辨能力」的關係以後，對教師的教學目標與做法必然有所啟發。

　　有些思辨能力與「第一類的想」有關，有些與「第二類的想」有關，有些則是與「兩類的想」都有關係，甚至是需要結合「兩類的想」才能做得到。此外，還有些能力與「兩類的想」都有關係，是做好「兩類的想」的先決條件，這些將在以下各節分別說明。

　　由於本書作者所了解的專業領域十分有限，因此所說明的各種思辨能力主要都與企業管理的診斷與決策有關。

第一節　「第一類的想」相關思辨能力

　　與「第一類的想」有關的思辨能力，最基本的當然是正確、有效而快速的利用編碼系統，從知識庫中進行「搜尋」與「擷取」。這在介紹「第一類的想」時，已經詳細說明。除此之外，尚有若干可以表現思辨能力的方式。

綜合與重組

　　搜尋與擷取之後就要進行廣義知識的「綜合與重組」，或簡稱為知識的「組合」。「綜合」的基本概念接近於「加法」，亦即是將各種知識或資訊進行累積，讓我們想到的「因果關係」更廣

泛，考慮到的因素（變項或行動步驟）更周延。

更具體地說，「綜合」與「重組」的標的包括了當下聽到或談到的觀念，分散在自己知識庫中的各種廣義知識，或散見在個案教材裡各段落中的資訊。

「綜合」之後，想到的內容可能變得十分多元而豐富，因此我們必須將這些知識重新加以組合，一則將相近的觀念摘要出重點，減少重複，再則使自己的想法或論述層次分明，三則使做法、理由、前提假設等區分清楚且依某些特定的邏輯分條列點，此一思辨的過程稱之為「重組」。

這個過程如果做得好，表示「綜合與重組」或「組合」這種思辨能力水準比較高。

組合資訊的舉例 —— 解讀

大部分現象都需要透過來源不同的許多資訊才能呈現其較為真實的樣貌。我們將蒐集或認知到的這些資訊，加上自己其他已知的廣義知識，依知識庫中的編碼系統，加以解釋、歸因、驗證、歸類，並賦予意義，此一過程即可稱為「解讀」或「詮釋」。對資訊的解讀或賦予其意義之不同，會影響我們後續的分析與思考的方向。

造成解讀結果不同的原因，可能是因為每個人知識庫中所能掌握的變項與因果關係網不同，可能是價值觀所造成的選擇性認知不同，也可能是各人當時所採用的編碼系統不同。在個案研討中，同學們互相吸收彼此對相同資訊的解讀過程與結果，可以幫助自己覺察自己看事情的「盲點」，提升每個人在解讀能力上的廣度與深度，當然有助於決策時理性程度的提升。

易言之，各人所解讀的資訊如果彼此之間並無太大矛盾，

只是各有所偏，則在充分交換各自的解讀以後，每個人所體認的事實前提範圍就更廣，考慮層面更周延，這可稱之為資訊的「組合」。換言之，如果和別人「比對」的結果中，並未發現矛盾的存在，就可以「加」到自己的想法中再予以重組。此一思考方式與「從自己知識庫中搜尋到資料或方案再加到原先想法中」相去不多，因此可以歸類到「第一類的想」。

例如大家聽到同一件事，有人解讀為「溝通技巧問題」；有些人解讀為「制度上的權責劃分問題」；有些人認為是「組織內部政治的運作」。不同的解讀，會影響後續的思考與分析方向，甚至於最後的決策。事實上這幾項可能原因，彼此未必互斥，甚至存在著某些前後的因果關係。有些人就有能力聽出這些解讀結果之間的關連，然後「組合」成為一套更豐富、更能涵蓋各方想法的解讀方式。這種能力是「第一類的想」中，「綜合與重組」的能力之一。

想出原因背後更深入的原因及後果之後的更多後果

前文在介紹結構性知識時，曾提到「因果關係網」，也就是許多現象的「原因之前尚有許多原因、後果之後還有許多後果」。有人在不斷搜尋與擷取知識的過程中，有能力以追根究柢的方式，將各種現象向前及向後延伸其因果關係，並建構出頗為複雜的「因果關係網」，這也是與「第一類的想」有關的思辨能力。有人能夠「見微知著」，有人對未來趨勢的發展擁有更高的前瞻性，應與此項能力有關。

想出造成某項因果關係的更多因果關係

因果關係還不只是可以向前及向後延伸而已。許多因果關係

的「原因與結果之間」，也可能找出更多的因果關係。

例如，「廣告費用增加會提高銷售量」是大家可以普遍接受的命題。此一命題中，「廣告費用」是因，「銷售量」是果，它們之間通常存在著「正向」的關係。但事實上，這兩者之間的因果可能並非直接關係，中間其實還有許多更細緻的因果關係。例如廣告費用可能影響了廣告的設計與製作品質，也影響了在媒體上的露出時段與頻率；時段與頻率又影響了目標客群的認知與偏好。消費者有對此一品牌產生正面的認知與偏好之後，也未必會立刻採取購買的行動，可能還會經過更進一步的因果關係才會對「銷售量」發生作用。

換言之，這一連串的因果關係並不是「原因之前的原因」或「後果之後的後果」，而是從廣告費用到銷售量「之間」的更多因果關係。其中任何一項關係不存在或影響力不夠正面，都會影響到「廣告費用」與「銷售量」間因果關係的強度。找出這些因果關係，加以驗證或落實執行，是十分重要的工作。

有些人有能力在看到一項因果關係的命題時，能迅速從其知識庫中或其他人意見中，「組合」出此項因果關係之間更多、更細緻的因果關係。這是一種與「第一類的想」有關的思辨能力。這種能力對診斷問題及決策的落實執行，都十分有幫助。

想出更細緻的行動程序

「程序性知能」在管理上也極為重要。在「行動的程序性知能」方面，「依據目標方向採取行動」是最核心的觀念。然而從現狀到目標之間，還有許多細緻的步驟，能從知識庫或各方意見中，組合出次序分明的細部做法，也需要某些思辨能力。

例如，策略上決定開始產銷某項新產品，配合此一策略的功

能政策之一是開發新的供應商。但策略與政策都確定以後，供應商不會自動出現，因此如何尋訪、評估、認證、選擇、簽約，直到檢驗標準的規範、進貨檢驗之稽核、付款條件、催貨之權責、退貨標準及對供應商的獎懲制度，直到各種表格設計等「行動程序」，都應依過去的經驗，再配合新產品的特性進行構思與規劃。此外，新舊產品之間的採購綜效如何創造，為了確認以上行動方案，各單位應如何開會協調等等，都是值得具體構思的行動程序。

　　這些事在組織中幾乎天天發生，但有些人能夠想得周詳細密，而且各項行動之次序與權責歸屬都能夠清楚界定；有些人則粗枝大葉，常有缺漏。有些人比其他人更能從經驗、觀察及書本中構思出這些細部而具體的做法，表示他們在這方面的思辨能力較強。所謂的「執行力」，顯然與這種思辨能力密切相關。

針對事實前提進行提問與猜測

　　實務上或個案討論時，決策所需要的資訊往往並不齊備。有些人會針對決策需要提出關鍵問題，向別人請教在自己因果關係網中想不到或想得不周全之處並設法補強。

　　有些人雖然不提問，卻可以憑其思辨能力，從大家都能掌握的資訊中推導或合理猜測到一些關鍵的事實前提，這些能力也與「第一類的想」有關係。

第二節　「第二類的想」相關思辨能力

　　「第二類的想」的關鍵觀念是「比對」與「建構」。針對不同想法或論述進行比對，必須用到的最重要思辨能力即是「整合

能力」。包括了方案的整合、知識的整合、資訊的整合，以及價值觀念的整合在內。

整合知識的能力

在管理上，「整合」是結合目標不同機構或人所擁有的資源，來協力完成大家共同的目標。在知識與思想上，「整合」則相近於創造足以吸納並解釋「互相矛盾知識」之新知識的意思。

更具體地說，在此所談的「整合」是從表面上似乎矛盾的若干因果關係主張、資訊或價值觀中，找出可以化解矛盾的想法，然後從更高的層次為這些「因果關係」找到合理的解釋或有說服力的「調節變項」或提出更有解釋力的觀念；經由各種「資訊」之間的交叉比對與相互驗證找到更接近真相的事實前提；以具創造性的方式來化解各方價值觀念以及備選方案之間的差異。

「整合」與前述「第一類的想」有關的「綜合與重組」不同在於，整合意味著以創造性的做法來化解某些矛盾；「綜合與重組」的重點是將多元的知識、資訊、原因、方案等，進行累積與重新組合。

例如有人主張儘速到海外投資發展，有人主張在國內固守陣地，各有完整的論述與理由。再深入分析後發現這些做法的成敗機率取決於「政府政策」，於是形成第三個方案 —— 準備並觀望，密切分析並觀察政府政策的走向，一旦發現跡象立即採取行動。此一思考方式近於「整合」，而「政府政策」則相當於「調節變項」。

另一個例子是，邁向國際化時，在行銷、產品及財務方面的考慮及行動計畫已十分周詳，但又得知該國工會及勞工政策頗為複雜，因此在原訂計畫中，再加上這方面的考量及行動，使原計

畫基本上維持不變，但更為完備。此一思考方式則近於「綜合與重組」。

「整合」與「綜合與重組（組合）」兩種做法或思考方式的本質雖然不同，但經常是隨時交替進行的。

整合知識的舉例 —— 找出前提並驗證前提

決策過程中的重要做法「找出前提、驗證前提」，是知識庫中各種知識互相整合、互相強化的實例。

前文指出，知識庫中「資訊」和「解決方案」的存量，通常遠多於「結構性知識」。然而當面對特定問題時，有時雖然想得到的可能解決方案很多，但未必知道應該如何選取；所掌握的資訊也很豐富，但未必知道哪些資訊才對解決此一問題最具有關鍵性。這時，在決策過程中常用到的「找出各方案的前提，再來驗證前提」的思考過程，就可以幫助方案的選擇。

例如，A方案的可行性是基於「消費者品牌忠誠度不高」以及「零售商有能力為顧客進行深入的產品解說」，表示這兩件事是A方案成功的前提，若這兩件事都成立，則A方案成功的機率較高；若這兩件事不成立，則應採取B方案。找出前提之後，下一步就應針對這兩項前提進行研究調查，看結果如何，再決定究竟應採取A方案還是B方案。

在此一決策的分析過程中，方案的提出相當依賴知識庫中所擁有的「解決方案」；而「找出前提」則要靠知識庫中的「因果關係」或結構性知識去了解分別在哪些情況下，兩個方案更能達到預期的目標。因此，想得出來的方案要夠多、夠合理，才有得比較；而強大的「結構性知識」則可以推斷這些方案的可行性分別建立在哪些前提上。找出關鍵前提以後，很可能需要進行實地

的研究調查，然而實際上，各方案的成功前提為數眾多，如果知識庫中的「資訊」夠豐富，則在找出方案的前提以後，就可以從自己（或同仁）已掌握的資訊中，搜尋、擷取出有關的資訊來進行驗證。在此一實例中，如果決策者對這類產品消費者的品牌忠誠度或購買習慣，以及零售商的一般水準相當了解（表示知識庫中已擁有相當多的有關資訊），則可能很快就能得到答案。

通常我們在分析問題或選擇方案時，類似這樣的「知識整合」是不斷在進行的。我們的知識庫中，若擁有大量而高品質的「可能的解決方案」、「因果關係」、「資訊」這些廣義的知識，又有能力將它們有效地互相整合（在此例中是「找出前提、驗證前提」），則表示所謂「靈活運用知識」的這種思辨能力比較高。

從結論的不同裡找出關鍵前提假設及因果關係

這是「比對」的基本動作，也可以為前述的「整合」奠定良好的基礎。

各人結論不同，大部分是因為對資料的解讀不同、前提假設不同，或對因果關係的推論不同，甚至隱含的價值觀存在差異所致。有些人可以從各方不同的幾種結論中，推導出造成這些差異的前提假設以及因果關係的認知等。能找出造成這些差異的原因，就比較能及早開始理性的前提驗證或「第二類的想」中的「整合」工作。

整合知識的舉例 —— 提問

聽完一位企業家完整介紹本身某些經驗以後，聽眾或訪問者多半會接著提問。有些提問內容十分深刻，可以「問到重點」，並引導這位企業家講出更多精彩有趣、富有創意的內隱想法；有

些聽眾則甚至提不出問題。

　　造成此一差別的原因，主要是前者的結構性知識或程序性知能比較豐富完整，聽完演講以後就能感覺得到，似乎某些關鍵的前提沒有交代，或某些重要的因果關係沒有說清楚，或某些想法與某些做法之間似乎沒有銜接甚至互相矛盾，因此可以提出十分具體而深入的問題。

　　講者聽到提問後，發現本身因為沒有注意到這些事項的重要性而未將其包括在演講內容之中，而且也感到這些若未說明，則這些經驗的介紹顯然就不夠完整，因而認為問題問得很好。針對不同的提問，講者有時在回答時興趣盎然，有時則根本懶得回答，這和提問的水準密切相關。

　　此一現象說明了狹義的知識對吸收資訊、解讀方案的正面作用，也說明了各類知識相互整合的思辨過程。

整合的舉例 —— 矛盾的價值觀之澄清與化解

　　每個人的知識庫中擁有的價值觀，既多元又可能彼此矛盾，而且有些價值觀十分內隱，往往連自己本身都未必能覺察到它們的存在或彼此間的矛盾與衝突。

　　不同的人所構思的決策結果不同，未必是對資訊（事實前提）認知不同或對因果關係抱持不同的看法，而是彼此價值觀不一樣。例如，每個人風險偏好不同，有人敢衝，有人保守，因此對未來的發展方向與速度的想法就南轅北轍。此外，有些人比較希望多照顧員工，有些人則重視短期獲利，這些價值觀的差異也會影響決策的方向。

　　我們在深入比對彼此想法時，可能才會發現自己內心深處的某些價值觀對決策所發生的作用，因而加深了對自己價值觀的

了解。此外，有時在設計一組需要互相配套的決策時，才會發現
自己的各種價值觀之間竟然互相矛盾。例如有時在經過理性的因
果關係分析以後，會發現不同的做法對「照顧員工」和「短期獲
利」之間的預期效果並不一致，因此有機會反省自己究竟要的是
什麼？或在決策過程中發現了「照顧員工」和「短期獲利」兩種
價值的替換比例，進而對兩種目標（價值取捨）之間在自己心中
的相對重要性產生更高的「自覺」。

這是價值觀念、解決方案，以及因果關係的整合運用。經常
這樣做，不僅可以釐清自己心中內隱而互相矛盾的價值觀，也可
以協助自己建立更理性、更有內部一致性的人生觀與價值體系。

第三節　更進階的思辨能力

以上所介紹的各種思辨能力，都是我們在「想」的過程中經
常運用到的。通常大家都有運用這些能力來「想」的經驗。

然而，除了以上這些思辨能力之外，有些「想」的能力相對
更「進階」，想的範圍更廣，想出來的結果也更完整而複雜。而
這些能力其實也是建立在前述各種思辨能力共同運作的基礎上。

形成並論述完整方案的能力

經由「第一類的想」、「第二類的想」，以及相關的思辨能
力，的確有助於診斷出問題的核心、設計出合理的解決方案。然
而有些問題牽涉到的層面十分廣泛，從各種角度分析後，提出的
解決方法為數眾多，各別來看似乎都十分合理，但合在一起時，
難免出現彼此間的矛盾或不一致，或彼此間存在著優先順序的問
題，因此顯然需要更高階的思辨能力來處理。這種能力至少包括

兩方面：

第一是將為數眾多的解決方案，經由整合後，再組合成一個系統完整的整體方案的能力。亦即在「組合」的過程中，同時將彼此間的矛盾，經由創意或價值取捨來「整合」成理念一貫、努力方向一致且步驟分明的整體解決方案。

第二是對此一整體解決方案有完整論述的能力。亦即針對整體解決方案（例如企業的發展策略或國家的經濟政策）能夠掌握核心觀念與關鍵做法，並清楚而扼要地說明「應該怎麼做」、「為什麼要這樣做」，以及在價值取捨時的理由、選擇方案時的關鍵前提等。

在「企業政策」或「策略管理」的個案討論中，這種能力的培養是重要教學目的之一。雖然真正能做到的人很少，但大家都明白，這是一種需要靈活運用前述各種「想」與「能力」的「進階版思辨能力」。

學習與創造知識的能力

思辨能力除了可以用在解決問題與構思方案之外，還包括了學習、修正本身知識體系，以及建構與創造知識的能力、習慣與心態。

這種能力的培養與強化，重點在於將別人的想法（包括口頭論述、文章、書籍等）與自己想法的比對，再從比對過程中，發現差異、整合差異，進而想出更高明、更周延、更有解釋力的想法，此與前述的「知識整合」頗為相近。

個案教學中，隨時要求學生針對做法「想個道理」、用心聆聽其他同學所說的「道理」並進行比對，以及課後撰寫心得報告，目的都在強化這方面的能力、習慣與心態。這在開始討個案

幾週以後，大家就會開始有些感受。

我們當然應該在不斷的「搜尋」到「建構」過程中，努力建立自己的思想體系，並持續提升自己對各種知識的認知、吸收與運用的靈活程度與品質水準。然而若希望獲得較突破性的學習與創造知識，其實很難只靠「點點滴滴」的個案討論來得到大幅的進步。

換言之，此一理想不太可能經由個案教學或實務歷練達到，而需要經由學術經典的閱讀、長期的學術研究、持續的思辨才有可能。這一理想對參加個案教學的學生而言，稍嫌遠大；但對教師而言，卻應視為終身努力的方向，以期主持個案教學的水準能夠隨著自己這方面能力的成長而逐漸提高。

第四節　其他相關或更基礎的思辨能力

在我個人的經驗中，有些思辨能力對個案教學的師生都十分重要，但它們似乎不僅屬於某一類的「想」，甚至是「兩類的想」的基礎，包括記憶力、聯想力、邏輯思考的能力，以及後設認知的能力。

綜合與整合知識能力對記憶力的作用

對聽到或讀到的內容「過耳即忘」或「過目即忘」，當然不容易培養思辨能力。然而除了天分之外，綜合與整合知識的能力對記憶力是有正面作用的。

一項企業的報導或上課時學生的論述，往往不僅是一些「資訊」，還包括了一些道理或因果關係在內。如果聽者有良好的編碼系統，以及相對豐富的知識庫內容，則在聆聽這些報導或論述

時，可以即時將其解讀，並依自己的編碼系統將相關的道理存放在自己的知識庫體系中，進而與原有的相關知識相互比對。比對之後發現並無矛盾，即可依自己編碼系統和原有知識或資訊結合並存放在一起，這是「綜合」。如果有矛盾，則經由反思，想出可以整合這些矛盾的道理，再用這些道理將各種資訊或因果關係進行「整合」。

有能力即時進行「綜合」與「整合」的人，在聽完一段論述之後，較有能力系統化地將這些報導或論述的重點進行口頭摘要。即使未進行口頭摘要，但在「心中摘要」的能力與習慣，也可使所見所聞隨時納入自己的思想體系中，因而更容易記憶別人論述的重點。

個人所擁有知識庫的廣博程度、編碼系統的品質與完整程度，當然有助於綜合與整合能力的發揮。

有些人在聆聽或參與討論的一段時間甚至數年之後，可能還能記得大致的內容或主張。這不是記憶力好所造成的，而是觀念架構、編碼系統、知識庫，以及綜合與整合知識的能力所發揮的效果。

有些人對自己專業有關的新知，吸收整合得很快，事後也都記得細節；對與自己專業無關的事則記不清楚。這也表示出觀念架構、編碼系統各知識庫存量等對記憶力的正面作用。

聯想能力與邏輯能力

許多人在參與或主持個案教學時，會感到還有許多重要的能力，例如所謂「聯想能力」與「邏輯能力」。然而許多「能力」的內容其實頗有重複，在「靈活運用知識的能力」中，必然會用到許多「聯想」；而在解讀資訊與整合知識時，也少不了邏輯能

力的角色。其重要性眾所周知，因此本書即不再介紹。

後設認知的能力與習慣

後設認知（metacognition）在學術上的意義是「認知的認知」。在個案教學中的後設認知，用最簡單的話講，就是「很清楚地知道甚至記得自己產生想法的心智過程」。

易言之，後設認知能力較強的人，知道自己在面對問題時，腦中是如何在搜尋、擷取、比對、綜合、整合，甚至也知道所運用的編碼系統或觀念架構為何。有些人可以在想的當下，就知道自己正在進行哪一階段的心智流程；有些人在決策之後，可以清楚回憶自己當時是如何在「想」、所依據的是哪些資訊、驗證及整合各項資訊與因果關係的過程，以及最後方案在心中是怎麼想出來的。

有些人則是另一極端，他們在決策之後，完全不清楚當初是怎麼想的，所能解釋的只有「運氣」好不好而已。

後設認知能力較強的人，如果還擁有客觀冷靜檢討自己成敗的心理韌性，則其思考與決策的能力必然進步快速。反之，嚴重缺乏後設認知能力的人，幾乎每天都在胡塗過日子，前景不可能樂觀。

在個案教學中，教師會要求學生（例如問一連串的「為什麼」），針對他自己的決策提出具體的理由與依據，包括聽了誰的什麼說法，因而進行怎樣的比對與整合，以及新想法在心中出現的過程。這就是希望能培養學生後設認知的能力與習慣，將來在進行實際決策時能隨時意識到自己心智流程的運作，並經由檢討，不斷提升自己思考與決策的理性程度。

擁有較佳後設認知能力的教師，比較能掌控討論的進度與機

動調整討論方向，而個案教學的經驗也有助於教師提升這方面的能力。

　　本書對個案教學的「內隱心智流程」進行介紹與解說，也是希望讀者在理解這些流程或思辨方式以後，在後設認知及學習效果上有所增進。

第五節　結語

　　在診斷問題、解決問題，以及決策與行動方面，必須同時運用到「知識」、「想」，以及「思辨能力」。有了思辨能力，不僅更能活用既有知識，使「想」的過程更有效率，而且對知識的累積、存取、創新也有一定的作用。

　　思辨能力的養成，關鍵就在「多用」。經常針對問題，努力從知識庫中進行存取、搜尋、綜合、比對、整合，不僅可以因為熟能生巧而提升效率，而且因為經常操作，也能逐漸強化自己的觀念架構或編碼系統，使這些廣義知識的存取、整合、聯想更為靈活。常常針對略為複雜的問題「傷腦筋」，腦筋就會愈來愈靈活。有些人讀了很多書卻不會活學活用，原因就是平時很少針對真實而複雜的問題，在自己的知識庫裡進行這些搜尋、擷取、整合、檢討的動作；有些人書讀得不多，但在決策或執行上十分精明能幹，就是因為必須經常處理問題，因而不得不在腦中持續進行這些心智流程。工作歷練的價值以及「做中學」背後的道理都與此十分有關。

思辨能力需要在指導下經常練習

　　如果上述這種「用」或「練習」能在指導下進行，則靈活

運用知識的能力會進步得更快，這是互動式個案教學的基本信念之一。商管教育中的個案教學，就是希望提供學生成本相對低廉而類似工作歷練的思考訓練。個案背景形形色色，管理問題變化無窮，個案教師的提問內容，很大一部分在「喚起」學生知識庫中隱約記得的各種知識，讓他們努力去「活化」、「調度」這些廣義的知識，並提醒他們注意各種知識之間或各種意見之間的矛盾，並試圖進行矛盾間的「整合」。

易言之，由於教師經由互動與問答，可大致掌握學生知識庫中缺漏之所在，因此上課時，教師主要就是在引導學生針對這些不足之處不斷地想、從自己的知識庫中從事解讀、搜尋、擷取、綜合、整合、驗證、反省、檢討，雖然讓教學雙方都相當「傷腦筋」，卻是提升思辨能力、活化知識庫最有效率的方式。

在這些方面，互動式的個案教學比傳統講授方式，顯然可以發揮更大的作用。其實任何實用學科，如果在學習過程中少了這一部分，則無論讀多少書、聽多少大師的演講、知識庫再豐富，也不容易做到活學活用。

302

第 10 章

「內隱心智流程」之涵意

本書〈內篇〉的用意是希望讀者在了解與個案教學有關的「內隱心智流程」以後，能夠對本書所主張的個案教學法、「聽說讀想」、教師的角色，以及更根本的學習、管理教育等，產生更深入的認識與認同。

易言之，了解前文所介紹「兩類的想」的過程，以及「知識庫」、「編碼系統」、「思辨能力」等觀念以後，本書所主張或建議的內容，其背後的道理就更清楚了。

本章中的許多主張，其實在〈外篇〉中也曾提過類似的觀點，但若從〈內篇〉所介紹的這些「內隱心智流程」的觀念來看，就更容易解釋。

第一節　對學習與讀書的涵意

本書的主題是個案教學，如何讀書及如何吸收知識並非重點。然而讀書與個案教學相輔相成，對學生如此，對教師主持的品質或「功力」更是十分關鍵。

換言之，在此處是希望指出從對個案教學的「內隱心智流程」的了解，來探討學習與讀書。

讀書聽講的作用在於充實知識庫的內涵

傳統上認為獲得知識的主要方法是讀書與聽講。讀書與聽講的主要作用是充實我們自己所擁有的知識庫，使自己所能掌握的「因果關係」（結構性知識）、「做事方法」（程序性知能）、資訊（決策時要考慮的事實前提）、可能的解決方案、編碼系統等日益豐富，因此十分重要。所以無論是讀教科書、讀理論、讀傳記、讀報導、讀個案，或聆聽別人的經驗，都是有幫助的。知識庫內涵太貧乏，在做事或做決策的時候，就會產生「用而後知不足」的感覺。

然而為了充實知識庫，「聽課」比起「自行閱讀」，其效率實在太低了。我一向主張讀書這件事應該自己負責，到了教室，就應利用大家相聚的寶貴時間，做一些自己無法單獨完成的工作，例如經由討論來提升「聽說讀想」的能力以及練習培養各種思辨能力與習慣。

要有思辨能力才能活用知識與創造知識

讀書多、知識多，絕對有助於決策，但知識的存量與活用知識以及創造知識的能力未必相關。如果缺乏本書所介紹兩類「想」與思辨的能力與習慣，則這些靜態的知識對我們靈活應用知識的能力、分析能力、思想深度，乃至於重組與創新知識的能力，幫助相對有限。

而「想」的能力強，可以補足知識存量（讀書聽講所得到的）之不足。甚至有些人因為「想」的能力特別強，在某些主題

方面（例如企業經營管理），不讀書也能從實作中學習成長、有成就，這也是「做中學」背後的道理。傳統上認為獲得知識的方法主要是讀書與聽講，但從「第二類的想」的說明與分析中可知，若能善加運用「第二類的想」，很多創新的道理和做法，是可以自己想出來的。

本書詳細介紹了決策或個案討論時的「內隱心智流程」，說明互動式個案教學過程中的各種問答其實就是要求學生持續在教師指導下練習兩類「想」，而如此培養出來的思辨能力是僅經由讀書及聽講所不易獲致的。

如果教師能掌握這些基本的觀念，在個案教學實施時就應以「培養想的能力」或「思辨能力」做為主持與提問的重點，以達到更佳的學習效果。

讀書須「用意」

讀書不「用心」或不「用意」，不僅無法吸收內化書中的內容，也無法經由讀書改進並充實我們的思想。

何謂「用心用意」呢？大部分可稱之為「經典」或比較嚴肅的書籍或文章，都有其主張的「因果關係」、「行動流程」、行動中的「if…then」，以及背後的道理等內容在內。依本書所談的各種「內隱心智流程」，所謂用心用意，就是要透徹理解書中所談的這些內容，進而從自己心中搜尋相關的想法，再將兩者互相「比對」，看看書中所說究竟有哪些高明之處，例如考慮因素（變項）、調節變項、資訊等，值得我們吸收，並經過自己的編碼系統，收納到知識庫中，以備將來之用。這些做法比較接近「第一類的想」。

然而世界上同一類主題的文章不只一篇，相關書籍也不少，

305

因此在熟悉一位作者的論述與主張以後，就應研讀其他作者的著作，並藉由「比對」產生更深入、或能整合不同觀點的想法，這便是在運用與練習「第二類的想」。

此外，同一本書，讀第二次時，就可以一邊讀，一邊問自己，此一主張背後的道理大概是什麼？作者基於什麼前提假設及推理過程來獲致此一結論？由於我們讀完第一次後，通常只有大致的印象，未必有能力將作者的思想完整記下來，因此經過此一過程（雖然已讀過，但還得不斷猜想作者是如何進行推理或「想」的），可以鍛鍊自己「第一類的想」的能力。

在讀書、讀文章時，如此「用意」地從事推理練習與相互比對，才能發揮讀書練腦的效果。讀過這些書或文章以後，過了一段時間，內容可能已不太記得，但這兩種「想」或「思辨」的能力卻成長了。未來即使記不清楚作者所主張的內容細節，但由於這兩類「想」的能力提升，就可以有自信、有系統地針對這些主題提出自己的想法與主張。

「熟知大師們曾經講過什麼」，和「能在討論中隨時經由吸收整合而提出自己想法」，兩者的境界是不同的。

當然，所讀的書或文章，必須有水準以上的見解及推理，讀來又不太輕鬆，需要用心去想，才能達到這些效果。

我們要求博士班學生必須大量精讀「經典」，主要是希望學生能了解經典中的推理過程而非其結論。因為許多經典所主張的「結論」，有些已經成為今日的常識；有些則因為時過境遷，已不合時宜。但書中的「推理過程」卻永遠有其「練腦」的價值。

如果我們不讀原典，只從教科書中約略知道這些經典的主要主張，則雖然談到經典時也可以頭頭是道，但由於沒有循著這些經典的推理過程仔細想一遍，因此可能未學到經典中最有價值的

部分，而出現「買櫝還珠」的遺憾。

讀經典也要用互動式討論

其實互動式討論，不只是可用在個案研討而已。在研讀學術文章或經典時，若運用互動式討論，不僅可以提升對文章內容的理解與內化，而且也可以發揮「練腦」的功能，對深化「兩類的想」都有極大的幫助。

通常學術文章或經典的內容遠比個案深入甚多，因此透過互動式討論，對學習者了解前人的智慧，並進行內化、比對、建構、創新等的效果更大。因此我建議，在要求博士班學生研讀經典時，教師應依本身對文章的理解在課前提出一些無法直接在文中找到答案，但又隱約感覺似乎應有答案的討論問題，要求學生仔細研讀過文章以後，進行分組討論；上課時，教師再比照個案教學的方式向學生提問，學生則依自己對文章的理解來作答。

教師的提問，也和個案教學類似，從不同的前因後果、調節變項等來深化學生第一類的「想」；經由學生之間不同的回答，以及這篇文章和其他文章的比對，來訓練學生「第二類的想」。

這種訓練方式，不僅可以讓學生內化文章所欲傳達的內容，也可以提升「從知識庫中搜尋整合」，以及「經由比對而產生新想法」的能力。這些能力對學生未來的學術研究及教學工作，都會產生極為正面的貢獻。

讀書不可獨尊一家

同一學術領域內不同「學派」的意見領袖，因為種種原因，往往對彼此的觀點並不完全認同。年輕學者為了便於學術文章的發表，採取「獨尊一家」的方式以期獲得評審的青睞，原也無可

厚非，但在讀書時若也獨尊一家，因而失去在不同學派的論述之間互相比對以訓練「第二類的想」的機會，未免可惜。

易言之，讀書應力求廣博，不宜只追隨單一學派，對思想的開闊與創新才會產生更大的助益。

圖像化 ──「因果關係圖」與「行動流程圖」

精讀文章，需要運用兩種流程圖來「圖像化」文章中的觀念。「製圖」的過程可以強迫我們去深入理解文章中的意思、有助於記憶，也有助於我們在建構「結構性知識」與「程序性知能」方面的能力。

第一種流程圖是「因果關係圖」，即是試圖將文章中所談的因果關係網以流程圖的方式呈現出來。

第二種流程圖是「行動流程圖」，相當於生產與作業管理中的「要徑圖」（Critical Path Method：CPM），將文章中所主張的行動流程以互相銜接的先後次序圖形表達出來。

我本人在美國西北大學讀博士班時，自知在課堂上很難用流利的英語和同學進行深入研討，於是在課前用心將文章的重點仔細繪製成各種流程圖。上課時印發給教授及同學，按圖說明，不僅可以主導討論方向，而且同學或教授就我所繪製的圖上補充或質疑時，我也可以輕鬆的進行「第二類的想」（雖然當時尚無此一觀念）。

當時原本是希望藉此彌補語文能力的不足，但卻因為經過此一過程而強化了自己思考的能力，大幅提升讀書練腦的效果。

除了上述兩種流程圖之外，各種學理中常出現的「列表分類」、「曲線圖」等，也都是大家常用來整理及說明各種道理的觀念工具。

通常教科書是基於作者的架構或編碼系統來撰寫的。但每本具有原創性的專書、每篇專文都有其本身的架構或思想體系，我們廣博地精讀原典，並了解各家的架構與編碼系統之後，就可以逐漸培養出建立自己編碼系統的能力。時間久了，也可以試著建構自己的編碼系統。

圖像化與影片化

有些學生在閱讀個案教材以後，無法對個案的情節產生完整的理解與記憶，因而在討論時不易進行有效的聯想，或從表面上似乎不相關的資料中進行詮釋或整合。相反的，有些學生則對個案內容的介紹，可以做到有如身歷其境，無論從什麼角度切入，都可以將相關的情節、人物的對話等串連在一起。

我認為造成此一差別的原因在於圖像化，甚至「影片化」的能力高下有別。所謂「影片化」是指將個案中的情節以「影片」的方式進行理解及記憶。我不太清楚這種將文字敘述轉化為腦中圖像的能力在學理上的說法，但我猜想，在識字以前「聽故事」，以及識字以後的「看小說」、小學「說話課」裡的「講故事」，都應該有一些正面的作用。

兒童聚精會神地聽收音機廣播，心中一定會努力將所聽到的文字內容轉化為具體的圖像；看內容略為複雜的小說（不是漫畫），內心也必然在進行類似的轉化，否則聽不下去，也讀不下去。而此一努力的過程，或許有助於日後將其聽聞所得之資訊轉化為心中的圖像或「影片」，使這些資訊在知識庫的儲存、記憶、搜尋、整合更有效率。簡言之，小時候常聽故事或讀小說，很可能有助於討論個案時或配合工作的需要，將文字或語言在腦中轉化為圖像或影片。

309

第二節　對管理教育的涵意

從以上對兩種「想」以及「思辨能力」的分析，可以對管理教育提出一些建議。雖然其中有許多已是管理教育運用多年的方法，但若能進一步理解它們背後的道理，在實施上可更精準地達到預期的效果。

博覽各家論述

企業管理所欲解決的問題動態而複雜，因此管理學的相關理論，比其他學科更廣博，其學術來源也更多元，因此在讀書或讀文章方面，管理學者在養成過程中應被要求博覽各家論述，除了有助建立更廣闊的觀念架構與學理基礎外，經過比對、整合各家學理（包括不斷反思自己原來已知部分）的過程後，才能逐漸形成自己的見解與獨立思考的能力。甚至可以大膽地說，為了便於發表學術論文，自始即專注於一家之言或單一議題的學習方法，有可能局限了長期的知識成長與創新。

理論與實務互相參照才能產生創意

研究方面，應該以理論引導視野，並深入觀察研究實務現象後，再以實務補足理論。其中最重要的觀念是理論與實務的對話，經由這種對話才能互相截長補短，在研究上才能有所創新，同時也使研究成果更具有實務上的價值。

前述美國某公共政策研究所博士班，第一年全部分析並討論個案，有了這些實務個案資料「打底」以後，第二年再來研讀理論，也與本書主張的學習方式，在理念上十分相近。這是「第二類的想」在學術研究與學術人才培養方法上的運用。

交叉進行的學制設計

管理教育在學制上應提倡工作經驗與學校學習交叉進行。因此MBA學程應鼓勵年輕人有幾年工作經驗以後再來申請，而為在職人士開設的EMBA學程應成為管理教育中更重要，甚至正式教育的一部分。

在這種體制下，不同階段或場域中的學習，才能充分發揮互相比對、整合創新的效果。

提高個案教學的使用比率

由於管理教育更強調實用知識或知能的養成，而且「做中學」的價值比其他學科更為明顯，因此管理教育的上課方式應採用更多的個案教學，運用個案中形形色色的產業背景以及待解決的問題來「操練」並提升學生「聽說讀」以及與兩類「想」有關的思辨能力，並培養與「聽說讀想」有關的良好習慣。

個案分析過程中的思考、課前小組討論、課堂上的交流辯論，加上教師的引導，更有助各種思辨能力的養成。個案討論中也大量充實知識庫中的「解決方案」，對「想」或活用及創新的能力提升，也能產生高度的貢獻。

第三節　再次檢視個案教學的目的

任何學習方式對思考都有幫助。但聆聽教師講解課本，所做到的大部分只是「記憶」與「了解」這些相對低階的思考。而個案教學的目的則在於訓練比較高難度的診斷、分析、綜合、比對、整合、評估、方案構思、決策、知識建構等思考內涵。而且如果教師主持得宜，還可以協助學生建立正確的心態以及終身學

習的習慣。

互動式個案教學的預期效果，和傳統的「知識傳授」的教學極為不同。

強迫練習「兩類的想」，進而提升思辨能力

在任何管理階層，「聽說讀想」的能力都比所謂「學理」更具有實際上的作用。因此個案教學的主要目的即在於訓練「聽說讀想」，尤其是這「兩類的想」以及支持「想」的各種思辨能力。這些訓練或練習機會，都是讀書或與聽講不易做到的。

教師在討論過程中的持續提問，其實也是在讓學生知道如何朝更深、更廣的方向去「想」。

上課時間十分寶貴，應充分利用師生相聚的機會，以互動式研討交流來訓練「聽說讀想」，而非傳授資訊與知識。學理的吸收與實務資訊的接觸可以豐富我們「知識庫」的內涵，當然也極有價值，但學理與實務資訊的吸收應經由自行閱讀才更有效率。

更強調程序性知能的發展

在實務上，僅有結構性知識不易對實際決策或行動產生直接幫助，必須大量依賴程序性知能。個案研討中主要的思維都環繞著解讀資訊、診斷問題、制定決策、設計行動步驟等，就是希望學生能在教師協助下逐漸發展其程序性知能，不僅有能力解讀各種資訊，而且可以在分析上更合乎邏輯，在決策與行動方案上思考得更周詳完備。

程序性知能的傳授必須在實際的情況背景（context）中「操作」才能有所體會，因此通常在講課時，教師也必須多方舉例才能提升學生的理解。然而個案資料所能提供的「context」比「舉

例說明」完整複雜得多，因此在學習程序性知能上，效果當然不可同日而語。

在討論程序性方面的決策時，教師亦應適時引用相關的學理（或所謂結構性知識）來指導學生如何利用學理來強化思維、找出前提、驗證前提、協助抉擇行動方向。這些肯定有助於學生到職場後，自行進行所謂的「理論與實務結合」。

更能理解學理在實務上的價值與限制

管理學理在實務上究竟有多少用處，是難有定論的議題。唯有在教師指導下的個案討論，才能讓學生逐漸體會所謂學理、架構或分析方法在實際問題上能夠發揮之處，以及在運用上的限制。而在應用學理時，應如何抽出其中有用的部分，或經過修正後以更富彈性的方式來運用學理，也都難以言傳，唯有在實際運用後才可以逐漸意會。

抽象的學理名詞，如何用來協助解讀或分析實際問題，也需要教師在主持討論時提供有水準的示範，才能讓學生產生心領神會的感覺。

養成專心聆聽其他人的發言的習慣

因為「比對」是「知識建構」中的重要心智活動，因此教師必須運用一些技巧來要求學生在討論中，時時刻刻專注聆聽其他同學的發言。而且不只是聆聽，還必須隨時準備針對前一位同學的發言，提出自己的看法，這也是教師強迫學生在上課的全程中持續努力「建構知識」的做法，對學生知能的成長極有助益。

學生養成專注聆聽的習慣以後，即使沒有機會發言，也可以從聆聽中觀察其他人思想中所依據的因果關係、思想慣性、表達

313

技巧、資料詮釋方法等，做為自己比對、自省，甚至強化這些能力的著力點。

經由發言和討論更深入了解自己並創造互信

在被要求發言的過程中，學生為了提出相對完整的觀點及背後的理由，不得不努力釐清自己的想法，此一「為了講清楚而想得更清楚」的過程，不僅可以強化學生的推理論述能力，也可以產生對自己深層觀念（包括價值觀、對世界的認知、以及各種因果關係的掌握）的自覺，而且在討論時和同學比對的結果，可以進一步得知自己的想法或觀點，在群眾中的相對定位。

針對嚴肅議題的討論過程，本來就會將大家的內隱知能逐漸轉化為外顯。外顯化以後，每位學生或學員除了可以更了解自己，也能更深入地了解別人，這對同班同學的互信與友誼會發生極好的正面作用。

養成包容與開放的心態

在大部分人的習性中，對別人的論述，若乍聽之下似乎沒有道理，或與自己的想法相左，就不會專心聆聽；若聽了，也多半是在「挑毛病」，將注意力放在其說法沒有道理的部分，而很少會選擇吸收與自己想法不同卻有道理的觀點。

個案教學中，學生常被要求聆聽、複述與摘要其他人的意見。因此在專心聆聽以及試圖為其他人的發言進行複述時，大家必須努力以更開放的心態來理解吸收別人的論述。若能專心聽懂別人發言的內容，甚至進行完整的複述與摘要以後，往往會覺得「好像也有他的道理在」。此一教學方法因而可以逐漸養成學生對不同意見更包容與開放的心態。

在被要求仔細聆聽各方意見之後，也有可能鬆動本身原來堅持的價值觀以及形成想法的基本邏輯，這對地位崇高的領導階層，效果尤其明顯。此外，因為心態更開放，不僅可以形成同學間互相學習的氛圍，而且有可能因為心態的調整，從此養成願意向同儕請教學習的習慣。

調整心態也是個案教學的目的之一。經由個案教學所培養的開放心態，對年輕人進入職場後很有價值，對地位崇高的領導人或主管的領導風格及溝通方式，也有修正的作用。此一效果在純粹的聽講或讀書時，是不容易達到的。

以個案教學模擬「做中學」的過程與效果

在實用知識或知能方面，最有效的學習方式之一應是「隨時有教練在旁協助指導的實作」。然而在較高階的實務上（例如診斷組織問題或分析策略方案），「實作」的可行性低而潛在成本高，因此個案教學是針對「做中學」的一種模擬，以書面資料或影片等，模擬實務上的決策情境，並希望經過多次「具有身歷其境感覺」的模擬與練習，發揮比讀書或聽講更佳的效果，或至少與這些傳統的知識接收方法形成良好的互補作用。再者，個案教師對個案教材熟悉，對問題深入掌握，因此其指導角色可能比實務上的教練更容易發揮。

養成終身學習的習慣與心態

個案教學過程中，隨時會出現同學不同觀點的比對以及教師的提問，因此不只是簡單地模擬「做中學」而已。因為在「做中學」過程中，最有價值的事後檢討與修正，也往往在師生互動中完成。這對學生的終身學習有正面作用，因為除了培養從做中學

的能力、從做中學獲得創新的知能外，也可以養成邊做邊學，同時不斷自我檢討與尋求改進的習慣。

再者，個案教學是整個學期的課程，各學期也有可能都有以個案教學來進行的課程，因此所學到的不只是「以理論結合實務」，而且會學到如何在不同的個案間轉移經驗或知能。而「在不同的個案間轉移經驗或知能」其實更有價值，因為在職場上其實很少有人持續研讀學理，但在不同的決策情境中轉移經驗或知能，卻十分普遍。因此在學期間這種「個案間的知能轉移」的方法與習慣，有其特殊的價值。

培養學生創意思維的習慣與自信

教師問、學生答，或教師啟發、學生論述的方式，可以協助學生整理自己的思緒，並持續向前進行更深入的思考。而思考過程中極可能發現原本沒有想到過的變項或因果關係。此一變項、因果關係或調節變項可能在學理中早已存在，但學生此一「自行發現」的過程，有助於其未來創意思維的產生，以及培養「有可能靠自己想出一個道理或方案」的自信心與習慣。這些都是傳統的讀書或聽講不易做到的。

形成自己的「理論」與編碼系統

在教師的啟發與引導之下，學生不僅可以培養出「有可能靠自己想出一個道理或方案」的自信心與習慣，而且也漸漸能想出一些頗具說服力與實用性的道理出來。這些道理，雖然談不上是「理論」，但在其因果關係或行動程序方面的作用與價值，與學理上的說法其實相去不遠。

在教師要求下，針對問題不斷練習知識庫中內容的存取、聯

想與整合，進入或回到職場以後若能持續此一心智流程，久而久之，也可以發展出自己的觀念架構與編碼系統。

自己經常深入思考問題，並試圖將想法整理出條理，並有系統地向別人說明解釋，就會逐漸朝這方面成長。

依據觀察與分析，自行想出一個道理，進而發展觀念架構與編碼系統，不是「大師」的專利，而是人人都可以做到的。

強化分析與診斷的能力

這是大部分人對個案教學的期望。從表象看出背後的因果關係，本來就是個案討論希望能培養的能力之一。而唯有在教師協助下，利用互動式的個案討論，不斷進行上述各種心智流程的鍛鍊，這些能力才會有所進步。

養成提出具體方案與採取實際行動的心理習慣

個案研究始於事實資料的分析與解讀，中間經過嚴謹的意見交流與論證，最終的結果是以具體而經過驗證的決策或行動方案來呈現。這種做法可以避免學生養成面對實際問題只能空談理論或理想，或只能提出原則性行動方案的習慣。

第四節　再次檢視「聽說讀想」

當我們了解兩類「想」的過程，以及各種思辨能力的意義與作用以後，就可以重新檢視〈外篇〉所強調的「聽說讀想」。

再論「聽」

所謂「聽」，不只是要專心而已，更需要「用心聽」。用心

聽是形容在聆聽別人發言時，我們的大腦也在高度運作，亦即是經過我們的編碼系統，將別人的發言內容與自己知識庫中的因果關係、資訊、「程序性知能」等互相對照結合。

這樣做可以達到幾項效果：

第一，可以將別人冗長甚至缺乏條理的發言，經過自己編碼系統的轉換，進行解讀與整理。有些人很能聽懂別人的意思，有些人則不是，造成此一差別的原因之一就在於此。其實只要架構清楚，加上常常練習，就不太會「漏接」或「誤判」，就很快能聽出重點。

第二，針對與自己想法類似，或認為正確的觀點，即加以吸收強化（思辨能力中的「綜合」），並從自己知識庫中找出更多的道理來支持補充。這是一種學習的過程。

第三，如果所聽到的觀點和自己的看法不同，則運用「第二類的想」，進行比對，找出兩者不同的因果關係、考慮因素（不同或更多的自變項或應變項）、前提假設、變項定義、編碼系統，以及造成結論不同的調節變項。進而構思能整合不同意見的想法，例如在什麼情況下，他的想法比較正確；在什麼情況下，自己的想法更為合理。此一過程，不僅可以吸納別人的看法，而且也可能形成更高明、更有創意、考慮面更周延的主張或論述。

第四，由於自己架構清楚，因此在聽的過程中，可以迅速形成針對此一論述的「主軸」，若發言者的說法中出現與主軸無關的內容，就會在被架構篩選之後被放在一邊，不會產生干擾作用。討論過程中，如果主持人（包括組織裡各種會議的主席）缺乏這種架構，極可能造成議題發散，難以整合各方意見做出對討論目的有意義的結論。當然，如果聽者的架構或知識體系不夠廣博或缺乏彈性，也可能出現「選擇性吸收」，完全聽不進別人不

同的觀點，即使它們有其價值或很有創意。

　　第五，因為用架構或編碼系統將每一項聽到的道理都有系統地歸檔到架構中，當然會聽得清楚又記得清楚，因此顯得記憶力較好。有些人在自己專業領域中可以做到「過耳不忘」，就是因為在自己專業範圍裡，觀念架構與編碼系統比較周延完整之故。此外，有「想」在背後支持「聽」，很容易使所聽聞的內容有系統地保存在腦中的知識庫裡，和其他相關的觀念連結在一起。

　　以上是運用本書對「想」及「思辨能力」的觀念，來解釋「專心聆聽」與「用心聽」。簡言之，專心聆聽是能力也是習慣，加上架構所提供的編碼系統及搜尋檢索的能力，使聽進去的內容不僅對當前議題的討論產生作用，而且在知識庫中可以有效地連結相關既有觀念，易於知識的長期保存而且可以經由抽象化的聯想來隨時取用。

　　與「聽」有關的一項輔助動作是「問」。聆聽時，擁有架構就能針對討論主軸或決策的需要，進行重點式的聽，並將聽到的內容放在自己的架構中，而架構則包括各種因果關係或診斷及行動的程序。然而有時始終聽不到自己所期待、可以補強或修正自己想法的資訊，或可以用來驗證假設前提的資訊，或不太清楚別人的發言是否合乎自己架構的需要，就會提問。這種提問是有方向、有目標、有重點的問，而不是興之所至或基於好奇而提問。

　　有了架構的用心聆聽，就可以知道如何針對對方的答案進行更深一步的提問，以補「聽」之不足。這樣持續追問出來的資訊，往往是後來決策或結論的關鍵前提或重要的考慮因素。

再論「說」

　　所謂「說」是將知識庫中的資訊或道理，依自己的編碼系統

有架構地「綜合」或「整合」成明確而合乎邏輯的論述，包括對因果關係及調節變項的說明，或解釋行動的程序以及背後的理由與依據。

意見的產生，往往是針對當前的問題，或整合了來自各方的資訊與見解。因此「說」的內容與鋪陳方式，大部分都是基於「第一類的想」與「第二類的想」的結果。

前文指出，經由「說」可以讓我們對內隱的思想及論述變得更清楚，因此對「想」也能發揮正面作用。

在討論時，由於許多資訊、方案、理由是透過上述有效的聆聽，整合了大家的發言，在解說時容易獲得大家的支持，並形成共識。在個案討論時，學生擔心萬一被要求發言時，不至於腦中一片空白，因此不得不針對教師的提問或同學的發言，持續在心中形成本身意見，構思發言內容，甚至在心中不斷模擬「造句」。此一「心中造句」的過程，使學生們即使實際上並未發言，但其口頭表達能力也會有所提升。

當然，在此僅強調發言內容能否「博採眾議」以及「條理分明」，至於純粹的表達技巧或口才，並不在本書討論範圍之內。

再論「讀」

研讀個案和聆聽一樣，都是資訊的「input」，因此研讀個案時的思考過程，和上述的「聽」差不多。所不同者，「聽」通常只能聽一次，「讀」卻可以重複閱讀，或快速掌握大致內容，或針對值得思考檢驗的部分進行選擇性的深入閱讀。

閱讀個案資料時，也應試著在初步了解個案內容後，儘早從自己的思想體系或知識庫中，先形成一個大致的架構，甚至可能的決策方向，然後從多次的選擇性閱讀中，嘗試詮釋、解讀、整

合各種分散且隱藏在各段落中的資訊。找出所需要的資訊以後，再將這些資訊做為驗證方案或支持方案的依據。此一過程中，勢必會大量使用「兩類的想」。

至於讀書，主要目的也應該是在於提升「思想」的潛能。在前面章節中已提過，讀書就是和作者對話，不同的是，書的作者是靜態的，無法當場回答問題。幸而書籍或文章可以一讀再讀，在讀書的過程中，不斷自己問自己：「為什麼作者要這樣寫」，然後將自己的答案和作者的論述相比對。讀多了不同作者的書或文章，也可以想一想「為何這位作者和其他作者的結論與主張不一樣」，這些都是「第一類的想」和「第二類的想」的交互運作，久之，必然有助相關思辨能力的提升。

再論「想」

運用架構來「聽」，聽的時候持續在進行「搜尋」與「比對」；對不明確的因果關係或資訊等，提出欲澄清的問題來協助聆聽的不足；從不同的段落中來解讀詮釋、驗證、比對、整合各種資訊；努力從知識庫裡找出內容，再與各方意見比對整合，構思更好的答案，並試圖以有條理的方式構思論述內容，進行說明與說服。這些「聽、說、讀」的過程其實都有「想」在背後支持與指導。

有強大思考力的人，在面對一個有待解決的問題時，除了很快就能從自己的知識庫中進行搜尋與檢索，也能形成針對此一問題或決策所需要的初步架構，進而展開包括前述心智流程中的各種活動。此一架構，由於只是「初步」，內容肯定不完整，但他從此一架構中知道，若要完成此一心智過程，還需要知道什麼資訊或因果關係。此外，有時聽到別人提出有道理的觀點，會發

現自己原先架構不完整或不正確，就會修改架構。只要思考力夠強，隨時形成架構或修改架構，都不太難。

有時候，若發現自己只有初步構想，論述的細節卻尚未整理清楚，不妨勉強先去解釋給別人聽。講過幾次，同時設法回答別人提問之後，會發現自己愈想愈清楚。這也說明了，不僅「想」有助於「聽說讀」，「聽說讀」也強化了長期「想」的能力。

藉由個案教學來練習「聽說讀想」

從上述可知，「聽說讀想」——包括解讀、搜尋、比對、整合、構思方案等等，彼此間存在著密切的關係。如果想做到活學活用知識，或有效率地進行「聽說讀想」，關鍵就在「多用」、「多練習」。

互動式個案教學是成本效益最佳的練習方式。教師持續地提問、啟發、誘導，都在協助學生提高「聽說讀想」的能力，不僅可以經由練習提高活學活用知識的能力與效率，而且長期下來還能使學生在面對複雜問題與決策時，相關的心智流程可以更靈活、更理性、更周延、更快速啟動，進而在決策與行動中培養獨立思考的能力，甚至逐漸建立自己的思想體系。

第五節　更進一步理解個案教學中的
重要原則與細節

互動式個案教學固然可以讓學生更了解實務做法甚至理論的應用，然而「想」或「想的能力」才是個案教學真正的核心。從前述對「知識」、「想」、「思辨能力」等觀念的解說，可以讓我們更了解本書〈外篇〉所提出的個案教學執行上，若干重要原則

與做法背後更深層的理由。

要求事先深入分析準備個案

學生課前必須深入研究個案內容並擁有自己想法，這樣才能在自行研讀或上課討論的過程中，專心從事從「搜尋」到「整合」的各種心智過程，有助於強化「第一類的想」之學習效果。

而且若課前準備不周或未構思自己的主張，在教室中通常只能人云亦云或隨機反應，無法產生「比對」或「認知失調」的心理過程，難以出現「第二類的想」或建構知識的效果。如果連個案中的資訊都未能充分理解掌握，根本無法在聆聽別人意見時充分了解其論述背後資訊的真偽，更不可能經由邏輯推理來構思贊成或反對的理由。

學生能在課前充分了解及掌握個案資料，並形成自己的初步想法，是個案教學成功的先決條件。

分組討論與組內多元化

同組同學異質化程度愈高，想法愈分歧，互相激盪而產生的「比對」、「整合」等的效果愈佳。年輕學生知識來源比較單一，差異性不大，因此有時會出現「很快就達成共識，沒什麼好討論」的結果；而有實務經驗的學員由於經驗不同，思想激盪的程度也比較高。

理想上，同樣班級的學生，在不同課程中，最好以不同方式分組，或每學期重新分組，也是基於同樣的道理，希望促進更多元的思想交流。

323

個案新舊不是關鍵

個案教學的主要目的在於培養廣義的「思考能力」，因此相對而言，「介紹最佳實務及最新產業知識」等應不是重點。

換言之，個案教材相當於數學或會計的「習題」，只要教師在教學過程中，能夠誘導及啟發學生「聽說讀想」的能力，教材的新舊未必是教學品質與效果的關鍵因素。

篇幅長而複雜的個案可以提高分析的難度與深度，更能訓練學生在「讀」的過程中搜尋、比對、整合多元的資訊，在討論中也更能發揮各類「想」的功能。因此如果學生有時間在課前投入大量時間來研讀及進行分組討論，效果當然遠比短個案為佳。

在職（或高階管理）班的學生時間有限，為了聚焦於訓練思辨能力，使用短個案也是因材施教的權宜方案。

需要更多「行動導向」而非「分析導向」或「描述型」的個案

因為有進行具體決策的需要，才會有必要進行「兩類的想」，以及啟動各種思辨能力以及相關的心智流程，如此才能充分達到個案教學的目的。有些個案，或教師的引導方式，使討論僅聚焦於分析診斷，或僅是介紹一家企業的某些特殊做法，固然也有其一定價值，但比起決策導向與行動導向的個案，顯然缺乏其應有的張力。

有些個案在基本性質上是在描述或介紹某一產業的趨勢，或某一企業的發展歷史，或某項改革專案的進行過程（術語稱之為「platform」型的個案，或描述型的個案），當然有其教育意義，但如果缺乏決策的因素與行動意涵，此一個案充其量只是增進學生對實務的了解而已。在學期中偶一為之，當然可以，但如果太

324

多,則似乎失去個案教學的目的與價值。

　　換言之,如果上課時,學生只是依據教師提問,將個案教材中的事實資料進行報導與澄清,教師的責任也僅是在確保學生讀懂了個案中所介紹的內容,例如此一企業如何進行某些專案,背後理由為何等,則所謂「個案教學的內隱心智流程」並未啟動,當然也不會達到預期的教學效果。

要求專心聆聽及複述

　　學生必須專心聽懂其他同學每一次發言內容,才可能進行搜尋、比對、整合等與活用知識及建構知識有關的心智活動。因此在個案教學進行中,教師應隨時要求並檢核學生聆聽的專注程度與理解程度。教師要求學生複述或摘要其他同學的發言內容,目的之一即是強迫學生養成此一專心聆聽,甚至同步進行聆聽與思考的能力與習慣。因為若學生普遍不專心聆聽,則即使討論過程十分熱烈,其實極可能只是各說各話,並無交集。

　　由於學生被要求「聽清楚」,因此也會要求發言者「講明白」。這些除了是整合與建構知識的必要前提之外,對學生的口頭溝通能力以及論述時的「理路」也極有幫助。

　　學生養成專注聆聽的習慣以後,即使沒有機會發言,也可以從聆聽中覺察其他人思想中的因果關係、思考模式、前提假設,以及資料詮釋方法等,供自己進行比對、自省,並進而強化本身這些方面的能力。

應創造適度壓力以提升學習效果

　　抽卡片、要求複述或摘要、要求針對教師提問或同學論述提出看法,這些都會對學生形成某種程度的壓力。有壓力才會專

心，全神貫注於當前的討論主題，也才能發揮訓練「聽說讀想」的效果。

尤其剛開始接觸互動式個案教學時，由於學生過去可能並未養成專心聆聽的習慣，若缺乏來自教師的要求與壓力，很容易心有旁騖，無法全心專注於討論。互動式個案教學比單向式講授更能採取「創造適度壓力以提升學習效果」的做法，也是其相對優點之一。

學生人數不能太多

班級太大造成學生發言（包括主動與被動）機會大幅降低，因而在聆聽時，主動建構想法的意願也不高，進而減少經由個案討論建構知識的效果。人數多則發言的機率小（包括被抽到的機率），若太多學生因為心存僥倖未課前深入準備或專心聆聽，則萬一被抽到，場面也十分尷尬，影響上課氣氛。

有些教師將「場面熱鬧」視為個案教學成效的指標，因此反而主張學生人數應該多一些。事實上，如果不在乎各人發言間的「主軸連貫性」，學生之間也不必互相聆聽或回應，則人數多則意見多，各說各話，誰也不用聽別人的發言內容，教師不必為學生創造壓力，也不必費心摘要引導，甚至也用不著用心聆聽學生的意見再針對其意見提出深刻的問題，則結果是三小時的課下來，場面的確十分熱鬧，但學生在「聽說讀想」方面沒有任何成長，教師也沒有發揮應有的附加價值。

沒有標準答案

每位學生的知識庫內容不同，與兩種「想」有關的思辨能力與習慣也各有千秋。上課時教師的責任是隨時協助他們去練習

「活用」、「整合」、「比對」這些方面的做法,以及要求他們在「聽」與「說」方面能力的提升,而未必要獲致教師認為滿意的標準答案。

　　這是因為每個人的解讀及所認知的前提假設(包括價值前提)不一樣,不可能都對教師或教學手冊中的「標準答案」產生高度認同。基於這些因素,個案的標準答案相對不重要,若提供給學生,當然有其參考價值,但因為影響決策方向的因素太多,標準答案也未必絕對比大家的想法更高明。

　　高水準的學員,對「標準答案」的態度,其實也是「聽聽就好」,因為他們知道這只是在某些解讀、推理、前提下的許多答案之一而已。

不是分組報告也不是分組辯論

　　如果學生能投入時間與精力在分組報告與分組辯論,對分析、思考以及「兩類的想」的能力肯定大有幫助。但在這些過程中,教師無法時時發揮指導的功能,因而能創造的附加價值十分有限。

　　因此我認為,在課程中,分組報告與分組辯論偶一為之是很好的,而且也可以使上課更有變化與趣味。但如果將分組報告做為整個學期的主要活動,則不僅教師未能發揮功能,而且該週未負責上台報告或辯論的學生,由於心理上參與感低,就失去了訓練「聽說讀想」的機會。

學生要完整的表達論述而非僅表示同意與否

　　若欲達到兩類「想」的效果以及培養相關的思辨能力,學生必須從事或隨時準備針對問題形成自己略為完整的論述。

如果學生預期教師只會提出相對簡單的「選擇題」甚至「是非題」來讓他們表示意見，則很可能懶得去進行辛苦費神的從「聆聽」、「搜尋」到「比對」、「整合」的心智流程。這樣一來，互動式個案教學的效果一定會大打折扣。

教師持續提問

　　教師對學生的持續提問，事實上大部分即在訓練或誘導學生進行「第一類的想」。如果要求其他學生來比較各方意見的異同，則重點即在「第二類的想」。

　　如果教師能夠察覺學生在思想上的盲點或邏輯上的不足，就可以配合學生能夠承受壓力的程度進行提問。在被持續提問時，若學生（包括在旁聆聽的其他學生）在思想上有「雲霧漸開」的感覺，就表示他們在解讀、搜尋、比對、整合等方面有了可以感知到的進步。

　　上課時，教師發言時間不宜超過一半。然而有些教師的發言，主要在提問，以及為了讓學生深入去想而不斷提出各種前提來協助學生思考與作答；有些教師的發言主要在提供明確的答案以及解釋這些標準答案背後的學理依據。如果近於後者性質的發言比例太高，則會失去個案教學的主要用意。

提問後三十秒抽卡，以便搜尋與比對

　　抽卡來決定由誰來回答，使每個人都有機會被抽到，因而不得不專心聆聽、專心構思答案，這是互動式個案教學的關鍵做法之一。

　　此外，教師應先提問再選人作答，並在提問與選人之間，還保留一小段時間（例如二十秒至一分鐘，視問題複雜度而定）供

全體學生整理思緒與構思答案。在這一小段時間內，學生會努力想出一些回答的方向（第一類的想），即使未被選定發言，也可以基於這些心中的「草案」，與發言同學的意見互相比對，產生良好的知識建構效果。因此這一做法是希望學生有進行「第二類的想」的基礎。

提問之後再運用隨機方式選人作答，使全體學生在聽到提問後不得不全力從事思考，使這一小段時間變成學生腦力「啟動率」最高的時刻，也提高了學習與思考的生產力。

先選人再提問，或誰想講就舉手發言，甚至教師視線與誰對上就請他發言，這些就培養學生思辨能力來說，都不是很理想的方式。

抽卡及舉手交互運用，決定由誰發言

進行一段時間的抽卡以後，一定會有學生感覺別人發言內容尚有不足，因而產生很想表達自己意見的意願或「衝動」。因此教師除了抽卡發言之外，偶爾也可以接受舉手發言，主要目的在鼓勵學生「產生很想表達自己意見的強烈意願」。

一陣舉手發言以後，教師應該再恢復抽卡，讓學生的心態在兩種不同的壓力水準之下來回調整，可以提高上課的趣味性與變化性。

有實務經驗者學習效果較佳

缺乏工作經驗者，知識多半來自學理，因此想法較單純而相似；有實務經驗的學生經歷可能複雜且彼此不同，學習時建構效果較佳。簡言之，後者的「知識庫」較多元，許多知識來自實務上的經驗或見聞，所可能整合出來的想法，在豐富程度或品質上

應有其優點。

　　有實務經驗，但較少接觸學理的人，最欠缺者其實是觀念架構與編碼系統。針對這些學員，教師在主持討論時，主要在協助他們將其經驗中的缺漏之處，加以補強，使其論述更有條理，進而強化他們的邏輯思考、推理論述能力，甚至編碼系統。

學生程度不是問題

　　所謂學生程度不佳，並不表示他們的知識庫中一片空白，可能只是編碼系統不好，名詞定義與眾不同，或邏輯不連貫。教師若配合他們在這些方面的水準或不足之處來從事提問與誘導，對他們的幫助是很大的。易言之，個案討論是針對學生的「知識前緣」進行活化與啟發，因此程度不佳的學生也可以經由個案討論，使得知能有所提升。

　　反之，若對程度不佳的學生講授他們根本無法理解的高深學理，學習效果不彰是可以預見的。

不重批判、根據問題回答，整合而非競爭

　　我一向不鼓勵學生間的辯論而只強調想法的整合。因為辯論可能造成學生對自己原有意見的堅持，甚至將注意力只聚焦於其他人的不足與缺點，有礙培養其開放的心態以及吸收整合其他人意見精華的能力與習慣。而且當學生的心思只聚焦於別人的缺點，則「兩類的想」都無法進行。因此學生間的辯論只可偶一為之，不宜成為常態。

下課前不必理論對照

　　個案教學在提升學生「聽說讀想」的能力，而非用來證明特

定理論的價值，因此當然不必在討論結束時，與特定的理論相對
照引用。

　　如果在分析思考上養成依賴理論的習慣，對用腦的習慣甚至
可能產生負面的作用。換言之，如果在面對問題或決策時，一心
只想找出最合適的理論來套用，則從「解讀」、「搜尋」，直到
「整合」這些心智活動能發揮的空間就大幅減少，個案教學的效
果也隨之降低了。

教學計畫應有適度彈性

　　上課前，教師應有大致的教學方向與計畫，甚至應深入參考
教學手冊以了解個案的可能分析方向及解決辦法。然而在討論過
程中，學生發言未必與教學手冊或原有的教學計畫配合，為了達
到增進學生建構知識能力的效果，教師應將學生所提出有道理的
意見納入討論範圍，進行啟發、提問以及討論方向的引導。若學
生有興趣的主題和原有計畫不盡相符，則犧牲部分教學計畫亦無
不可。

　　如果為了配合原來的教學目的，而放棄某些有深度或有創意
的議題討論，則可能導致學生失去自己獨立去進行兩類「想」的
動機。

第六節　由此理解個案教師的角色

　　表面上，個案教師的角色是澄清、摘要、小結、提問、推動
討論進行等。然而從更深一層看，教師角色其實是協助學生進行
「兩類的想」，並提升他們的各項思辨能力。

　　無論是針對哪一類的「想」來進行提問或提示，教師必須對

331

學生的發言聆聽得十分清楚，才能知道學生的發言背後，究竟尚有哪些不足，然後再從最合適的角度切入。此外，基於對個案教學「內隱心智流程」的了解，本書也藉這一部分向教師提出若干可以參考的做法。

針對「第一類的想」

教師經由提問或提示，讓學生試著從自己的知識庫中去搜尋、整合各項廣義的知識；提醒學生在解讀或說理的過程中某些被忽略的考慮因素（自變項或應變項）；協助學生將方案或理由想得更透徹、講得更清楚等，這些都是教師針對學生「第一類的想」能創造附加價值的部分。

針對「第二類的想」

教師經由提問或提示，提醒學生注意各方論述之差別；協助學生進行各種比對，例如提醒比對的方向，包括各方論述的因果關係、調節變項、價值前提、行動方案中的先後次序等，這些都是針對學生「第二類的想」，教師應做的事。

針對兩類想的做法視情況交替使用

以上所說「兩類的想」，是從學生的立場來看。但對教師而言，針對這「兩類的想」的教學方法或技巧是有機動性且交替使用的。易言之，可能在對同一學生持續提問時，忽然轉請其他學生來進行複述或比對，這是從「第一類的想」的教學技巧轉到「第二類的想」的教學技巧；而負責複述或比對的學生，也可能被持續追問他的思考過程，這是從「第二類的想」的教學技巧轉到「第一類的想」的教學技巧。

有時全體學生都「僵住」而無法再想出什麼更深入的道理時，教師會舉其他的例子來請大家聯想或比對一下（例如問：「績效獎金既然對業務員這麼有效果，為何對大學教師比較不容易用績效獎金來激勵？」），這也是希望用「第二類的想」的教學技巧來活化學生在進行「第一類的想」時的僵局。

整理與小結

一個回合的討論之後，教師針對剛才的討論內容，進行整理與小結，目的在使大家對前一段的討論重點及結論產生共識，並引領下一階段的討論方向。此時，教師的角色重點主要不是引導或啟發，而是「示範」，讓學生知道如何將各種紛歧的意見歸納成有系統的結論。

教師若能有系統地將每一回合的整理與小結，以精簡的文字寫在黑板上，則對學生的學習更有幫助。

培養學生的各種思辨能力

由於有學理為基礎，教師自己的知識庫當然相對較豐富。然而在互動式個案教學中，教師不必也不應展現其學問之淵博，也不宜將「學問」直接灌輸給學生，而是憑其學識，經由仔細的聆聽與提問，甚至示範，來讓學生的各種思辨能力有所進步，包括靈活運用知識、解讀資訊、驗證前提、提問、建立編碼系統、整合不同意見、產生新的想法、強化後設認知等。

這是個案教師附加價值之所在，與單向講授的教師所能提供的價值，性質上是完全不同的。

333

「提示」是推動學生向前思考的主要做法

學生的論述中若遺漏了某項應該處理的決策或考慮因素,教師可以間接而婉轉地提醒,或所謂的「技巧性暗示」,以引發更廣泛及深入的思考與討論。

有時被問的學生在一連串「提醒與暗示」之後,還是想不出來,但其他學生可能會想到,則討論又可以繼續順利進行。

教師要能掌握或體會學生的「知識前緣」

在個案討論時,學生聆聽其他人意見,可以產生新的「input」,以資比對及建構。而教師的提問主要目的是引發並強迫學生重新組合腦中儲存的知識,包括狹義與廣義的知識在內。教師提問必須要有方向,因為有方向的提問,是依當前學生的思考水準,去引發更深層的腦中知識與經驗。

對學生而言,如果教師提問太容易,則不必朝更深層的方向去想;若提問太難,則對學生無法產生思想的引導作用。有時一連串的提問,其實是在探測學生的「知識前緣」究竟何在,因而表現出前文所描述的「從會的問到不會,從不會的問到會」的現象。一對一是探測某一學生的「知識前緣」;一對多,則表示教師希望以問題來試探全班的「知識前緣」。

面對一群陌生的學生,教師較不容易掌控討論的進度,主要就是因為對大家的「知識前緣」不了解,雙方缺乏默契的緣故。

在單向式講課時,教師不需要掌握到學生的「知識前緣」,相對單純得多。

愈問愈簡單或愈問愈有挑戰性

學生答不出來,可以請其他同學一起來參與作答,或是「愈

問愈簡單」，也就是說，若大家都無法針對「問答題」想出答案，則教師應將問答題調整為「選擇題」，再不成，就改為「是非題」。等答對了是非題以後再想理由，通常就比較簡單。

另一方面，有些問題對學生而言可能太容易作答，此時教師可以接著再問一些較難的問題，例如問「為什麼」以探索學生對此一議題因果關係的了解深度（促進「第一類的想」）；也可以問學生「如果此一方案在此一個案中可行，請問在上次某個案的情境中也可行嗎?」以確認學生對此一因果關係的適用情況能否掌握（找出「調節變項」以促進「第二類的想」）。

無論是愈問愈簡單或是愈問愈有挑戰性，都是藉著提問來找出學生「知識前緣」的重要方法。

教師的學理基礎與「聽說讀想」能力決定教學效果

教師必須擁有足夠的專業知識、「聽說讀想」的能力，以及比對建構等的思辨習慣。這些固然是希望經由教學而對學生知能產生的效果，但教師本人在這方面的能力與心態也是必要的。而且為了引導學生在結構性知識或程序性知能方面進行較深入的分析與思考，教師不僅要熟悉相關的專業領域，而且必須對相關知識高度內化，才能在學生發言後，立即提出可以引導到正確方向的啟發性問題。

在實際的教學過程中，由於學生的意見多元而難以預測，因此教師必須隨時依現場提出的意見（加上自己對個案內容的理解以及過去針對此一個案的教學經驗，有時也需要重新詮釋及整合學生的零散意見），組合並建構向前一步的「理論架構」，來持續提出具有「啟發性」的提問。有關教師提問的原則與方法，將在下一章中討論。

這些「內隱心智流程」是否能順利進行，與教師在相關領域中的學術基礎，以及是否能夠活學活用，有密切的關係。

針對學生特性控制壓力之水準

學生面對教師的提問，難免會產生一些壓力，壓力太小則學生不會感到有挑戰性；遇到太難或太有挑戰性的問題，一則對學生的思考未必有助力，再則挫折感太高也可能產生負面的情緒。

再者，每位學生對這種壓力的承受度相差很大，教師應察言觀色，然後知道持續提問什麼時候該停止。有些學生對教師的連續提問，無法及時反應，只會感到「腦中一片空白」，若真的無法向前思考，教師即應邀請其他人來協助作答。反之，有些喜歡接受挑戰的學生，自己一時答不出，但會集中全力「在腦中進行搜尋比對」，看到教師有意邀請別人幫忙回答，可能還會「制止」教師這樣做，例如說：「請等一下再請別人講，我馬上就想出來了！」

對學生提問有差異化，是因材施教的表現。單向式講授因為缺乏師生深入互動，無法得知學生是哪種「材」，因此想因材施教也很不容易。

對教師的其他建議

教師要時時檢討自己，才有持續進步的空間，以下是一些可供參考的建議：

首先，針對學生的發言，教師除了要隨時運用「兩類的想」和思辨能力之外，其實也需要隨時進行類似「絜根研究」的思維。因為學生有時未必能清楚表達意思，因此教師要從他們的發言中找出觀念的意義以及心中所想的「變項關係」，然後再以更

明確的詞句來詮釋或「紮」出更精準的道理。因此，紮根研究的訓練或經驗，對主持個案教學是極有幫助的。

其次，無論是「兩類的想」或是紮根研究，教師都需要時間稍微思考一下，當聽到相對陌生的議題或意見時，尤其如此。因此教師可以利用要求學生複述或摘要時，藉機想一想，有助於後續提問深度的提升。

第三，教師的提問或回應，有時並不怎麼理想，但在動態的上課過程中，學生也未必注意到。教師應努力克服自己「認知失調」的心理干擾，在下課以後誠實面對自己未臻理想的表現，仔細思考一下，當時應該如何回應或提問比較妥當。

這種課後反思或檢討，除了對將來的個案教學有幫助，日後讀書、讀文章時，更可以運用這些反思的結果來進行「第二類的想」。

教師若能養成經常反省自己上課表現的習慣，才有持續進步的空間。

教學日誌的作用

教學日誌可以更有系統地訓練教師的自省能力，以及思辨能力中的「後設認知能力」。易言之，利用寫教學日誌的過程，仔細回想一下，當天的個案討論是如何進行的、聽到哪些有道理的說法、自己有哪些精彩有趣的回應或提問，以及曾遇到哪些瓶頸，後來又是如何克服的。如果能針對自己教學過程中不盡理想之處提出建議，當然更有正面作用。

後設認知能力固然與天分有關，其實也可以經由練習而進步，寫教學日誌便是一種練習的方式。

第 **11** 章

教師的提問

　　提問、摘要與小結是教師在進行個案教學時主要運用的工具，其中提問最為重要。適切的提問可以協助學生強化思考邏輯，可以引導討論方向，也可以發揮鼓勵學生的作用。

　　提問是教師角色中極為關鍵的一環，目的主要是希望藉著提問使全班學生的思考聚焦於某些值得深入分析與檢視的觀念，以幫助大家想得更深、更廣、更清楚，進而也可以將大家所獲致的答案進行彼此的參考比對，或進行所謂「兩類的想」與「思辨能力」的訓練。此外，持續提問，問到學生答不出來，可以讓學生更了解自己思想的邊界或「知識前緣」——包括可以想到什麼程度、知識庫存量、邏輯能力等；教師也可藉此更了解學生的思想方式與深度。

　　而教師本身「聽說讀想」的能力、本身知識庫中的存量及其可以靈活運用的程度、對個案的熟悉程度，以及每次提問背後「具有彈性的預期答案」，都與提問的品質以及整體的教學效果密切相關。

第一節　教師提問的關鍵作用

在個案教學進行時，教師不應完全放手不管（例如讓學生分組輪流上台報告，互相質疑，教師僅在最後從事簡單評論），也不宜只是提供「標準答案」，造成學生有此預期心理而降低了課前準備以及思考的努力程度。

教師提問、摘要、小結的基本作用

教師的主要工作應該是提問、摘要，以及為大家從事「小結」。

提問的目的不在挑戰學生的論點，而是經由持續的提問，協助發言者澄清其論述背後的推理過程，包括想法或所提方案背後的理由，以及「因果關係」與「事實前提的詮釋」等。此一做法一則能協助發言者更完整地建構其論述，二來也可經由這種澄清，使其他學生更了解發言者的想法，並進而從事「搜尋」、「擷取」、「比對」甚至「建構」的心智活動。

至於「摘要」則是因為學生的即席發言即使言之有物，但在表達上有時難免條理不清或詞不達意，因此教師需要以更精準的語言來進行摘要，以利其他學生的比對與建構。而且其他學生必須在聽懂以後，才能跟著討論主流繼續發言，不至於因為沒聽懂而偏離了發言的方向。有時教師在持續提問過程中，為了避免部分學生因為「聽力」不佳或理解不全而跟不上討論的節奏，必須隨時進行「摘要」，並與持續的「提問」穿插進行。

為一群人的發言進行有系統的摘要，謂之「小結」。通常學生專注力未必足夠，因此教師有必要在每個議題討論之後，為大家做出小結。小結類似做研究時，「文獻查考」後的綜合討論，

必須有合理的邏輯次序，並將各方意見與上課主軸有關的部分整合在二、三分鐘的小結裡。小結的另一項作用是引導下一階段的討論方向，使學生可以清楚知道，如何以本階段的結論為基礎，繼續下一個議題的討論。

在教師的提問中，當然也有可能是因為連教師自己也未聽懂，而試圖澄清學生的發言內容。

協助學生善用個案的資料去進行分析與獲致結論

個案討論需要從個案中的資訊去進行討論，而非廣泛地討論管理概念，否則就失去了個案討論的目的。

假設有個個案在討論「組織內的衝突與解決方法」。個案篇幅不短，詳細介紹了組織的業務、產業特性、單位的任務、幾位主角過去的學經歷，以及衝突發生的過程等。然而在討論時，個案中所有的資料都沒有被用在「衝突的起因與可能的解法」上，而只是引用學理，列出十幾項「解決組織衝突的可行方法」來處理個案中的特定問題。此一「答案與資料分離」現象之出現，原因之一可能是個案寫得不好，未提供足夠的相關資料，但教師未能運用持續的提問來協助學生從個案資料中找出衝突發生的根本原因，再依原因構思解決方法，也有一部分責任。

此外，即使無法從個案所提供的資料進行診斷，也應該運用個案中的資料來驗證這些「書本上的解決辦法」在此一情境中的可行性與適用程度。

如果無法將個案中的資料用在推理、診斷及方案構思、方案選擇上，則學生會覺得，世界上所有的組織衝突，都可以直接引用書本或學理上的內容來解決。這樣一來，個案教學與個案討論的目的就完全落空了。這些學生將來進入職場若遇見困難，難免

習慣性地從書本中翻出一堆學理，用來解決實務上複雜的問題，效果肯定不會太好。

藉由提問，促使學生努力從事實資料的分析來進行思考，而不是一開始就從學理中找答案來套用，是教師提問應發揮的作用之一。

運用提問協助學生進行推理與診斷

對個案中的現象或問題進行診斷，其過程就像讀偵探小說時，從各種線索去猜測真相是什麼，或造成問題的原因是什麼。教師對個案較熟悉，因此能想到的範圍或「線索」應比學生更廣更多。因此很多提問是在「暗示」學生朝更有道理的方向去猜測與驗證。

例如，想像個案中兩位人物的關係時，學生可能僅以正式組織圖中的相對位置，以及個案中某一段對話來推論兩人的關係。但事實上，兩人過去在組織中各部門的經歷、目前兩個單位間的權責劃分與資源分配方式、兩人與各高階主管的個人關係等，都可能影響他們之間的關係。教師可以用提問的方式來提醒學生朝這些方向去思考，思考出來的答案，再設法從其他更多的角度來驗證。教師不斷地引導學生去思考，或「循循善誘」，可以強化學生邏輯推理與思辨能力，並將點與點之間的線索連起來，進而建立有脈絡的思考方式。

經由提問來進行「找出前提、驗證前提」

「找出前提、驗證前提」是前述「思辨能力」的一環，教師可以經由提問來提升學生這方面的能力。

舉例來說，有兩位學生分別針對同一議題提出不同的建議方

341

案，這時，教師不宜要全體同學投票來決定何者為佳，也不應以列出方案優缺點，再加上權重，然後以加權平均的「科學方式」來評估選擇方案。而應以提問來要求學生針對各方案，運用邏輯推理找出各方案「可以獲致成功的各項前提」。例如「當本公司的產品創新可以領先對手六個月以上，則方案一的成功機率高；若本公司產品創新無法做到如此的領先地步，則採取方案二比較穩妥」，在其中，「未來產品創新領先程度」即是評估選擇方案的關鍵前提（雖然實務上關鍵前提肯定還有許多其他項目）。

　　教師引導學生找出這種關鍵前提以後，就應進一步引導學生從個案資料中設法找到可以驗證此一前提的事實資訊。看哪個方案的前提較正確，就選擇哪個方案。

　　如果個案中實在找不到答案，討論即可告一段落。在真實世界中，決策者在時間與成本允許之下，應進一步蒐集資料來驗證這些前提，才能進行較為理性的決策。

　　「找出前提、驗證前提」這種思維與分析的方式，在教師提問引導之下，學生通常很快就會習慣並樂於採用了。

　　當各方想法都十分有說服力，又都相當堅持時，若教師不了解或無法掌握這種思維模式，或不知如何引導大家朝這方面去搜尋比對，只好用「民主投票」的方式來處理，或以「此事見仁見智，你們說的都有道理」或「視情況而定」（It depends）來回應，而未討論「何時應該見仁，何時應該見智」或「視什麼情況而定」，是不負責任的。

藉著提問來澄清學生的思想架構

　　學生的觀點背後其實大部分都有自己的架構在支持著。教師可以針對學生的答案或論述，以持續提問的方式來協助學生將自

己隱約的「理論」架構經由講清楚而想清楚。這不僅可以提升當事人對自己思想體系的內省程度，進而檢討改進；同時也可以讓其他同學在更明白發言者的思想架構以後，進行更深入的比對與建構「第二類的想」。

模擬「自己問自己」的過程，協助學生學著「自問自答」

其實所謂的「想」，有時就是「自己問自己」。有自己問自己的習慣，又有能力問出好問題，「想」就會有一定的進度與成果。教師的持續提問，其中一種作用就是協助學生學習如何「自己問自己」，然後在想的過程中逐漸培養各種思辨能力。

如果要能提升與「想」有關的思辨能力，教師提問就必須掌握被問者的「知識前緣」。易言之，問題太簡單則不易產生「動腦」的作用；問題太難則無從引領學生思考的方向。因此提問的難度應讓學生有「似乎應有合理答案，卻一時想不出來」的感覺。問題難易適中，可創造適度的壓力，有助學生對相關觀念的內化與記憶。

教師提問以啟發全班學生更深更廣的思維方向

教師的提問，不只是向發言者提問而已。教師為了讓全體學生能針對此一發言，聯想到更深更廣的觀點，例如與「第一類的想」有關的「找出可以解釋因果關係的更多因果關係」、「找出更細緻的行動程序」、「找出更多的可能原因與結果」；以及與「第二類的想」有關的「經由比對找出調節變項」等。

教師可以用提問方式提示或暗示全班學生朝某些方向去思考。例如當大家糾結在組織設計的議題中爭執不休時，教師可以

343

問大家：「請問當前產業環境有哪些特色？這些特色對組織設計有什麼涵意？」來引導學生找出「環境變化的不確定性與組織設計的關係」此一「結構性知識」中的「調節變項」，進而對目前決策方向有所啟發。

此一做法不僅有可能將討論帶到更廣或至少是不同的層面，也可以讓學生感受到過去所學的學理在實務上的應用價值。經常如此，甚至可以協助學生體會所謂「因果關係網」的存在與程序性知能及其背後的路徑關係。經由教師的啟發，使學生有能力與習慣聯想到「看似遙遠，但實質上會造成影響的因素」（例如外國某一項選舉結果，經過一連串的因果作用，影響了我國某一社區的繁榮程度），有助於其觀念能力的提升，以及對表面上互相矛盾論述之間的整合。

現代教育中，十分重視學生「思想能力」的培養，教師這種啟發式的提問，應是提升學生獨立思考能力的重要途徑之一。

教師應運用提問來要求學生將抽象的概念落實到實際行動

有些學生習慣於使用抽象的觀念來說明診斷的結果以及對管理行動的建議。例如分析完個案以後，發現問題的核心是「分權程度不足」，因此建議的方案是「提高分權程度」。這種「高來高去」的分析與建議，其實很難落實到實際行動上。聽到學生這種說法，教師應繼續追問「哪些觀察到的現象可以證明分權不足是問題的關鍵？」「請問依本個案中組織及業務的特性，若要提高分權程度，應下放哪些權力？為什麼是這些項目？」「何以見得下放這些權力以後，目前出現的問題就能獲得改善？」「就本個案的資料與組織特性而言，分權以後可能會發生哪些潛在的問

344

題？應有哪些配套措施才能確保分權的成功？」

這些問題未必有什麼標準答案，但教師的提問主要在養成學生「務實」與「行動導向」的心理習慣，不要只會講這些「高來高去」的空話。若不及早養成此一務實與行動導向的心理習慣，學生將來進入職場後，就可能被認為「只會空談理論」。除了「分權」、「授權」之外，若出現其他如「互信」、「分享」、「以誠待人」、「走入藍海」、「發揮本公司獨特競爭優勢」、「與經銷商維持良好關係」這些頗為抽象的詞句，教師都應請學生回答，這些在個案的情境中是什麼意思，以及具體做法是什麼。

很多習於講抽象學理或概念的人，被要求針對這些問題作答時，常常會「一問就倒」，因為他們缺乏「將抽象觀念與具體資料相結合以診斷問題或形成具體方案」的習慣。在課堂上當眾被考倒的感覺當然不太好，但若因此而矯正了一些思維的習性，就長期而言，還是大有助益。

第二節　教師提問的類型

從前一段所介紹的「教師提問的關鍵作用」以及主持討論的實際經驗中，可以將教師提問的類型與目的大致歸類如下。

澄清發言內容

有時學生發言內容系統化程度不足，或口頭表達技巧欠佳，使聽眾不易精準了解他的意思。教師提問用意之一是澄清發言者的究竟主張什麼。同學之間往往不太習慣或不好意思請發言者再講一次，若聽不懂就算了，可能造成大部分同學無法在討論時進入狀況，甚至導致討論方向的發散。因此有時教師即使自己聽得

懂，也應替其他同學提問，以確保全員都能理解此一發言的內容，有利團體討論的水準、品質以及主軸的掌握。

這種提問也可以協助發言者知道，要怎麼講，才能讓大家都聽明白。

澄清專有名詞或學術觀念的意義

有時提問是請發言者澄清發言中某些抽象名詞在此處的定義。例如若有人認為目前做法的「交易成本」太高，或主張本公司在策略上應「走向藍海」，這時教師應請學生明確解釋在其心目中，所謂「交易成本」或「藍海」在本個案的背景下究竟是什麼意思。這樣的目的在避免學生養成「打高空」的習慣，同時更能朝理論與實務結合的方向邁進一步。

澄清方案內容及具體做法

有時提問是在澄清其方案內容及具體做法，此種提問的理由是，唯有具體化以後，這些方案才能被評估、比較與落實執行。極端的例子如「我們一定要盡全力做大做強」「我們一切策略作為必須以本身的獨特優勢為基礎，而且必須考慮顧客、員工、投資者及社會的利益平衡」，這些都是無懈可擊的觀念，但教師只要追問一句「你講得很有道理，但在這些原則指導下，我們現在該怎麼做呢？」，即可「破除」這種泛泛思考或提供空洞意見內容的不良習慣。

為什麼或根據什麼

教師針對學生的想法或建議方案持續追問「為什麼」，可以促進深度思考，找出論述背後更深層的理由，或讓大家發現此一

346

主張潛在的盲點。

　　教師針對學生的問題診斷結果，持續追問「根據什麼」以及「為什麼」，可以檢視其分析問題的推理過程與資料依據，使學生養成追根究柢、依據資料進行論述的習慣，也可以讓其他同學對發言者思維過程的細節更了解以後，再進行更深入的綜合、比對與講評。

找出更多前因

　　請教學生，某一現象之出現，除了他發現的原因之外，背後還有哪些可能的或更深入的原因。因為如果未考慮表面現象下更多或更核心的原因，所建議的方案可能偏頗或未能對症下藥。

找出建議方案的潛在負作用

　　請大家想一想，某一方案有哪些潛在的負作用，藉此可以讓學生想到更多、更完善的解決方案，或應有的配套措施。

診斷「斷續處」

　　「斷續處」是借用《太極拳經》中的觀念，指學生論述中，對事實資料的詮釋、隱含的前提假設，以及推理過程中，所存在的不合理部分，或學生沒有想清楚的部分。教師選擇性或重點性的針對學生發言中的推理不足或解讀有誤之處提出問題，提醒發言者朝這方面再做補強，也可以提示大家就這些方向進行檢視並提出不同的意見。

提醒或連結個案資料

　　有時學生的論述顯然忽略了個案中某些重要的事實前提或資

料。教師可以運用提問來提醒大家這些資料的存在，以及加入這些考慮之後，對結論方向可能造成的影響。

協助釐清因果關係及前提假設

針對不同方案，有方向性地請大家思考各方案的前提假設。如果是短個案，則要大家想一想，此一方案是建立在哪些重要前提之上。如果是資料完整的長個案，可以進一步請大家在資料中找出可以驗證前提的依據，然後再進行「找出前提、驗證前提」的分析程序。

請學生進行比對

針對不同論述中，值得互相比對的議題，重點式提問以指引大家朝這些方向去進行「第二類的想」。甚至要求學生在進行比對後，提出能整合各方意見且具創意的想法。

舉出類比的道理或案例來啟發思考

有時學生針對教師的各種角度提問，都無法想出合適的答案，此時教師可以配合心中的預期答案，舉出相似的道理或實例來讓大家思考。這不屬於「提問」，卻是提高學生想到正確答案的有效方法。

換位思考

請學生代入某些角色，進行「換位思考」，也是啟發他們從不同角度來分析的有效方法之一。例如，全班同學都認為某項新的行銷政策十分可行，但都沒有考慮到目前經銷商的想法或可能的反應。即使教師提示，學生也不認為這是一項問題。此時教師

可以請一位程度好、思想敏捷的學生，請他擔任經銷商的角色，並請他先詳細說明一下自己的情況、面對的壓力及機會，以造成心理上「代入」的感覺。然後問他，如果你是這家經銷商，對品牌商（個案的決策主體）的這項新的行銷政策有何想法？由於他已將自己高度代入此一角色，想法就會出現十分不同的觀點，甚至從經銷商的立場對這家品牌商的新做法大加批判。這樣一來，全班的思考觀點就可以變得更全面，再回到品牌商的角度，思慮也會更周詳了。

　　同理，個案中是要求從總經理的立場來決策，教師也可以請一些同學從董事長、副總經理的角度來思考，問「請問如果你是董事長，你對總經理的這項決策有什麼想法？」這也能擴大學生決策時的考慮層面或所謂「同理心」。

挑戰與「修理」

　　雖然前文特別指出，教師提問的主要目的不在挑戰學生的論點，但通常針對學生論述的提問，難免會造成被問者某種程度的壓力，或被「修理」的感覺。然而只要師生之間彼此互信水準夠，課堂中的組織文化開放，學生應可感受到教師提問以及所造成的壓力其實都是為了學生知能的進步，而不是刻意為難學生。

　　在這種情況下，即使學生課後口頭表示自己「被修理」，但師生關係不但不會惡化，反而因為學生漸漸發現適度壓力來帶來進步，承受壓力的能力也提高，會對教師更心存感激。

開放式提問

　　以上各種提問，教師其實都是「帶著答案去提問」，因此有方向性或刻意在提問中提示應思考的重點。除了這些之外，教師

有時也會在自己沒有想法的情況下，進行開放式的提問。讓大家在沒有任何暗示的情況下就以上這些所謂的「前因後果」、「負作用」、「斷續處」、「因果關係之釐清」等自由發揮。

優秀的學生有了自由發揮的機會，當然更能揮灑，但如果「開放式提問」比率太高，缺乏指導性與方向性，則教師角色的附加價值會大幅降低。

通常教師在第一次使用某一個案時，由於自己的想法尚未成熟，因此「開放式提問」的比率可能高一些。

第三節　教師提問時的若干注意事項

對個案教學的教師而言，「提問」或經常能及時提出對大家都極有啟發性的問題，是最容易被觀察到的能力。在問題設計時的基本的思維是，此一提問預期得到怎麼樣的答案？所得到的答案對接下來討論的連貫性有何意義？

本書指出，個案教學的能力植基於教師學理的素養，以及兩類「想」和對各種「思辨能力」的掌握，而且經常練習，也能逐漸進步。此外，以下所談到的一些原則或注意事項，或許對教師的提問技巧，也有若干參考價值。

教師要能隨時聽出學生論述的「斷續處」與潛在的有趣議題

本篇討論的是提問，不是聆聽，但提問的品質卻與教師聆聽的能力息息相關。

所謂「斷續處」是指學生論述中，對事實資料的詮釋、隱含的前提假設，以及邏輯推理過程中，所存在的不合理部分。教師

要能在聆聽時，立即「抓」住這些，做為下一步提問的切入點。

所謂「有趣的議題」是指學生的發言中，可能存在著一些值得進一步深入討論的議題，這些議題若向前延伸，可以結合某些平時不常觸及的學理，或與以前某個個案的討論內容互相呼應。這些議題或見解可能是教師過去從未想過的，因此「抓」到就稍作討論，可以讓師生雙方都享受一下「即興演出」的樂趣。

教師知識庫中擁有的學理基礎，加上對「兩類的想」及「思辨能力」的熟練程度，都與能否及時聽出斷續處以及掌握新議題有關。

有大致的答案方向去構思提問內容

教師大部分的提問都應以自己心中的預期方向為基礎，也就是帶著答案去問問題，而不是隨興地發問，或是缺乏方向引導的提問。

然而，提問的目的也不應該是要學生去「揣度」教師的答案，因為理想上，教師在聽完學生的回答以後，應該以這些回答為「input」，重新建構自己更完整的想法，再提出下一個問題。換言之，教師心中的答案，往往是有彈性地隨著討論的進行不斷在調整，學生想猜到答案，不見得很容易。

易言之，教師心中要有預期方向，才能提出啟發性的問題。教師若能將自己方案的前因後果、推理過程想清楚，依據自己的推理過程「一站一站」地去問，就有可能使學生的推理過程在教師持續提問之下漸趨完整，水到渠成，自然有學生能想出答案，最後的答案甚至可能比教師原先想到的更豐富、更有說服力。

若老師自己也不知道提問的目的是什麼，很容易使問答的方向趨於發散，失去討論的主軸，或聽到學生回答之後，不知如何

做出有意義或有方向性的回應。

若以投票贊成或反對開始討論

對一項決策表示贊成或反對，其實都是建立在不同的前提假設、資料詮釋或因果關係推論上。教師若以投票方式來開始討論，也應對正反雙方的這些思考的背景有所了解。然後再據之引導學生經由討論與思辨，來發現造成最終結論不同的原因，並經由此一過程來整合大家分歧的意見。

如果教師事前對這些正反意見及適用情況並無想法，或沒有能力在現場整合各方僵持不下的意見，即使經過「民主程序」，結果還是可能造成各方各執一詞，學生難以形成共識，也無法從討論中吸收不同觀念或建構新觀念。

提問的意思要明確

我們希望學生的發言要清楚，而教師也應注意自己的提問是否明確。有時從學生的回答中可以感覺得到，他並沒有聽懂教師提問的內容，教師應立即表示「抱歉，我剛才問的不是這個意思」，或「對不起，我沒有講清楚」，然後再看一下其他學生的表情。如果大部分學生的表情並未反對發言者對問題的解讀，表示教師自己真的沒有將問題表達清楚，應重新講一次。有時其他學生會表現出「老師講得很清楚啊！」的神情，此時或許可以請其他學生為教師的提問進行複述。互動式教學中，教師必須時刻察言觀色。

避免讓學生「揮棒落空」

另一項常見的問題是即使學生回答的方向十分正確，教師

卻未正面回應學生,讓學生有「揮棒落空」的感覺。所謂正面回應,是指為學生發言內容中有道理的部分進行摘要,或將其發言重點納入下一個討論的議題之中。教師未立即正面回應,除了讓答題者產生失落感之外,更嚴重的是有可能使班上同學誤以為此一意見方向並不正確,不是教師期待的答案,於是開始提出其他角度完全不同的想法。這樣一來,應納入討論主流的意見未被及時納入主流,教師卻不得不投入時間去處理(包括聆聽及回應)與主軸無關的許多意見。

如果學生發言方向有偏誤,也不應不處理。若時間允許,或問題值得大家來想想,則教師可針對錯誤的想法慢慢提問引導回討論主軸,若時間不足則可以直接指出其偏誤之處。

在討論過程中,其實學生時時刻刻都在注意教師對每一次發言的回應,用來調整自己思考的方向。如果學生從教師的回應中看不出教師的期待,則會因失去方向而感到茫然,或努力想出其他方向的答案,結果使發言主題走向發散,討論變得冗長而難以收拾。

有些剛開始運用個案教學的教師,可能因為反應不及,無法當下做出適切的回應,不得不在每位學生發言後,無論發言內容是否有道理,都點頭表示肯定,並持續追問「其他同學還有其他意見嗎」,這樣極可能造成後續的發言發散甚至混亂。等時間到了,教師不得不拿出「標準答案」來結束討論,這樣已完全失去互動式個案研討的精神。

提問的「指導強度」是可以調整的

教師提問的「指導強度」或「方向性」應視情況而調整。如果從教師期待的討論方向為開端,較不容易想到答案,或有時間

壓力，或學生程度普遍不佳時，教師的提問中可以附帶許多明確的前提條件，形成半開放式的提問，甚至將問題改為選擇題或是非題，以便讓學生更有方向性地去回答問題，或被引導至預期的思考邏輯上。

例如某一個案中，需要進行策略決策的表面問題可能是工資變化以及通路端的爭議，但在決策時還必須考慮到家族事業內部的權力結構及長期合作的上游供應商的立場。而這些因素可能學生不容易想到。所謂「提問中可以附帶許多明確的前提條件」，是指教師在聽到學生初步意見後，就可以開始討論家族及供應商的問題。然後明確地問：「如果家族內部關係是如此，重要供應商的利益考量是如此，這些對我們的策略決策有何涵意？」

這種提問的「方向性」或「指導強度」顯然比較高。

「方向性」或「指導強度」是程度問題，另一個極端是只問大家「為什麼」，而不在提問中包含方向性。教師可以視情況需要來調整，隨著討論來逐漸加強「方向性」與「指導強度」，或等到有人「搔到癢處」再來用選擇性摘要的方法來指引下一步討論的方向。

巧妙結合「方向導引」與「鼓勵學生」

適時鼓勵，提高學生的學習意願，是教師重要的任務之一。而上述「用選擇性摘要的方法來指引下一步討論的方向」，既可引導方向，也可以發揮鼓勵學生的效果。

簡言之，即是在意見分散的討論中，出現某些可以與主軸進一步發生關連的意見時，教師就可以將這位學生的說法選擇性摘成自己想要的方向，或要求同學針對此一發言內容進行複述或摘要。如此可使全班學生重新聚焦到教師欲討論的主要議題，也讓

這位學生感覺到自己的發言被採納，因而發揮了激勵學生士氣的作用。

教師察言觀色、審度情勢來選擇摘要，同時又不著痕跡地進行對學生的鼓舞，這些都是十分細緻的做法。單向式講課肯定不需要考慮那麼多，而有些教師在主持討論時，針對大部分發言只會說：「意見很好，請問大家還有什麼其他的想法」，這也無法發揮引導與鼓勵的效果。

掌握討論主軸

摘要與提問是教師主要的教學工具，經由摘要與提問可以發揮一些作用以達到預期的教學效果。例如，教師的摘要與提問內容，可以配合原來的教學計畫，掌握討論的主軸。

有些學生思維十分跳躍，造成發言偏離主題，教師應及時將它「拉」回來。有時這些發言很有意思，教師也有興趣探究一下，但脫離主軸的討論時間不能太久，必須及時回到原來的議題。議題經常發散，會使事先投入時間研究分析個案的學生覺得失望或期待落空，這肯定會打擊他們將來課前準備的意願。

有些教師本身在主持個案研討時，可能也會跳離主題。例如針對有趣的議題，或學理上的背景介紹投入太多時間，想到該轉回主題時，才發現不知不覺已用掉大半時間了。

為了掌控主軸及時間分配，教師可以運用提問來引導討論的方向，最好在拉回主軸後，大家都不覺得剛才曾經離題，而且從此一「即興演出」的討論中也有所收穫。

控制時間聚焦於重點

個案裡值得討論的議題很多，如果有時間壓力，教師應主動

355

選擇與上課主軸關係較密切，或議題中最不容易讀懂的部分來優先討論，目的在使學生在有限的上課時間內，所獲得的邊際效果最大。

在討論過程中，若出現與主軸無關的議題或意見，應在很短時間內（例如十分鐘）就帶過，甚至可以明講這些都十分有討論價值，但由於時間關係，今天不討論。教師為了控制時間，也可以清楚說明自己對這些「非主軸議題」的看法，並希望大家能接受在這樣的前提之下進行下一步的討論。教師可以明確指出「此一議題目前不討論，將來有機會再來研究」，表示不準備讓大家在現場來檢驗教師所設定的前提是否正確。

另一項可能對個案討論之進行造成干擾的是學理的介紹。有些議題可能要用到一些學理，但部分學生對該項學理不甚明瞭，教師為了介紹學理，投入太多時間去解說或討論，可能使原來的討論計畫無法完成。因此遇到學理問題，我會建議教師應盡量用簡單明瞭的方式，介紹此一學理與本個案分析有關的部分，然後即回到個案的討論。教師也可以將必須用到的學理，列為課前的閱讀範圍，或寫成「technical notes」，更有助於學生將學理與此一個案內容相連結。

有些教師對學理精熟，可以立即進行一場精闢的演說，而與充滿不確定性的個案討論相比，他們可能更偏好前者。然而若個案討論中占用太多時間在詳細解說學理，也會失去了個案教學的初衷。

第四節 「論述路徑」與「轉折點」

本節將介紹教師在主持與提問時，兩項十分重要又內隱的觀

念 ——「論述路徑」（roadmap）與「轉折點」（milestones）。

教師在主持討論的過程中，就像一位駕駛員或領航者一樣，心中必須有相當清楚的「行車路線圖」並且知道到了什麼地方就應該轉彎到另一條路。有了正確而清晰的行車路線圖、掌握了關鍵的轉折點，就可以依照路線圖，一站一站地駛向最後的目標。

如果沒有這兩項，討論時就可能因為找不到路而原地打轉；或該轉彎時沒有轉彎，陷身於歧路、小路而無法脫身，怎麼走也到不了預定的目標。更嚴重的是，領航者如果根本沒有行車路線圖，也沒有既定目標，只能帶著大家漫無目的、沒有方向地在各個大路小路之間漫步遊蕩。途中或許也可能欣賞到美麗的風景或遇到預期之外的驚喜，但如此領航者，其角色功能是不足的。

有些領航者所設定的目標以及行進路線可能一開始就是錯的。走到半路後，有些「被領航的人」已紛紛指出可能有更好的目標或更好的路線，但領航者不接受這些建議，還是堅持帶著大家走在錯誤的道路上，甚至迷了路。這種事發生的次數多了，也會打擊領航者的威信。

因此必須提醒的是，路徑與轉折點都不應該一成不變。領航者應保持彈性，審度時勢，隨時「重新設定路線」，則即使前面走錯了路或錯過了該轉彎的交流道，也能及時導正，回到原來預期的目標，或帶領大家走向更好、更合理的目標。

文章與演講也應該有「論述路徑」與「轉折點」

如果用寫文章或演講的鋪陳來描述「論述路徑」與「轉折點」，就更清楚了。

好的文章或演講，其內容不僅是對相關資料的介紹而已，每一段的論述之間必須有其邏輯上的先後順序，並要從每一段或

每幾段的論述中，歸納出若干「小結」，然後再以這些小結為基礎，合理地串連起來再進行後續的推論。如此循序漸進，再獲致最後的結論與主張。理想上，各項結論與主張都應是依據前面各段論述，有邏輯性地逐步推論出來的結果。

例如針對「家族治理」進行一場演講，大綱包括「家族主導企業的優點」、「家族企業的潛在問題」、「潛在問題的根源」、「A學者的建議方案」、「B企業的成功做法」、「C企業的成功做法」、「D企業的失敗經驗」、「家族治理與家族憲法的重要精神」、「家族治理與家族憲法可能的具體做法」、「結論與建議」等。這些段落之間的邏輯推論關係，可能可以運用以下的方式來設計：

第一段「家族主導企業的優點」，除了列舉這些優點之外，可以導出「解決家族企業問題的方法應注意不可抹殺了它的優點」此一小結。獲得此一小結之後即應「轉折」到下一段。

第二段「家族企業的潛在問題」除了列出許多常見的問題之外，在解說和排列上應配合下一段的分析。

第三段「潛在問題的根源」可以從前述潛在問題中歸納出這些問題的根源在監督制度的不完整、家族和企業兩個平台目標的矛盾未能整合、權力缺乏規範與節制、在權利義務上沒有契約的觀念等等，成為這一段分析論述的小結。

第四段來進行「A學者的建議方案」、「B企業的成功做法」、「C企業的成功做法」的整理歸納，可以發現有些做法與前述第三段的問題根源相呼應，有些則否。然後試圖證明這些建議方案或成功做法中，有些只是在一般管理做法上的強化，有些則與第三段的小結有所關連。本段小結可以是「與家族企業及家族治理有關的做法與一般強化管理做法不宜混為一談」。

第五段針對「D企業的失敗經驗」指出，該企業的經營管理很好，但發生了與第三段小結有關的一些現象，結果還是出了大問題。本段的小結是，有些家族企業在許多管理工作上做得很好，但還是無法避免家族所造成問題，更進一步強化前述第四段整理出來的種種建議與做法中，只有合於第三段的小結者，才應是家族治理的重點。

第六段「家族治理與家族憲法的重要精神」則重新整理並豐富化第三段的小結，形成更具體的原則。

第七段「家族治理與家族憲法可能的具體做法」則結合第六段的小結、第四段中合乎家族治理規格的做法，並進而說明何以可能避免類似第五段中D企業的失敗風險。

我們暫時不研究這篇演講的內容與結論是否合乎道理，但可以用此一演講的大綱為例，看出每一段的先後次序有其邏輯，每一段的「小結」相當於「轉折點」，而且每一段的解說，主要目的即是得到這些小結。而且得到想要的小結以後，這一段的論述即可停止。各段的事實介紹、推理論述，加上這些小結，加上最後的結論與建議，就串連成為相對完整的「論述路徑」。而「結論與建議」則是這篇演講的「目標」。

如果一篇演說沒有清晰合理的「論述路徑」，可能會變成愛聊什麼，就聊什麼。結果造成某些段落花了太多時間在談與論述主軸或結論無關的事，而最後的結論與前面大部分的內容並無關連。當然，如果結論與建議（相當於「目標」）根本就不通，即使有了「論述路徑」也缺乏說服力。這就和個案討論一樣，如果教師設定的討論方向與預期結論不正確或不合理，即使主持討論的技巧很好，也很難引發學生的熱烈參與，更不可能帶來觀念上或思考上的進步。

然而和主持個案討論相比，單向式的演講在執行「論述路徑」與「轉折點」的流程相對簡單多了。只要聽眾不在演講進行時舉手提出不同意見，並且時間控制得宜，最後總能依自己的意思完成預定的論述。而個案討論是十分動態的過程，教師必須應付學生隨時提出「不在計畫中」的意見。如何回應、如何將討論帶回主軸、如何隨時選擇吸納學生的想法，以及何時要「重新設定路線」甚至調整目標，都構成了互動式個案教學的挑戰。

個案討論的「論述路徑」與「轉折點」

例如有篇個案，與高階、中階以及基層主管都有關係。就某一部分的討論議題，教師設定的教學目標是讓學生知道「基層主管也應發揮積極解決問題與整合資源的功能，而且應該主動解決問題而非提報問題請求支援」，以及「高階主管與中階主管的管理工作之一是為基層創造更好的創價流程，設法排除基層人員在完成任務過程中的潛在障礙」。

論述路徑如下：

第一段的預期小結或轉折點是「高階不了解基層究竟能解決什麼問題及無法解決什麼問題之前，無法制定合理的政策」。

第二段的預期小結或轉折點是「能幹的基層主管有可能在相對不合理的政策與組織之下，自行解決問題」。

第三段的預期小結或轉折點是「中階主管應指導基層主管在後者的權責範圍內先自行解決部分問題，而不是將問題全都扔給上級」。

第四段的預期小結或轉折點是「中階主管應注意基層主管在解決問題時，是否會違背制度或整體組織長期的利益」。

第五段的預期小結或轉折點是「基層主管在權責範圍內無法

解決的問題，應有系統地篩選出來，請高階主管在組織設計上或策略上進行調整，減少基層在創價過程中所遭遇的困擾或造成的負面結果」。

有了這樣清楚明確的「論述路徑」與「轉折點」，教師的主持討論才會前後銜接，不會出現散亂。教師在摘要與提問時，也才能清楚地知道該朝什麼方向去引導。

在實際討論時，第一段裡可能先請學生針對個案中的問題提出解決辦法。通常學生都傾向於跳過中、基層的管理角色，而從高階的角度來想事情。教師為了「轉折」到第二段，可以在意見紛紜時，用以下問題來提醒大家，以獲致第一段的預期小結：

「高階在制定決策時要不要考慮基層的角度？」

「出現這些問題，基層都沒有責任嗎？」

「一定要在策略、組織、制度都十分完美的情況下，基層才能做事嗎？」

「你認為真實世界中的組織，制度都很合理嗎？若不完美或不合理，中基層人員是否不必辦事了？」

轉到第二段以後，可以提出以下問題：

「如果你是這位基層主管，除了向上級請求支援之外，你還能做些什麼事，至少可以舒緩或局部解決眼前的問題？」

這樣一來，學生的思考角度就會從高階的「雲端」下降到基層，提出基層主管可以採行的各種方案。這不僅使第二段得以順利完成，也可以傳達教學目的中的「基層主管也應發揮積極解決

問題與整合資源的功能，而且應該主動解決問題而非提報問題請求支援」的觀念。

第三段的提問可以是：

「各位如此積極能幹，能自行解決問題，請問長官會喜歡你們這樣的基層主管，還是個案中的這一位？為什麼？」

這樣可以輕鬆導出「基層主管在權責範圍內應先自行解決部分問題，而不是將問題全都扔給上級」此一小結。

接著可以問：

「個案中的這位基層主管沒有各位能幹，想不出這些做法。除了換人，請問他的直接主管（中階）應該有什麼作為？」

可以讓學生體會「中階主管應指導基層主管先自行解決部分問題」以及各級主管擔任教練角色的重要性。

第四段可以再回來檢視第二段中，學生所列舉的各種做法，然後請他們回答：

「這些做法的確或多或少都能解決一部分問題。但請問，如果所有的基層主管都這麼做，對整體組織有什麼影響？此事對這位中階主管有何涵意？」

即可導出「中階主管應注意基層主管在解決問題時，是否會違背整體組織長期的利益」這樣的預設小結或轉折點。而這也是各級主管遇到能幹部屬時，應注意的工作。

為了得到第五段的小結，可以問：

「針對基層主管的這些困擾，又擔心他們因為太能幹，為了解決眼前急迫的問題而採取對組織長期不利的行動，則高階主管在組織設計、權責劃分、績效考核制度上應有何可能做法？高階的這些做法對解決基層的困擾有何涵意？」

以此導出「高階主管在組織設計上或策略上進行調整，可以減少基層在創價過程中所遭遇的困擾或負面結果」這項小結。

以上只是某一個案中，教師針對某一議題可能設計的「論述路徑」與「轉折點」，也同時舉例說明，每一段中為了得到預期的小結，教師可能可以提出的問題。事前想清楚這些「論述路徑」與「轉折點」，提問的相對難度就大幅降低，學生也更能感覺到討論的架構並獲得實質的收穫。

保持「論述路徑」與「轉折點」的彈性

有了完整而合理的「論述路徑」與「轉折點」，如果是演講，就可以照表操課，將這些都完整地執行完畢。個案討論則不然，因為是互動過程，就必須針對學生的意見加以回應。如果學生意見與原先設定的方向相差不大，則可以運用問答或持續問答的方式，將討論的方向與主軸維持在原先設定的軌道。但針對有些學生意見，教師必須調整甚至改變原先的「論述路徑」與「轉折點」，大致可以歸納出幾種類型，如下：

其一是「轉折點」之間次序的機動調整。這種情況下，目標及大部分的「轉折點」可以維持不變，但因為學生有可能在前面幾「段」尚未依計畫完成前，就「跳」到後面的小結。此時教

師可以先予以肯定，並告訴大家此一議題十分重要，但得等一下再討論，也可以先討論此一議題然後再設法轉回來。這兩種方法中，第二種當然更有挑戰性，因為這已相當接近重新設定新的「論述路徑」了。

其二是「論述路徑」的重新設定。「論述路徑」與「轉折點」代表了從「解讀資料、診斷問題、找出因果關係，並達到討論的結論」的推論過程。教師在課前當然應盡全力將此一推論過程思考得十分清楚。然而在討論時，學生有可能提出更高明，或值得吸納進「論述路徑」的觀點。教師當然也可以不採取行動，聽聽就好，然而為了避免學生（包括發言者以及對此一發言內容深表肯定的其他學生）失望，理想上教師應立即將這些看法吸納到正在進行的「論述路徑」之中，或參考其觀點，增加新的「轉折點」，做為學生們之後幾分鐘內可以聚焦討論的方向。

其三是預期結論及教學目標的重新設定。除了上述「只會帶著大家漫步遊蕩的領航者」之外，教師對整個個案或個案中的某一部分都應該事先即有一些預期結論及教學目標，或想要傳達的觀念。但有時候學生的分析或主張，或在討論過程中教師所產生的聯想，極有可能引發教師開始進行「兩類的想」，甚至想到比原來更有道理的預期結論及更豐富的教學目標。這時教師可以考慮即時修改這一階段討論的預期結論及教學目標，從而調整提問的方向。

如果教師「想」的能力夠，對自己「重新設定預期結論、教學目標、論述路徑與轉折點」的功力有信心，就可以在上課討論過程中進行不只一次的「重新設定」，這也可以大幅提高上課討論的精彩程度，也會讓學生感到對結論的形成真正擁有參與感。

有時前後兩班的學生談到上課情形，發現同一個個案才相隔

一天，竟然有極為不同的討論方向與結論，殊不知經過這兩次上課，教師看問題的境界又有了進步。換言之，經過與不同的學生互相討論，教師常有知能成長的機會。

偶爾會有畢業多年的校友返校探望師長，順便進教室來旁聽。前幾分鐘可能心裡在想「這麼多年了，老師還在教這個個案」，然而過了一小時後，才發現討論的方向與內容和當年的討論已完全不同，境界更高、思慮更深。即使個案相同，但教師在這些年間和幾百人互相切磋以後，對個案的解讀和分析已大不相同。這和「一本筆記講幾十年」的現象完全不可同日而語，也是個案教學迷人的地方。

如果教師無法現場重新設定「論述路徑」，當然也可以在課後再仔細思考一番，重新修訂自己的教學手冊或教學計畫，做為將來上課調整的依據。

教學「結構化程度」可以有程度上的差異

「論述路徑」與「轉折點」可以十分嚴謹，高度結構化；也可以只有大致想法，準備到現場再「見招拆招」。這些與教師的風格、學生的水準、師生間相互熟悉的程度，甚至教師對自己功力的自信心都有關係。

如果師生間十分熟悉、學生水準高，常提出深刻而具創意的想法，而且教師的知識庫內涵及思辨能力等也極佳時，甚至可以針對任何未事先準備的議題，隨時進行一場有深度、有內涵的討論。因為學生不時會提出許多有趣、有創意的見解，教師能立即比對、整合、形成觀念，並動態設計「論述路徑」與「轉折點」，則可以進行師生間持續而有意義的對話，對話結果使師生的知能都有所成長。因此「對生人教熟個案，對熟人教生個

案」，應是一項合理的原則。

　　然而即使這些條件都具足，這種開放式的討論也只能偶一為之，不宜成為常態。如果條件不夠，或剛開始運用個案教學的師生，最好還是事先針對個案具體內容，想好討論進行的路線以確保教學的品質與效果。否則若淪為「只會帶著大家漫步遊蕩」的領航者，就失去個案教學的價值了。

第五節　幾個重要的術語：TT、TQ、SA、TT2、TQ2

　　在主持個案討論時，前述「論述路徑」與「轉折點」相當於戰略層次的構思與設計，作用在指導整體討論的方向、重點，以及獲致預期中的結論，進而達到此次教學的目標。

　　戰略層次的考量在基本上指導了討論的進行，然而在師生每一回合的對答過程中，還有一些屬於「戰術」甚至「執行」面的思維方法。以下即介紹這些方法中的幾個重要觀念與術語，以及它們之間在運作時的關連。

　　這些術語其實並「無所本」，完全是從我個人教學經驗中所歸納出來的想法，命名方式也相當隨興，以下簡介幾個術語：

「TT」、「TQ」、「SA」、「TT2」、「TQ2」概述

　　第一個觀念是「TT」（teacher's thought），亦即教師在提問之前，心中所存在或形成的想法或預期答案。「TT」往上要銜接預設的「論述路徑」與「轉折點」，以及當前討論的情境；往下則成為提問方向與問題具體內容的指導方針。

　　第二個觀念是「TQ」（teacher's questions），是教師提問方向

與具體問題內容。「TQ」未必是單一的問題，極可能是為了特定「TT」所提出的一連串問題。

第三個觀念是「SA」（students' answers），意思是學生或學生們針對教師的提問，所作出的回答。

第四個觀念是「TT2」（調整後的 teacher's thought），是指教師在聆聽與解析學生的發言或回答之後，經過快速地分析與整合，所出現與原先「TT」不盡相同的想法，此一想法成為下一個提問「TQ2」的基礎。如果聽到學生回答後，教師並未調整自己心中的「TT」，而是基於原有「TT」的持續發問，則這些後續的一連串問題應仍屬於原來「TQ」的一部分。

第五個觀念是「TQ2」（基於「TT2」的再提問），針對學生的發言，教師產生新想法之後所提出新方向的問題。

在討論中，這些會不斷循環進行，師生間可能經由互相對答，一直到「TT10」、「TQ10」、「SA10」、「TT11」、「TQ11」都有可能。

「TT」（teacher's thought）

除了開放式的提問，或要求學生澄清發言內容之外，互動式個案教學中，教師大部分的提問都應該是「帶著答案提問題」，或至少有想法再提問。一開始當然應參考原先設定的論述路徑來形成當下用來支持提問內容的想法。

從「TT」（teacher's thought）轉為「TQ」（teacher's questions）

從自己的想法轉換到足以啟發學生思考的提問，是很有挑戰性的工作。事實上，這也是許多領導者必備的技巧，因為實務界許多優秀的領導者，未必經常對部屬進行明確的發號施令，而只

是提出可以讓部屬深思的問題，然後讓後者去決定。這些善於提出啟發性問題的領導者，在提問時應該也有一些大致的方向與想法，才能提出可以啟發同仁創意思考的問題。

在個案教學中其實這些提問時時刻刻都在發生，舉例如下：

討論獎金制度時，教師心中的「TT」如果是「產業景氣若波動很大，則業務人員的業績獎金比例不宜太高」，轉為「TQ」可以有幾種問法：

「獎金制度與產業特性有無關連？」

「請問此一產業的景氣波動大嗎？景氣波動大小與獎金制度有什麼關係？」

「如果你是業務人員，拿的底薪很低，主要靠獎金。而這個產業各年之間景氣波動很大，請問你有何感覺？」

以上這幾個提問從籠統到具體，程度各有不同。教師可以配合學生的程度來提問，籠統的問題若答不出來，再將問題逐漸明確化（提高「指導強度」），直到答案幾乎呼之欲出為止。

這些提問，由於預期的答案相同，因此應屬於同一個「TQ」，只是問法不同而已。

「SA」（students' answers）

學生的答案或想法五花八門，有些人頗有創意，有些人答得不好。在此提到應該用心處理的兩種可能情況：

如果學生回答十分有創意，超過原先設定的「論述路徑」，或顯示出在解讀或邏輯上有問題，教師就必須啟動自己兩種「想」的過程，運用自己的「思辨能力」來面對這些情況，亦即

是調整自己的想法（從TT轉為TT2）。

「TT2」（調整後的 teacher's thought）

　　如果學生的回答或發言極有創意，有些已超越了教師原來設計的「論述路徑」與「轉折點」，之後甚至可能出現更好的結論，則教師應考慮是否應調整原來自己所設計的「論述路徑」。此一做法的目的在於吸納有價值的看法。

　　如果學生回答中，透露出在解讀、因果邏輯或考慮因素未周全的問題，則教師可能應該即時構思出一些想法，做為進一步提問與啟發的基礎。此一做法的目的在於釐清學生的意見或思路。

　　例如一個有關企業合併的個案。應否購併、對象應該是誰，大家紛紛提出意見。其中有一位學員根據他自己的經驗，指出「這種規模很大的零組件供應商，如果再購併同業，會引起客戶（品牌商）的戒心，反而會降低給我們的訂單，此事不可不注意。」同學聽了都傾向於同意。

　　此時如果未引發其他的想法，教師當然也可以欣然同意，將其列入重要的考慮因素。但如果能快速進行「想」或搜尋、比對這些心智流程，可能想到這家公司規模是同業的第二名，合併了第三名之後規模仍不及同業中的第一名。可見第一名非常大，依常理，客戶們顧忌的是第一名太大，如果經由購併後，更具規模的第二名因為成本降低，會讓客戶感覺選擇性提高，因此客戶們應該對此一購併案抱持樂觀其成的態度。此一想法，在學生提出「會引起客戶戒心」之前，教師可能並未想過，但聽到之後快速與個案資料（各家同業的相對規模）、學理（競爭行為）比對結合，形成了新的「TT」，或「TT2」。

　　而「供應商太大，客戶會有戒心」是剛才聽到或被提醒的；

「第一名」有多大,個案中並無資料,而是從「第二名購併了第三名之後,還不及第一名大」推斷出來的。

在互動式個案教學中,這種從「SA」中提出的合理或不合理的想法(亦即上述的「斷續處」),啟發教師產生更多「TT」或「TTn」的過程,隨時都在發生。對教師而言,既是挑戰,也是成長的契機。

實際運作上,教師在聽到「SA」以後,往往只能構思出一個大致的「TT2」,於是提出一個相對籠統的「TQ2」,然後在聆聽學生的各種「SA2」以後,自己的「TT2」就愈想愈清楚,使後續的「TQ2」的方向愈來愈明確。因此,在討論過程中,教師和學生是一起在學習成長的。如果教師每一回合(或大部分)的成長速度比學生快,想到的內容又比較有道理,則教師就可以一邊問、一邊聽,同時又在構思想法及下一個提問內容,因而可以一直領導著大家的思想向前推進。

「TQ2」(基於「TT2」的再提問)

有了「TT2」,教師為了節省時間,當然也可以直接說出來,並指出該位學員思慮不周之處。但在互動式個案教學中,如果時間允許,教師應將此一「TT2」轉換為「TQ2」,讓學生們自己沿著教師的思路來進行思考。

就前例而言,教師可以如下提問,並與學生之間進行類似的答問。實際上,學生回答未必如此簡短,可能還需要一些解讀或摘要的加工過程。

師:「請問供應商市佔率太高,客戶怕不怕?」
生:「怕。」

師：「如果怕，依剛才同學所說，他們可能會做什麼？」

生：「分散訂單。」

師：「第二名和第三名合併後，有比第一名大嗎？」

生：「沒有。」……「所以第一名真的很大。」

師：「客戶怕不怕第一名？」

生：「怕。」

師：「如果怕，為什麼不分多點訂單給我們？」

生：「我們小，成本沒有競爭力。」

師：「第一名可怕，現在第二名因合併而規模大幅成長，成
　　　本也降低，請問客戶對此一合併樂見或不樂見？」

生：「樂見。」

師：「如果樂見，會砍我們訂單嗎？」

生：「不會。」

　　以上說明教師想到了新的「TT2」，再將自己的分析思路分
解成一連串的問題（TQ2），就可以帶著學生一步一步地想到並
講出教師所要的「SA2」。

　　帶著想法去提問，是這樣進行的。即使這些想法（TT2）是
剛才學生的「SA」所引發，也一樣可以進行。

　　有時候，新的「TT」也未必是教師想出來的，而是眾人發
言中的一部分。教師必須很快聽出它們的價值，並吸納或修正補
充後成為新的「TT2」。有時發言提出此一觀點的學生具有論述
推理的能力，教師應優先請他講出推理過程，如果學生講不出
來，教師再來進行一連串的提問也可以。

　　大家在教師一連串提問之後得到結論，我建議在這種情況
下，教師還是應歸功於剛才提出看法的學生。因為這樣所創造的

激勵效果，會促使學生將來更努力構思具有創意的想法。

教師的能力與做法上的要求

　　要能配合學生隨時提出的各式各樣的「SA」，教師得即時編出一系列的問題，而且最後能獲得令大家滿意又有意義的結論與觀點，這需要進行一些「內隱心智流程」。

　　首先是聽清楚每位學生發言的內容，並快速經由自己的編碼系統，將這些內容整理出重點，到自己知識庫中進行歸類、搜尋、比對，找出這些發言內容有道理或不合理的部分。

　　有道理的部分，可能只有一些相對零碎的創意或洞見，教師要設法將它們加到自己的知識體系中，和自己原有的相關知識相結合，然後形成新的「論述路徑」或微調原有的「論述路徑」，再形成新的「TT」。再依新的或調整後的「論述路徑」，構思新的「TQ」。

　　至於學生發言中沒有道理的部分，也要經由類似的心智過程找出其論述中缺漏之處（斷續處），延伸原有的「TT」與「TQ」，進行進一步的提問。

　　教師必須對自己形成結論的邏輯與依據十分清楚，才能將「TQ」拆解成類似前一段中所展現的一連串問題，引導學生的思考。「TQ」的口頭表達當然也要明確精準，減少因語意不明而對學生思考所造成的干擾。

　　再者，學生每一次的「SA」都可能出現預期外的狀況，計畫趕不上變化，因此以上從「TT」、「TQ」、「SA」、「TT2」、「TQ2」、「SA2」的過程，是持續在動態調整中的。

　　在我主持的「個案教學法研討」課程中，有時會要求學生針對各種「SA」來形成下一階段的「TT」，或根據「TT」去設法提

出有效的「TQ」，做為練習的方式。多做一些有系統的練習，要
進步是不難的。

時間控制

以上介紹的是相當細緻的問答過程。事實上由於時間限制，
不可能全面進行如此的問答，因此視情況選擇重點十分必要。

首先，第一波的「TT」要清楚，「TQ」要聚焦，可以避免
學生們的「SA」的過度發散，收回困難；若不處理，又會讓他們
失落。

其次，在眾多「SA」中，要很快找出與原先設定之「論述路
徑」關係比較大、趣味性高、再深入探討可以產生有意義觀念的
納入討論流程。其他不合這些規格的「SA」，只好放棄。如果教
師針對一個沒有什麼道理可講的議題，投入時間去討論，得出的
結論或觀點也沒什麼特別，會使討論變得沉悶，甚至使大部分學
生懶得參與討論。

第三，略有價值，但限於時間而無法討論的「SA」，教師應
對該項意見稍做肯定，然後直接提出自己的想法即可快速交代。

第四，要將原有的「論述路徑」放在心中，一旦發現討論方
向已偏離主軸太遠，即應及時停住或技巧性地從眾多「SA」中，
找到與原定主軸有關者，順勢拉回來。

第五，利用每一段討論後的「小結」，掌握下一階段的討論
主軸，與主軸無關者也只好割愛。

第六，愈開放性的問題，愈容易使「SA」發散。為了趕時
間，有時不得不問一些很明顯、各種前提假設都已經講得清楚的
問題，甚至是選擇題，以加速討論的進行。

第七，教師聽出來有道理的「SA」，其他學生未必能聽到

其中的重點，因此教師為發言者整理摘要，一方面確認自己沒聽錯，一方面讓其他人更明白其中的意思及價值，有助時間的控制。如果能在摘要時把其中將要再深入討論的議題特別凸顯出來，更能幫助大家掌握教師希望他們思考的重點方向。

至於教師自己的「TQ」，當然也要講清楚，這不在話下。

第八，這些「戰術層次」的問答，其實都應存在於「論述路徑」下，朝某一「轉折點」前進的方向中。如果關於這一轉折點的討論已經達到飽和，教師也應見好就收，把時間留給其他議題，或此一「論述路徑」下的下一個「轉折點」。

一點小建議

每一回合的「TT、TQ、SA、TT2、TQ2」未必可以進行得有如行雲流水。除非是已經十分熟悉的「SA」（聽以前的學生講過很多次了），教師的思考未必每次都能快速反應。此時，教師不妨利用「澄清」、「請學生複述」等做法，爭取自己再思考的時間。教師在主持嚴肅的討論時，偶爾會轉換話題，輕鬆一下，目的之一當然可能是為了活化現場的氣氛，然而事實上當時教師的腦力還在為下一個「TT」或「TQ」高速運轉中。

用心主持個案研討，遠比一般的講課更耗元氣與精神，由此可見。

第六節　重新檢視教學手冊的內容

從以上各章節對個案教學「內隱心智流程」的分析，包括與提問有關的觀念，可以很清楚地知道，所謂的「教學手冊」應該包括的內容有哪些。

教學手冊並非標準答案，只是代表教學時可以參考的「某一種」思路歷程與方法，可以做為第一次教此個案時，或對個案尚未充分熟悉以前，教師提問與主持討論、獲致結論的基礎。

優質的教學手冊中可以看到個案撰寫者如何以個案中的資料為基礎，巧妙而有深度地運用其「思辨能力」來進行解析與提問的設計。其所展現的學問與才智，可能未必遜於一般的「學術文章」。

個案的內容摘要

如果個案篇幅較長，內容摘要可以讓可能使用此一個案的教師在很短時間內對個案的主要內容有所掌握。這也可以做為學生在上課時進行「摘要」的參考答案。

教學目標與預期結論

這是指個案撰寫者希望經由此一個案傳達哪些管理上的觀念，或強化哪些方面的技巧。

個案的教學目標以及達到的方法應該明確，而且意圖傳達的觀念要正確且有說服力。換言之，個案撰寫者有可能在分析及解讀過其所撰寫的個案以後，得到一項錯誤的結論。例如在一個人際衝突的個案中，個案撰寫者認為如果個案中的當事人採取某項行動，即可獲得「勝利」，殊不知此一行動固然可以在短期得利，但就長期而言，卻不如採取另一行動，更能整合各方利益，共創多贏。

但結果也很有可能恰好相反，例如爭取彼此合作其實只能獲致短期的和平，此時不當機立斷，終究會養虎貽患。

管理問題本無標準答案，個案中資料又極為有限，見解不

同，極其自然。因此教學手冊中通常只是撰寫者的想法，肯定有其參考價值，但此一個案在教過很多次以後，教師可能發現針對此一個案或許有更好、更深入的想法或分析角度與預期結論。這些就成為教師自己的「教學手冊」，雖然未必會以書面形式呈現。

再者，同一位教師使用同一個個案很多年以後，由於又讀到一些更新的理論，或聽了各屆學生各種有道理的想法，或自己人生體驗的增加，都會對同一個案產生不同的觀點。

簡言之，教學手冊中的教學目標與預期結論只是參考方向之一，並非標準答案，也非一成不變。

「論述路徑」

同一個案或許有若干個可能的「論述路徑」。個案撰寫者應將預期個案使用者的討論內容，以類似文章（或演講稿）的方式將其從分析資料到獲致結論的過程仔細介紹出來。

手冊中甚至也應介紹，教師對各種「論述路徑」的可能設計與選擇，包括各種潛在的切入方式。例如如果時間有限，應先聚焦於哪一個「論述路徑」，以及如何配合學生程度高低或使用個案的時機來選擇合適的「論述路徑」。

如果上課討論時沒有出現重大的變化，大致依照教學手冊的原訂計畫進行，則這些教學手冊中的「論述路徑」應與討論後大家所獲得的結論相差不多。

教學手冊中的教學目的與預期結論可以引導三小時的討論方向與內容，但以文字表現出來，其實只是簡單的幾句話。真正能讓學生感受到有價值的，應該是討論過程中經由教師持續提問而進行的資料解讀、前提驗證及邏輯推演等，而非此一個案的「結論」或「預期結論」。

「轉折點」

　　每個「論述路徑」都有好幾個「轉折點」在其中。教學手冊中在介紹「論述路徑」時，當然會提到這些「轉折點」。然而如果希望教學手冊更深入或對使用此一個案的教師更有幫助，手冊中可以再舉例詳細說明討論到了什麼階段，就應「如何轉過去」。

　　「轉折點」的舉例是不可能周延的，因此頂多只能做到「如果學生提出了什麼看法，教師即可經由摘要或提問，將討論的主軸轉移到下一個議題去」。

個案中資料的可能解讀方式

　　為了增加對學生的挑戰性以及討論時的變化與趣味，個案撰寫時對重要的產業特性、財務數字、人際關係、言論內容等，可能在表達上刻意隱晦，或至少不會十分明顯而讓其解讀結果呼之欲出且毫無爭議。為了簡化教師備課的辛苦，教學手冊中可以將這些資料的解讀結果簡要地進行分析，並指出這些分析對問題診斷以及決策的涵意，讓準備主持此一個案討論的教師做參考。

可能要處理的診斷結果及決策項目

　　為了讓使用個案的教師更容易掌握個案撰寫者的教學目的，手冊中也可列出隱藏在個案中的各種有待解決或處理的問題，以及必須面對（但可能一時不容易注意到）的決策議題。

　　教學手冊中也可能包括了各項決策之間的可能關連以及彼此相互配合的關係在內。

隱藏的因果關係

　　個案中可能要用到的因果關係或學理或許極為多元。教學手

冊中可以介紹如何解讀、組合個案中的事實資料，配合某些學理（結構性知識），可以形成哪些較深入的分析角度與觀點。有些教學手冊中，也提供了學生可能需要用到的「technical notes」，讓使用個案的教師在課前印發給學生研讀準備。

起始的「TT」與「TQ」

包括開始上課時的提問（TQ）以及提問背後的想法（TT），甚至這些提問的預期答案（SA）。

若出現某些SA時的TT及TQ

依個案撰寫者主持此一個案討論的經驗，學生可能在某些階段或關鍵時刻會提出什麼樣的想法（SA），然後依個案撰寫者的經驗，針對這類學生答案，可以如何再進行進一步的追問。

對學生不同意見的可能整合方法

依個案撰寫者主持此一個案討論的經驗，學生們可能在某一議題上出現某些爭議。可以在手冊中建議，如果遇見類似情況，可以經由怎樣的「提問」、「找出前提」、「驗證前提」等方式來進行意見的整合，甚至更高層次想法的建構。

個案公司後續的發展

雖然我個人並不主張教師應提供此項資訊，但有時為了滿足學生的好奇心，手冊中也可能會提供這些資訊。

教學手冊的彈性運用

好的教學手冊值得我們精讀甚至熟記，因為它代表撰寫者對

此一個案的各種想法，極有參考價值。

記熟這些內容，在上課進行討論時，「若無意外」，也可以照表操課。但實務上，學生的意見很多元，教師必須隨機應變，手冊只能做為參考。而且在教過若干次以後，教師對於討論應如何進行，也逐漸有了自己的想法，手冊的參考價值就減少了。此一現象也表示經由教學，教師已經自行「建構」了自己的架構與「理論」。

第七節　主持個案教學時應避免的問題

從以上的說明，可以知道教師在提問時應避免的問題。各相關觀念在前文已有詳細說明，在此僅提供「檢核表」的作用，提醒教師在提問時必須避免的事，歸納如下：

- 在討論之前，未想好「論述路徑」，或「論述路徑」不正確、預期結論沒有道理。
- 在討論之前，雖然想好「論述路徑」，但開始討論後卻被學生引到其他方向，無法回到主軸來。
- 雖有「論述路徑」，但未想好「轉折點」。
- 雖有「論述路徑」及「轉折點」，但在執行上過了該轉折處卻未能轉回。
- 雖有「論述路徑」及「轉折點」，但毫無彈性，打擊學生參與感及成就動機。
- 教師對自己的「TQ」說明不清楚，引發學生誤解。
- 未依心中的「TT」提出「TQ」，或根本沒有「TT」而隨興提問，變成腦力激盪。有時大家針對教師的提問進行了

十分豐富的討論，但未得到合理的結論。此時大家請教老師，老師卻回覆「我也沒有答案」甚至沒有「評估答案的原則」。如果在大家討論後也沒有聽到較為具體的想法，的確會令學生感到失望。

- 提問未切入學生的「知識前緣」，以致問題顯得太難或太簡單。

- 若討論中出現某些不易從常識去了解的學理概念，教師卻沒有為學生澄清。

- 未能為學生之發言進行摘要整理，或無法摘出其中的關鍵重點。

- 摘要整理未配合討論主軸或「論述路徑」，未能對後續的討論提供參考方向。

- 「TQ」導引性不足，造成發散；或暗示性太強，無法引起較多元化的討論。

- 「TQ」的問題太大或太籠統，使後續討論十分發散，難以收斂。

- 「SA」在教師預料之外，因而不知如何回應。

- 由於缺乏足夠的愛心與耐心或不知如何提問，未能以問題引導學生思考，只是在學生回答後直接提出教師「更高明」的想法，使討論不得不中斷。

- 「SA」之論述不合理，但教師未能及時聽出造成結論不合理的原因（未聽出「斷續處」），因而無法有效地回應或處理。

- 專注力不足或先入為主的思考模式，造成對學生「SA」的誤解，進行一段回應或連續提問後，才發覺學生所講的其實不是這個意思。

- 未及時回應學生意見，使發言者及其他學生不知此一說法是否正確，或在什麼情況下是對的、在什麼情況下是不對的，易言之，未能讓大家明白此一意見在什麼前提下可以成立。
- 未對學生有創意的看法提出鼓勵，或鼓勵的方法無法令學生感受到教師出自真心的肯定。
- 對學生空泛的診斷結果及建議方案未要求具體化以供進一步討論，或在行動上落實。
- 當學生之間看法針鋒相對時，無法運用「找出關鍵前提」或進而「驗證前提」的方式來整合不同意見，只能指出「各種意見其實見仁見智，都有其道理」，而無法指出何謂「見仁」、何謂「見智」。
- 在選擇方案或討論過程中，很少運用到個案中的資料，淪為純學理的探討，或大家實務經驗的交流。
- 指導強度未配合學生水準及時間控制，造成因為提問過於開放而延誤了課程的進度，或因為「指導性」太強而使大家很快就得到答案。
- 未參考教學手冊，或缺乏有水準而值得參考的教學手冊，或太拘泥於教學手冊的指導方向。

第 **12** 章

教師更高的自我期許
與成長契機

　　在本書〈外篇〉中已對個案教學的教師角色做了詳細的說明。在〈內篇〉的前幾章又對個案討論時的「內隱心智流程」進行略微深入的解說。從這些解說中可以感覺到個案教學的挑戰性以及進行過程中的細緻程度，也可以感覺到對商管學院的教師（甚至其他專業領域的教師，以及準備從事「企業內部個案教學」的各級經理人員）而言，個案教學是一項充滿自我成長機會的工作，也是一項值得終身追求、永無止境的志業。

第一節　　重新檢視個案教師的
「內隱心智流程」

　　本書詳細描述學生在面對決策或聽到教師提問，或聽到同學發言後的心智流程。事實上，教師在聽完學生發言後，其心智流程也極為接近。

聽完學生發言後的心智流程

完整而合理的教學手冊，包括其中各種「論述路徑」與「轉折點」的展開與變化方式，對個案教學品質極有幫助。然而個案教師無法像單向講課一樣，僅靠課前深入的準備就能上場主持，因為在與學生互動過程中，總會出現計畫之外的答案或想法，教師必須在不脫離主軸的前提下，隨機應變。教師的隨機應變包括對「論述路徑」的持續微調，以及針對學生的答案，向發言者和全體學生提出下一個有啟發性或引導性的問題。

而此時（其實幾乎是全部的上課時間內）教師都必須運用其「思辨能力」以進行「第一類的想」與「第二類的想」。換言之，在主持個案的過程中，教師其實也與學生一起同步進行「搜尋、整合」及「比對、建構」的心智流程。

「第一類的想」

教師聽到學生的意見或論述時，在進行「解讀」之後，必須從自己的知識庫中「搜尋」已有的知識，將學生的意見放在自己知識庫的架構中，組合後形成自己的想法（TT），再依據這些想法，提出進一步的討論問題（TQ），包括要求學生進一步澄清其觀點，以及提出引導性的問題來促使學生朝教師的「TT」去思考。這些都需要用到教師的「編碼系統」以及「綜合」、「重組」等方面的能力。

教師腦中的知識庫內容必須夠深、夠廣，才能解讀學生條理未必分明的意見，或進行重點式的追問，或加以補充；教師知識庫中的因果關係、程序知能等愈豐富，愈能夠發現學生在推理過程或方案考量中的不足而可以據之設計進一步提問的方向。

除了相關學理之外，個案中的資料、資料的分析結果，以及

過去主持此一個案討論時的經驗，當然都是教師「知識庫」中十分重要的內涵。

「第二類的想」

有時候，學生意見雖然與教師原有想法不同，但有其創見或獨到之處。此時教師就要啟動「第二類的想」，將學生意見與自己原有意見之間進行比對，找出調節變項、進而整合出比兩種想法更高明的觀點。然後再以此一更高明的觀點發展下一步的「TT」與「TQ」，甚至做為微調「論述路徑」的參考。

有時則是當幾位學生提出彼此不同的意見時，教師就要針對這些意見（極可能再加上自己原有的想法），進行比對與整合，然後提出更全面性或更高明的想法。這種「第二類的想」，其後續對「TT」、「TQ」的產生過程，和前述「學生意見與教師原有想法不同」是完全一樣的。

「兩類的想」交互進行

教師在想的過程中，雖然有「搜尋、整合」（第一類的想）和「比對、建構」（第二類的想）之不同，但在實際運作時，兩者是密切配合、交互進行的。如果教師對相關主題的學養豐富，聽到學生不同意見時，很快就能聯想到相關的學理，再以這些學理為基礎，設計問題去引導、啟發學生，甚至從學生發言中，感受到與學理不盡相同的觀點，使「搜尋、組合、整合、比對、建構」等心智流程都快速地同步進行。

教師針對學生發言持續進行提問，以引導學生思考方向，是教學過程中最核心也是最具附加價值的部分，也是許多教師認為最具挑戰性的部分。如果教師能以學理為基礎，在主持討論的

過程中，持續進行「搜尋、組合、整合、比對、建構」等心智活動，則在討論時，隨著討論的進行與開展，就可以配合學生的發言與回答，不斷提出有啟發性、挑戰性與趣味性的問題。

學生在上課時，也是「兩類的想」交互進行運用。與教師不同的是，若教師主導性較強，則學生究竟應朝什麼方向，用什麼類別的「想」，是教師可以影響或主導的。教師主持討論時，必須自己隨時決定這些「內隱心智流程」的走向以及想的方法，而且學生答不出來其實也無所謂，總有其他學生可以幫忙；教師若一時「卡」住，不知下一句該問什麼，就會比較難堪，因而所面對的挑戰性當然高得多。

第二節　師生間的心智競賽

在討論過程中，教師和學生都在努力發揮其「思辨能力」來進行「想」。因此在引領討論的過程中，教師似乎是在和全體學生一起進行一場心智的競賽。但這種競賽，教師的目的不在擊倒學生或證明自己的高明與正確，而是努力將大家隨時拋出的想法，以最快或最有創意的方式「整合、比對、建構」出更高明的觀點，包括找出調節變項、提出引導性的問題，或做出具有轉折點效果的摘要式小結。

教師如果在每一回合的「比賽」中都能領先，就可以一直帶著大家朝更深更廣的方向去思考與探索，其身為教師的附加價值也能得以充分發揮。

教師隨時都在和學生進行心智的競賽

前文所介紹的「論述路徑」、「轉折點」，甚至一部分的

「TT」與「TQ」的確可以在課前仔細規劃，或記載於教學手冊中，教師如果在課前記熟這些內容，主持討論過程中，大部分可以「照表操課」，順利進行並完成個案的討論。然而學生的思路未必與教師事先規劃的「論述路徑」密切配合；針對教師的「TQ」，學生所提出的「SA」也十分多元，常在教師的預料之外。如果教師對這些「變異」或「脫序」完全不予處理，堅持維持原有的計畫，難免會打擊學生的參與意願，也減少了討論內容的豐富程度與創新程度。因此在守住「大方向」之餘，能夠隨時針對學生的意見或答案來動態調整「論述路徑」、「轉折點」、「TT」、「TQ」，是影響主持水準以及學生參與感的關鍵因素。

如果教師經常比學生「想」得更慢，或想出來的道理缺乏說服力，學生會覺得討論的內容與過程索然無味，不夠精彩。如果教師無法立即判定學生發言的品質水準，因而不知究竟應將之納入自己的「論述路徑」，還是應進行「修理」，或根本不值得再進一步討論，則在討論進行上也不容易掌握主軸與進度，甚至還可能「被學生帶著走」，失去教師應有的領航者角色。

教師的「勝算」應該比較高

如果教師學理基礎佳、對個案內容熟悉，甚至同一個案已教了許多次，則即使當學生提出教師過去從未聽過的說法或論述時，教師也可以相對輕鬆地將此一論述與其原已掌握的學理、個案內容，以及過去討論此一個案時的經驗相互比對、整合，並就考慮變項與因果關係等來建構知識。

擁有良好「搜尋、整合」等能力的教師，聽到學生的提問或回答以後，可以很快地從自己知識庫中找到合適的材料，再與個案內容及學生想法等互相比對整合之後，構思出有水準的

「TT」。而擁有良好「比對、建構」等能力的教師,可以在極短時間內,針對不同學生的發言內容,建構出可以包容這些發言內容有價值部分的觀念架構、道理,進而設計新的「論述路徑」或「TT」。

有了新的「TT」以後,教師或可直接提出自己看法,或依此「TT」提出有啟發性的「TQ」(包括舉出類比的例子以引發聯想、可以引導出整合觀點的提問等),希望學生在回答問題的過程中,逐漸想出類似的道理。

由於教師的學理素養或知識庫的內涵應優於學生,加上擁有主導討論方向的權力,過去也曾討論過此一個案,因此他應在大部分議題的觀念上領先全體學生。而當幾位學生回答以後,教師還可以繼續將新增看法整合進來,重新進行比對與建構。此一動態的知識建構過程,可以讓學生感到教師的想法似乎永遠超前;而且大家各抒己見、集思廣益的結果,竟然能夠組合成相當有說服力又考慮周延的「道理」,甚至感到最終結論似乎也早已在教師掌握之中。殊不知,這只是教師在與全班學生同步建構知識的心智過程中,較學生迅速或有效率而已。

教師自我成長最佳的途徑

如果教師的學理基礎及知識建構的能力尚未到達某一高度,聽到學生提出教師未曾想過的意見時,教師應專心聆聽並將各種意見加上自己的想法,加以整合摘要,也可以讓學生獲得相當不錯的學習效果。如果教師心中「我執」甚強,不願意接受「學生見解竟然高於教師」這一事實,因而對與自己不同的想法進行貶抑,或與學生進行辯論,是絕對要避免的。

學識素養,以及快速整合自己知識庫內涵或各方意見並建構

知識的能力，是決定教師提問品質，乃至於整體個案教學效果的關鍵因素。而開放的心態及整合各方意見的能力，可以使教師利用個案教學不斷吸收新的想法、充分活化原已熟悉的學理，並使過去所學的各類型知識演進為與實務決策更貼近的實用知能。

第三節　個案教學能力的培養

〈外篇〉中談到「個案教學法的教學」，包括錄影回饋等方法。這已比一般「聆聽個案教學的道理」、「觀摩教學」、「請有經驗的教師為自己教學上的困擾解惑」等深入有效得多。

當我們了解「論述路徑」、「轉折點」、「TT」、「TQ」、「SA」、「TT2」、「TQ2」等細緻的觀念以後，對個案教師的培訓或教學能力的提升方法，可以得到更多的啟發。

「論述路徑」與「轉折點」的練習

有心學習個案教學的博士班學生或希望在個案教學方法上更上層樓的年輕教師（以下統稱為「研習者」），在觀摩其他人教學時，應經由觀察，分析出教學者的「論述路徑」與「轉折點」。並在示範教學之後，向示範者請教其主持過程中，進行「轉折」的方法，以及針對原先設定之「論述路徑」的「微調」或「重新設定路線」的心智過程。

研習者在上台練習之前，應該先針對個案內容仔細分析後，具體設計其上課（或試教）時所欲進行的「論述路徑」與「轉折點」。有了這種具體的「計畫」，錄影後的回饋才能深入，也才能針對「是否將原訂計畫落實執行」以及「教學計畫的彈性運用程度」進行回顧與檢討。

就研習者的角度，即使「試教」效果不錯，但若與原訂的「論述路徑」與「轉折點」相差太大，表示還有改進的空間。

從「TT」到「TQ」

教師心中有了大致想法（TT），應如何轉化為一連串的提問（TQ），極有挑戰性。在培訓研習者的過程中，可以要求他們針對個案中的某一議題提出想法，先交出書面資料，然後構思相對應的「TQ」，並進行練習，這對「依TT設計TQ」有幫助。

為了避免有些研習者所想定的「TT」缺乏說服力，可能無法說服「學生」，甚至被學生拉著走，因此有必要事先在教師的指導下，找出合理的「TT」，並深入解析支持此一「TT」背後的道理，包括資料解讀、因果關係、調節變項等。這些事前準備功夫做得愈好，從「TT」到「TQ」的工作就愈容易執行。

從「SA」到「TT2」

針對學生各種各樣的想法或答案，教師應如何回應，可稱為「從SA到TT2，再從TT2到TQ2」，而前半的「從SA到TT2」可能更不容易。

培訓時，教師可以在討論進行一半時暫停，請所有研習者針對教師此刻所提的問題（TQ），以書面寫出他們的「SA」。然後隨機抽取一位研習者扮演學生角色，其他研習者均扮演教師角色，就其（書面）「SA」進行討論。看看大家若聽到這個「SA」，應提出怎樣的「TQ2」，而此一「TQ2」背後的「TT2」又是什麼。

如果不是大家討論，則抽選一位研習者扮演教師角色，來和這位「學生」進行對話，也十分有教育意義。而這段對話，經過

錄影，再做為大家討論的標的，效果也很好。

　　總之，了解個案教學背後的道理或「內隱心智流程」之後，就能更有效地設計培訓的方法。

第四節　再論教師之學理素養

　　在單向講授的教學方式下，教師的學理素養當然也很重要。然而如果只是單向講授，教師專業不足或其本身專業與所任教的課目不盡相同，則在課前努力準備教材或課本，也可能有不錯的表現。

　　然而在主持個案討論過程中，教師必須對相關的學理接觸廣博且高度內化，才能有效地進行本書所描述的「心智流程」，進而充分發揮互動式個案教學的預期效果。

　　易言之，教師的知識庫內容必須廣博深厚，才能解讀學生條理未必分明的意見，甚至加以補充；知識庫中的因果關係、調節變項等愈豐富，愈能夠發現學生在推理過程中的不足而可以據之設計進一步提問的方向。

　　教師要對相關學理有高度的內化，才能句句聽得仔細、聽得出學生言之未出的想法、提出一針見血的引導問題，甚至經由簡單提示即可協助學生整合不同的見解。這些都得靠知識庫中學理的存量。在個案教學中，教師廣博的學理素養未必一定要表現在對學理清楚透徹的解說上，但透過提問，卻可以讓教師表現出「什麼道理都聽得懂、任何互相衝突的意見都能輕鬆整合」。

　　「知識庫」的存量以及編碼系統的品質水準，不是經過短期的學習或課前的準備即可以獲得，這是個案教學另一項關鍵性的挑戰。有了學理當作基礎，就可以利用教學來練習各種思辨能

力；如果缺乏學理支持，不僅開始時更為困難，而且也常會有「書到用時方恨少」的感覺。

第五節　再論教師應有的心態

在本書第五章第九節中曾經指出，個案教學的教師應該秉持的心態包括：「個案教學的主角是學生」、「和學生一起成長與學習」、「虛心開放」、「從內心深處關懷學生」等，其做法以及背後的理由也已經有所說明。當我們進一步了解「兩類的想」、「思辨能力」以及教師的提問方法以後，就更能理解教師的這些心態不只是「職業倫理」或愛心及個人修養的表現而已，而且還是主持個案討論中為了獲致更佳的教學效果，必須要做到的。

因為個案教學的過程不是展現教師的才學，而是希望對每一位學生「聽說讀想」的各種知能進行「客製化」的「精雕細琢」，因此必須利用師生對答來掌握學生的「懂與不懂」，再運用啟發的方式來強化他們某些方面的不足。基於此一信念，「關懷學生」以及「學生是主角」的心態顯然是必需的。

在師生對答過程中，學生極可能提出超越教師原訂教學計畫中的意見，教師必須隨時檢視這些發言內容中的潛在價值，並巧妙地將這些有價值的看法甚至洞見吸納到論述主軸中。此一做法肯定需要教師擁有「虛心開放」、「和學生一起成長與學習」的心態才能做到。

本書所強調的「教師心態」，不是道德呼籲，而是為了教學效果的充分達成。如果沒有這些心態，許多細緻的教學做法無法進行。教師必須放下學問上「唯我獨尊」的權威人格，才容易主持互動式的個案討論。

第六節　再論個案教學如何使教師成長

　　在主持個案教學中，教師必須時時刻刻運用各種思辨能力進行「想」的動作，以活化自己的知識庫。而「聽說讀想」等能力的提升，以及見聞的增廣，更是單向式講授所不能企及的。

在教學過程中隨時活化自己的知能

　　教師對學理的掌握程度是確保個案教學品質的必要條件。而長期用心從事個案教學，也會使教師對學理產生深化、內化與活化的作用。

　　個案教師在每次回應的當下，必須從自己知識庫中快速搜尋有關的道理來協助整理或支持本身的解讀、思考、論述與提問，此一過程是教師深化、活化與內化本身學理素養最有效的方式。

　　教師過去所學的許多抽象學理未必能常常記掛心頭，時間久了，甚至還會忘了它們的存在。然而在個案教學過程中，為了要回應學生的意見，教師不得不隨時進行上述搜尋與整理的心智活動，進而驗證這些學理在特定議題上的可行性與局限性。久而久之，經過不斷地存取與嘗試運用，不僅可以對各門各派的學理在實務上的應用價值產生更深刻的體會，而且也能強化學理與自己思想的連結，建立更有效的編碼系統，甚至也可能因此而想到在學術研究方面創新且有實務意涵的研究議題。

「聽說讀」等能力的增長

　　除了上述的「想」之外，教師由於教學的需要，不得不強迫自己在「聽說讀」等方面努力精進。簡言之，為了主持討論，必須心神專注地聆聽學生的發言；為了摘要，必須努力把話講得精

準扼要。為了主持討論，課前必須用心研讀個案，但還是難免會在討論中發現自己閱讀個案時疏漏或誤解的地方。這種在教學工作上的「做中學」，肯定有助於這些方面能力的進步。

以開放心態吸收學生論述中有道理部分

在專心聆聽學生發言的過程中，努力去發掘他們論述中有道理的部分，是個案教師份內的工作。此一過程的附帶效果之一是使教師能吸收到學生想法中的精華部分。

這些發言中的精華部分未必是發言者所獨創，但聽到以不同的語言或詞彙來表達過去曾接觸過的學理，可以提高聽者（教師）對此一論述背後道理的內化與理解。例如，學生們在針對一項略為複雜的問題進行分析時，其思路在教師整理之後，可能發現竟然與某些學理十分接近。教師過去閱讀學理時，或許感受不深，但在課堂上與學生一起從事「做中學」，對此一道理的體會與「內化程度」必然更為深刻。爾後在講授此一學理或應用此一學理時，深入程度與靈活程度也會明顯提升。

從「修理」不合理的意見中也能獲得成長

每次上課時，難免會有學生提出相當不合理的觀點。此時教師不宜直指其非或不予理會，而應該運用持續提問的方式，請他講出獲致此一結論的推理過程。目的之一是使其在講清楚自己推理過程後，自行發現造成其論述出現偏誤的原因；目的之二是協助其他學生了解其推理過程，以進行講評或提出建議。此一過程對學生可能造成一些壓力，因而戲稱為「修理」。

進行「修理」時，教師必須十分詳細地經由聆聽與詢問，試圖拆解發言者的推理過程甚至觀念架構與編碼系統，進而發現他

究竟在什麼環節出了問題。此一過程其實是對教師的邏輯推理能力甚至「同理心」（empathy）的絕佳磨練機會。

增廣實務見聞

討論個案時，有實務經驗的學員會自然而然地從自己的產業、企業經驗來思考。從他們的論述中，教師可以快速地吸收相關的實務資訊，以及在不同產業或組織型態下，各種管理做法的異同以及造成差異的原因。

前文曾指出，「多用」是強化思辨能力的重要方法；對學生如此，對教師亦然。教師在教學中必須持續集中精神運用各種「想」的能力來主持討論，絕對不能「恍神」，因此在「大腦使用量」上應遠超過學生。因此每次上課結束後，教師可能是教室中「想得最多」甚至「學得最多」一位，也很合理。

第 **13** 章

結語

在說明個案教學的進行方式以及進行時師生雙方的「內隱心智流程」以後，我們得以更了解個案教學法最基本的主張和信念。同時可以知道個案教學的成敗顯然也取決於某些前提假設與先決條件。

第一節　個案教學法最基本的主張

每個人都有自己腦中的知識庫，也有其思辨能力。依常理，教師在知識庫方面應比學生更廣博、更豐富，在思辨能力上也應更強、更有效率。傳統的單向式講授，主要是希望經由口頭解說，將教師所擁有的知識，包括狹義的結構性知識、程序性知能以及廣義的資訊、解決方案、編碼系統、價值觀等傳達給學生，並希望學生在聽懂、熟記這些學理及廣義知識以後，到了實務上，再以它們為基礎去自行發展與提升其「思辨」或解決問題的能力。

個案教學法的基本主張完全不同。個案教學法認為「能用口

395

頭講解的，都可以用更精準的文字表達；能經由聆聽而吸收的觀念與資訊，都可以經由閱讀來掌握與理解」，因而主張無論是狹義或廣義的知識，擁有獨到見解的人應該把這些內容寫成文章或書籍；想學習這些知識的人，則應投入時間和精神去深入閱讀。而相聚在一起的「上課」就應該用來做一些更有價值，或僅靠自行閱讀無法做到的事。

在正統的商管學院裡，這些「更有價值的事」中，最主要的就是個案研討，亦即在教師主持與引導下的互動式個案教學，並經由師生互動來培養思考的能力以及「做中學」的能力與習慣。

個案教學的過程中，教師並未將自己知識庫中的「學問」直接講給學生聽，甚至也不必講解所謂「思辨能力」的道理與做法，而是以這些學問以及自己的思辨能力為基礎，利用教學雙方共同認知的個案教材，經由提問與摘要來啟發學生的思辨能力。

學生在持續「被問」的情況下，運用「想」的能力會快速進步，並且更能運用自己的「想」來活用知識以診斷問題、解決問題、設計合理的行動方案與步驟，因而提升各種知識的實用價值。當「思辨能力」日益強大以後，學生也會逐漸強化與建立自己的觀念架構與編碼系統，不僅日後在工作上「做中學」的效果大幅提高，而且也提高了閱讀時對新知的吸收效率。

個案教師也會針對「專心聆聽」與「精準表達」方面的能力與習慣，以及心態的開放方面，對學生有所要求。這些能力、習慣與心態對學生未來的人生當然也會產生極好的正面作用。

社會上擁有高度思辨能力的人愈多，不僅在知識經濟時代有助於產業整體的競爭力，而且當大家都願意彼此聆聽，並習慣依據事實資料與理性思考來決策與行動時，整體社會的理性程度甚至和諧程度也會大幅提高。

第二節　互動式個案教學的信念

互動式個案教學係基於以下幾項信念：

活用知識的重要性不亞於對知識的掌握

時至今日，至少在企業管理範圍內的結構性知識已極為豐富，不僅書海浩瀚，每年出版的學術研究成果也極為豐碩，無法盡讀。而且即使讀盡天下之書，若未能活學活用，則知識對人類幸福的助益依然有限。

我們希望以互動式的討論個案，提升經由搜尋、組合、比對、整合知識的能力，將知識內化成自己思想體系的一部分，同時也藉由個案來將它們與實務問題靈活地互相結合。以這種態度來學習，或許比飽讀詩書但在面對實際問題時卻束手無策、一籌莫展更為務實。

個案教學創造「做中學」的效果

在真實世界中累積實務經驗可能極為有效，但成本太高又不易有教師或教練在旁隨時提點、指導，因此在成本效益上可能還不如模擬實際情況的個案教學。

建構知識的能力與習慣或許比所建構出來的知識更重要

在面對不確定的未來時，運用「兩類的想」來建構知識的能力與習慣，或許比所建構出來的知識更重要。因為快速整合原有知識、經驗及曾經歸納出的一般原則來分析或解決問題的能力，或想出一套道理的能力，比從學理中找答案更有效率，何況在個

案教學過程中，許多可以應用在實際問題上的學理，也都被整合到師生的思維架構或體系中了。

甚至可以說，學問不應僅是對別人所發展知識（理論、觀點、經驗）的記憶，還包括整合自身既有知識與建構知識能力的掌握。有了這些能力自然可以靈活運用隨時從各方面吸收到的資訊與知識，甚至創造更適用當前情況下的知識。

個案教學有助改變學生的思維方式與學習習慣

經由個案教學，學生可以在根本上改變自己的思維方式與學習習慣。易言之，曾經接受過這樣訓練的人，將來會逐漸從生活與工作中不斷以正面的心態選擇吸收別人（口頭或書面）的觀念，並據之修正、建構、豐富自己的想法。他們會時常提出新的想法、問題、以及答案；樂於接受挑戰，隨時反省自己，進而養成隨時學習並檢驗各種因果關係、理性驗證各方資訊，針對問題試著提出解決方案的心理習慣。

擁有這些能力與習慣的人，會逐漸將觀察、吸收、比對、反思、整合，以及創造知識這些做法形成本身心理習慣的一環，未來不僅在職場上有更高的學習效率與創新可能，甚至在讀書、聽講，以及與人互動中都持續這種心智的狀態。

學生在個案討論中所感受到的「壓力」，不僅是必然，而且是必需；從要求聆聽與複述別人的意見所培養的開放心態，不僅對學生爾後的學習成長有幫助，對其事業與人生也肯定會發揮正面作用。

互動式教學能提高社會的理性程度、學習習慣與創新能力

如果社會能廣泛地運用互動式教學，則大家知能的成長肯定快速，決策理性程度提高，人與人之間的互動交流也更趨向理性與開放。如果大部分知識份子缺乏此一心理習慣，則可能只會接收知識卻無法創新，不知如何提問，也無法在行動後自我反省。因而無法針對本身組織或社會的特性去修改現有知識的內涵，或創造適合本土的知識。

若普遍缺乏此一能力與心理習慣，在管理方法上只能追隨外國的SOP，在國家的制度與法規上也只能抄襲他國，不知變通。甚至學術研究方面也不得不長期追隨或複製外國學者的思想模式，本身難以創新突破。

理解個案教學背後的道理有助強化教學的效果

這或許只是我個人秉持的信念，以及投入心力撰寫本書的原始動機。因為個案教學在世界上雖然已實施了數十年，但卻幾乎沒有人設法將個案教學中，師生雙方的「內隱心智流程」做過如此詳細的描述與分析。我個人的信念是希望教學雙方都深入了解這些道理與做法以後，有助於強化個案教學的效果。

互動式個案教學過程中的許多基本做法，例如「使用個案討論而非講授」、「課前分組討論是學習的重要部分」、「教師主要任務是提問與摘要」、「學生要負責講出完整的看法及理由」、「學生必須仔細聆聽並準備複述其他同學的發言」、「沒有標準答案」等，其背後道理都需要更深入的解釋。明白了這些道理之後，教師在主持個案討論時才能掌握個案教學的「常」與「變」；學生明白這些道理，也會知道如何利用個案教學為自己帶

來更多的成長。

　　本書從實用知識的意義與類型、「兩類的想」的方式、思辨能力等觀念，盡量有系統地來解釋互動式個案教學主要做法背後的道理。並從這些道理中推導出個案教學方法背後的理由。本書的做法是因為相信教師和學生如果都能了解這些道理，則在教與學的過程中可以產生更好的學習效果。

第三節　互動式個案教學的先決條件

　　當大家更了解個案教學中，師生雙方的「內隱心智流程」以後，就能感知到互動式個案教學能否有效實施，有幾項成功前提或先決條件。這些前提或條件若不存在，當然會影響個案教學的預期效果。

　　有了這些條件，再加上師生雙方對個案教學掌握了正確的觀念，包括本書中所詳細說明的「內隱心智流程」等，在開始運用互動式個案教學後很快就能出現良好的效果。

　　反之，若這些條件嚴重不足（例如缺乏學習動機或基本的「聽說讀想」能力），則其他的教學方式也未必能產生學習效果，只是因為不必「互動」，大家難以覺察其效果水準而已。

學生必須擁有高度的學習動機

　　個案教學的成敗與學生的學習動機密切相關。因為在個案研討時，學生必須課前深入分析個案，上課時必須持續專心聆聽，又可能隨時被要求複述其他人的發言，或當眾提出自己看法，為了提出看法又不得不隨時構思可能的發言內容。這些都是耗費精神的心智活動，學習動機不高的學生寧可安靜地坐著聽講，或假

裝聽講，既不必在乎是否聽懂，也不必動腦去吸收、思考教師所講授的內容。

個案教學的學習效果十分宏大，但學生若不改變靜態吸收知識的習慣，心神專注地投入動態的學習，無法達到預期效果。

學生必須具有某一水準以上的邏輯思想及若干基本能力

學生在思想上擁有一定的邏輯推理能力，才能在教師的啟發與協助下，從別人的話語或文字中整理出其論述的主軸，並在自己與他人，或為數眾多的意見之間進行異同的比較，確認各方論述中的變項與因果關係，進而修改調整自己原有的想法。因此，在學理或結構性知識方面有良好基礎的人，如果方法得宜，則其思考上的效率也會比較高。易言之，年輕時若有用功讀書的經驗，將來在做事或討論個案時，也會產生更多體會。若思想邏輯未達某一水準，進行討論時難免會出現一些困難。

此外為了學習，學生的記憶力與聯想力等當然不在話下。但在運用個案教學時，學生還必須有一定水準的口頭表達能力，以及長時間專注於聆聽各方發言的能力與習慣，如果這些在根本上做不到，個案教學的效果就難以達成。

學生應有若干知識與經驗做為學習的基礎

「第一類的想」需要從現有知識庫中進行搜尋與組合，「第二類的想」則是希望藉著別人不同的論述（包括經由聆聽或閱讀）來比對、省思，進而經由矛盾的化解來整合別人的想法。因此在本身知識庫中，開始即有若干「存量」是必需的。而這些存量可以來自過去所學，也可以來自自身的經驗或觀察，若這些皆

從缺，甚至「一片空白」，就不容易進行這兩類「想」。

在「管理」方面運用個案教學，比其他更嚴謹的科學相對更容易，原因之一即是大部分人對「人」和「組織」，甚至「商業」都有一些參與或觀察的經驗，其知識存量不太可能為零。

教師必須擁有足夠的專業知識與啟發提問的技巧

個案教學的成敗，教師當然也極為關鍵。

「聽說讀想」、「搜尋」、「比對」、「整合」、「建構」等，固然是希望經由教學而對學生知能產生的效果，但教師本人在這方面的能力與習慣也是必需的。而且為了引導學生在結構性知識或程序性知能方面進行較深入的分析與思考，教師在相關的專業領域不僅要熟悉，而且應高度內化，才能在學生發言後，立即提出可以引導到正確方向的問題。此外，即使知道正確的「答案」何在，卻隱忍不說，並持續以「循循善誘」的方式，有耐心地協助學生自行構思自己的想法，也是個案教師不可或缺的修為。

師生雙方都要有開放的心態

前文中提到，學生在聽到別人高明且與己不同的意見時，或被教師的提問「逼到牆角」而講不出道理時，也會產生一些挫折感，這些都是人之常情。所謂開放的心態，就是了解這些心理現象的成因以後，認識到這是知能成長過程中不僅難以避免，而且是極有價值的經歷，進而減少自己心理上的抗拒，做到對別人的高明意見欣然接受、努力吸收；面對提問則在自己的知識庫中全力尋找經驗、組合道理。具有這種心態，進步將屬必然，而在職場上，抗壓力也肯定大幅提升。

而教師對學生抱持著關心與平等對待的心態，也是師生之間

可以進行開放討論的先決條件。

第四節　對個案教學的正確認識

經由本書的介紹與說明，讀者應該可以對個案教學擁有更為正確的認識。藉此書末，再度澄清對個案教學的若干誤解：

- 個案教學不是聊天練口才。
- 不是「想講就舉手，不想講也沒有關係」。
- 不是交流企業實務的經驗。
- 不是學習優秀企業的成功做法。
- 不是了解企業實務及產業最新現狀及趨勢。
- 不是為了舉例說明現有的學理。
- 不是分組上台報告。
- 不是個案競賽。
- 不是追求場面熱鬧的各抒己見。
- 不強調辯論。
- 不必預期有標準答案。

簡言之，個案教學是教師運用極為細緻的「內隱心智流程」，結合藝術與技巧，經由提問與互動以提升學生「聽說讀想」能力的教學方式。個案教學過程中，教師不僅能夠獲得更多的自我成長，而且所投入的心力與所需要的學識水準可能比一般講課更高。

403

致謝

　　有關個案教學的方法與思維，我在西北大學求學時，即開始吸收學習。因此應感謝當時的老師Edwin A. Murray, Jr.、Charles W. Hofer，以及我的論文指導教授Thomas J. McNichols。他們隨時對我提點許多與個案教學有關的重要觀念，也允許我進入他們在MBA或Executive Program的課程中長期旁聽，學習不同的教學風格，這些都使我在剛踏上講壇時，即敢於運用個案教學。

　　同時要感謝的是四十年來的學生。個案教學需要學生擁有高度的學習動機以及高水準的思維能力。我有幸在政治大學企業管理研究所任教四十年（包括企業家班，從第一屆開始，到目前已三十五年），學生的素質與學習熱情，使每次上課討論都成為一場知識的饗宴，不僅讓我在許多觀念上持續進步，甚至感到教學是一種享受，而且由於學生主動性高、配合度佳，也可以讓我自由地實驗各種不同的個案教學方式。

　　更得感謝許士軍老師和劉水深教授。他們在擔任政治大學企研所所長期間，曾分別投入資源支持我撰寫本土個案及翻譯國外個案並出版發行。許士軍老師當年大膽任用年僅二十八歲，毫無教學經驗的年輕人來負責重要的必修課，而且完全使用當時大家尚未充分接受的個案教學，使我可以順利開始一生的教學事業。

我可以體會到他對我的期許，因此在這四十年的上課中，時時全力以赴，不敢稍有懈怠。劉水深教授擔任所長時排除萬難，成立企業家班及科技班，造福無數企業負責人與在職高階人員，也奠定政大企研所在華人高階在職管理教育中的領先地位。做為一名教師，我因此有機會長期和企業高階人士進行知性互動，進而對如何主持高階人員的個案討論累積了大量的寶貴經驗。

當然也應感謝這四十年中，在校內外各種場合提供個案素材的諸多企業家或「個案主」。我們需要他們的無私分享，才能有機會討論有深度的管理議題。

本書初稿完成後，承蒙本系別蓮蒂教授、黃國峯教授，以及校友虞邦祥博士、康敏平教授、張朝清教授等投入時間、精神，仔細檢閱本書初稿並提出十分深入的修正意見，在此表示對他們的感謝。

財經企管 BCB575

司徒達賢談個案教學
聽說讀想的修鍊

作者 —— 司徒達賢
總編輯 —— 吳佩穎
書系主編 —— 周宜芳
責任編輯 —— 潘慧嫻（特約）
封面設計 —— 周家瑤

出版者 —— 遠見天下文化出版股份有限公司
創辦人 —— 高希均、王力行
遠見・天下文化 事業群榮譽董事長 —— 高希均
遠見・天下文化 事業群董事長 —— 王力行
天下文化社長 —— 林天來
國際事務開發部兼版權中心總監 —— 潘欣
法律顧問 —— 理律法律事務所陳長文律師
著作權顧問 —— 魏啟翔律師
社址 —— 臺北市 104 松江路 93 巷 1 號 2 樓
讀者服務專線 —— 02-2662-0012
傳真 —— 02-2662-0007；02-2662-0009
電子信箱 —— cwpc@cwgv.com.tw
直接郵撥帳號 —— 1326703-6 號　遠見天下文化出版股份有限公司

電腦排版 —— 立全電腦印前排版有限公司
製版廠 —— 東豪印刷事業有限公司
印刷廠 —— 祥峰印刷事業有限公司
裝訂廠 —— 聿成裝訂股份有限公司
登記證 —— 局版台業字第 2517 號
總經銷 —— 大和書報圖書股份有限公司｜電話 —— 02-8990-2588
出版日期 —— 2015 年 11 月 27 日 第一版第 1 次印行
　　　　　 2023 年 10 月 30 日 第一版第 12 次印行

定價 —— 500 元
ISBN —— 978-986-320-867-9
書號 —— BCB575
天下文化官網 —— bookzone.cwgv.com.tw

國家圖書館出版品預行編目(CIP)資料

司徒達賢談個案教學：聽說讀想的修鍊 /
司徒達賢著. -- 第一版. -- 臺北市：遠見天
下文化, 2015.11
　面；　公分. -- (財經企管；BCB575)
ISBN 978-986-320-867-9(平裝)

1.企業管理 2.互動式教學 3.個案研究

494.033　　　　　　　　104021379